Data Visualization
with Python

Python 数据可视化任务教程

微课版

郑丹青 ◎ 编著

人民邮电出版社
北京

图书在版编目（CIP）数据

Python数据可视化任务教程 ： 微课版 / 郑丹青编著
. -- 北京 ： 人民邮电出版社, 2024.1
工业和信息化精品系列教材. Python技术
ISBN 978-7-115-61362-2

Ⅰ. ①P… Ⅱ. ①郑… Ⅲ. ①软件工具－程序设计－
教材 Ⅳ. ①TP311.561

中国国家版本馆CIP数据核字(2023)第043640号

内 容 提 要

本书介绍了数据可视化的概念、Python 数据可视化的工具和图表的基本类型，重点介绍如何使用 Python 的 Matplotlib、Seaborn 和 pyecharts 等数据可视化绘图库绘制专业图表。

本书采用单元式结构，共有 7 个单元，每个单元包含多个任务，每个任务都是一个具体的应用案例。其中，单元 1 讲解数据可视化的基本概念，单元 2 讲解 Python 开发环境及常用数据处理操作，单元 3 讲解图表的基本类型，单元 4～单元 6 分别讲解 Matplotlib、Seaborn 和 pyecharts 等数据可视化绘图库的基本操作方法及相关的应用案例，单元 7 讲解 pyecharts 综合应用案例。本书采用任务驱动式教学方法，各个单元都配有教案、教学 PPT、源代码、数据集、教学视频、拓展训练、单元小结和思考练习，便于教师教学和读者自学。

本书可作为高等教育本、专科院校计算机相关专业学生的教材，也可作为数据可视化爱好者的自学参考用书。

◆ 编　　著　郑丹青
　责任编辑　范博涛
　责任印制　王　郁　焦志炜

◆ 人民邮电出版社出版发行　　北京市丰台区成寿寺路 11 号
　邮编　100164　　电子邮件　315@ptpress.com.cn
　网址　https://www.ptpress.com.cn
　固安县铭成印刷有限公司印刷

◆ 开本：787×1092　1/16
　印张：13.75　　　　2024 年 1 月第 1 版
　字数：392 千字　　　2025 年 2 月河北第 5 次印刷

定价：59.80 元

读者服务热线：(010)81055256　印装质量热线：(010)81055316
反盗版热线：(010)81055315

前　言

本书在编写的过程中，结合党的二十大精神进教材、进课堂、进头脑的要求，将知识教育与思想品德教育相结合，通过案例学习加深学生对知识的认识与理解，让学生在学习新兴技术的同时了解我国在科技、能源、交通等领域的发展上取得的伟大成果，提升学生的民族自豪感，引导学生树立正确的世界观、人生观和价值观，进一步提升学生的职业素养，落实德才兼备、高素质和高技能的人才培养要求。

Python 数据可视化是数据分析的主要技术之一。用户不仅可以通过 Python 的 Matplotlib、Seaborn 等数据可视化绘图库灵活地实现数据可视化，而且可以通过 pyecharts 来生成 ECharts 图表。ECharts 是一个开源数据可视化工具，其使用 JavaScript 语言编写的图表库。pyecharts 就是一款将 Python 与 ECharts 结合的、具有强大功能的数据可视化绘图库，使用 pyecharts 可以生成独立的网页，以实现在互联网上互动地展示数据。

本书以通俗易懂的语言讲述数据可视化技术，通过现实业务场景的应用案例，介绍数据可视化的理论与实践操作；通过任务驱动教学方式，深入浅出地介绍 Python 数据可视化的方法和程序设计思路；通过数据操作实践，提升读者对 Python 数据可视化技术的应用能力。

本书内容分为四大部分，第 1 部分（单元 1～单元 3）主要介绍数据可视化的基础理论和数据分析的基本操作；第 2 部分（单元 4）主要介绍 Matplotlib 数据可视化绘图库的基本操作方法及相关的应用案例；第 3 部分（单元 5）主要介绍常用于统计分析的 Seaborn 数据可视化绘图库的基本操作方法及相关的应用案例；第 4 部分（单元 6、单元 7）主要介绍在互联网上展示数据的 pyecharts 数据可视化绘图库的基本操作方法及相关的应用案例，其中，单元 7 通过综合应用案例介绍使用 pyecharts 绘制组合图表的操作方法。

本书参考学时为 64～78 学时，建议采用理论实践一体化教学模式，各单元的参考学时如下。

教学单元	课程内容	学时
单元 1	认识数据可视化	1
单元 2	Python 开发环境及常用数据处理操作	4
单元 3	数据可视化——图表的基本类型	1
单元 4	Matplotlib 数据可视化	24～28
单元 5	Seaborn 数据可视化	8～12

续表

教学单元	课程内容	学时
单元 6	pyecharts 数据可视化	20～24
单元 7	国民经济和社会发展统计数据可视化	6～8
学时总计		64～78

编者简介：郑丹青，教授、高级工程师，湖南省职业院校计算机应用技术省级专业带头人，具有多年的计算机教学工作经验，有着近 20 年的企业软件项目开发经验，曾获得湖南省株洲市科学技术局的奖励。

由于编者的水平和经验有限，书中难免有疏漏之处，恳请读者批评指正。

编者

2023 年 11 月

目 录

单元 1

单元 2

单元 3

单元 4

单元 5

单元 6

单元1 认识数据可视化

01

微课视频

学习目标

- 了解数据可视化的概念。
- 了解数据可视化的作用。
- 了解数据可视化的工具和库。

随着信息技术和社会的发展，社会流动所产生的数据大量增加，那么，怎样才能更好地理解和解释这些数据呢？所谓“一图胜千言”，对于理解和解释数量、规模不断增大以及复杂性不断提高的数据，优秀的数据可视化将变得尤为重要。

1.1 什么是数据可视化

数据可视化是关于数据视觉表现形式的科学技术。数据视觉表现形式被认为是以某种概要形式抽取出来的信息，包括信息的各种属性和变量。简而言之，数据可视化就是指将数据以图形、图像形式表示，并利用数据分析和开发工具发现其中未知信息的处理过程。下面通过【任务 1-1】来解释数据可视化的概念。

【任务 1-1】 期末成绩的分布分析

任务描述

在 Microsoft Excel 2010 电子表格 grades.xlsx 中保存某班级某门课程的期末成绩，现要求对该期末成绩按照成绩统计分数段进行人数分布分析，并分别用数据和图表两种方式展示分析效果。

成绩统计分数段说明如下。

（1）成绩在大于等于 90 分，并且小于等于 100 分之间，标记为[90～100]。

（2）成绩在大于等于 80 分，并且小于 90 分之间，标记为[80～90)。

（3）成绩在大于等于 70 分，并且小于 80 分之间，标记为[70～80)。

（4）成绩在大于等于 60 分，并且小于 70 分之间，标记为[60～70)。

（5）成绩在大于等于 0 分，并且小于 60 分之间，标记为[0～60)。

任务实施

1. 计算各分数段的人数

首先采用 Microsoft Excel 2010 电子表格中的 COUNTIF()函数分别计算出[90～100]、

[80～90)、[70～80)、[60～70)、[0～60)分数段的人数，并以数据显示方式展示，效果如图 1-1 所示。

剪贴板 字体 对齐方式 数字

D3 f_x =COUNTIF(C3:C44,">=90")

	A	B	C	D	E	F	G	H	I
1				成绩分布分析					
2		序号	期末成绩	[90～100]	[80～90)	[70～80)	[60～70)	[0～60)	
3		1	82	1	14	14	5	8	
4		2	70						
5		3	52						
6		4	70						
7		5	55						
8		6	70						
9		7	75						
10		8	80						
11		9	60						

图 1-1　以数据显示方式展示成绩分布效果

2．绘制成绩分布图表

运用 Microsoft Excel 2010 电子表格中的图表功能，将各分数段的分布数据以图表显示方式展示，效果如图 1-2 所示。操作步骤如下。

（1）选择 D2:H3 的数据区域。

（2）选择“插入”菜单，单击“图表”中右下角的按钮，在“插入图表”对话框中选择“柱形图”中的“簇状柱形图”，单击“确定”按钮。

（3）在图表工具中的“设计”菜单下，单击“图表布局”中的“布局 1”，填充“图表标题”，删除图例。

（4）在图表工具中的“布局”菜单下，单击“坐标轴标题”→“主要横坐标轴标题”→“坐标轴下方标题”，填充横坐标轴标题为“分数段”。再单击“坐标轴标题”→“主要纵坐标轴标题”→“竖排标题”，填充纵坐标轴标题为“人数”，获得的图表效果如图 1-2 所示。

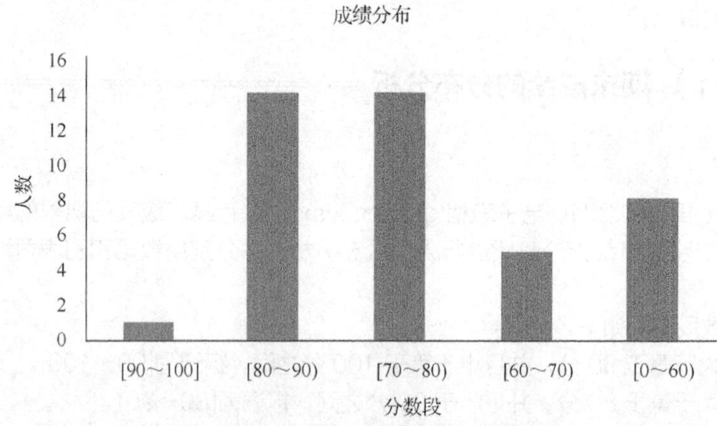

图 1-2　以图表显示方式展示成绩分布效果

通过对上面两种数据显示方式的效果进行比较可以发现，以图表显示方式展示数据更加简单明了，也更直观，更容易给人留下较深的印象。

由于数据可视化的概念是不断演变的，数据可视化的技术方法也在不断发展，这些技术方法允许利用图形图像处理、计算机视觉和用户界面，通过表达、建模和动画显示等方式，对数据进行可视化的解释。由此可见，数据可视化的技术方法是很丰富的。

1.2 数据可视化的作用

数据可视化主要有 3 个方面的作用。

（1）真实、准确、全面地展示数据。

（2）以较小的空间承载较多的信息。

（3）揭示数据的本质、关系、规律。

通过数据可视化，可简化理解复杂的数据，有效地呈现数据的重要特征，帮助人们更好地观察和监测数据，以便于发现异常值，从而有效地实现信息记录、信息推理和分析，以及信息传播与协同。下面通过【任务 1-2】来解释数据可视化的作用。

【任务 1-2】 产品销售情况统计表分析

任务描述

现有某销售公司的产品销售情况统计表，该公司第一季度至第四季度的产品销售数据如图 1-3 所示，请用图表显示方式展示该公司第一季度至第四季度的产品销售情况。

G12 fx

	A	B	C	D	E	F	G
1		产品销售情况统计表					
2						单位：万元	
3		名称	第一季度	第二季度	第三季度	第四季度	
4		油料	274	468	825	375	
5		农药	546	257	844	543	
6		钢材	546	729	405	753	
7		木材	735	852	642	532	
8		化学原料	773	853	735	674	
9		化肥	853	457	357	462	
10							

图 1-3 产品销售情况统计表

任务实施

为了能更简单、直观地展示产品销售情况，现通过 Microsoft Excel 2010 电子表格中的图表功能，生成该公司第一季度至第四季度的产品销售情况折线图，操作步骤如下。

（1）打开产品销售情况统计表，选择 B3:F9 的数据区域。

（2）选择“插入”菜单，单击“图表”中右下角的按钮，在“插入图表”对话框中选择“折线图”中的“折线图”，单击“确定”按钮。

（3）在图表工具中的“布局”菜单下，单击“图表标题”，选择“图表上方”，填充图表标题为“产品销售情况统计表”。

（4）在图表工具中的“布局”菜单下，单击“坐标轴标题”→“主要横坐标轴标题”→“坐标轴下方标题”，填充横坐标轴标题为“产品名称”。再单击“坐标轴标题”→“主要纵坐标轴标题”→“竖排标题”，填充纵坐标轴标题为“销售金额/万元”。

（5）在图表工具中的“布局”菜单下，单击“网格线”→“主要横网络线”→“无”，去掉横网格线，效果如图 1-4 所示。

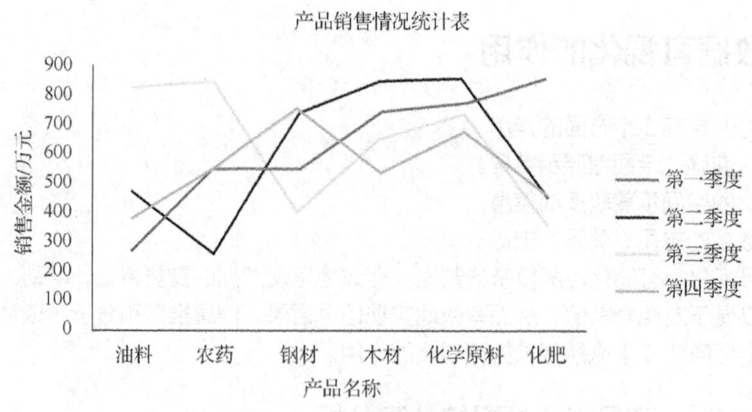

图1-4　产品销售情况折线图

（6）选中插入的图表，右键单击绘图区，单击“选择数据”→“切换行/列”按钮，切换系列与分类。单击“确定”按钮，删除横坐标轴标题，获得图 1-5 所示的图表。

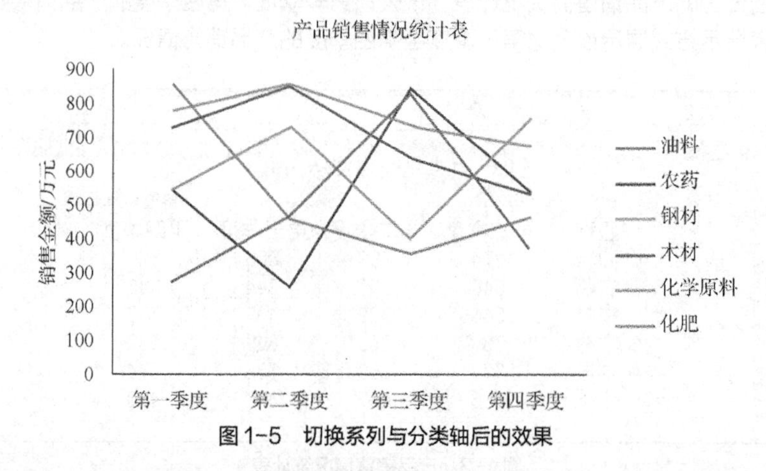

图1-5　切换系列与分类轴后的效果

与其他形式的数据相比，可视化的数据更易于理解。使用可视化图表不仅可查看 Excel 电子表格中的数据，而且可以更好地理解数据的含义和特征。例如，从图 1-5 给出的数据中就可以很直观地发现不同产品在不同季度销售情况的变化。

1.3　数据可视化的工具和库

【任务 1-3】 数据可视化的工具

任务描述

了解数据可视化的工具。

知识储备

数据可视化的实现有多种方案，采用何种方案取决于不同的应用场景和数据类型。在日常工作中，人们习惯使用 Excel 电子表格软件来处理表格数据，并创建专业的数据透视表和基本的统计图表。由于 Excel 使用方法简单，无须编程，因此，Excel 是应用较为普遍的数据可视化工具。但是随着大数据时代来临，人们对数据可视化工具提出了新的需求。

（1）实时性：数据可视化工具必须满足大数据时代数据量实时增长的要求，必须快速地收集、筛选、分析、归纳、展现决策者所需要的信息，并对数据信息进行实时更新。

（2）操作简单：数据可视化工具应具有快速开发、易于操作的特性。

（3）丰富的展现方式：数据可视化工具需具有丰富的展现方式，能充分满足数据展现的多维度要求。

（4）支持多种数据集成方式：由于数据的来源并不局限于数据库，因此，数据可视化工具还应支持数据仓库、文本等多种数据集成方式，并能够通过互联网进行展现。

根据用户的不同需求，产生了许多数据可视化工具。例如，用户可以使用 Tableau 这一类非编程工具通过连接数据库呈现动态的数据变化过程，并且可以实现数据与图表的完美结合，进而获得较好的数据可视化效果。

随着 Python、R 等编程语言广泛地应用于数据分析中，通过这些编程语言相应的绘图库，就可以灵活地实现数据可视化。另外，通过 JavaScript 的数据可视化工具，如 D3.js、ECharts，还可以实现在互联网上交互式的数据展示。

由于 Python 是业界十分流行的编程语言，它非常易用，使用其所支持的多种绘图库可以很方便地实现数据可视化，因而 Python 成为数据可视化的首选工具之一。

【任务 1-4】 Python 数据可视化工具库

任务描述

了解 Python 数据可视化工具库。

知识储备

Python 数据可视化的绘图工具库分为免费和收费两种，其中免费且应用性较好的数据可视化工具库有 Matplotlib、Seaborn，以及交互式的数据可视化工具 Bokeh。其中，Matplotlib 是用于创建具有出版质量的图表的绘图工具库；Seaborn 在 Matplotlib 基础上进行了更高级的 API 封装，使绘图更加容易。在大多数情况下，使用 Seaborn 能制作出很有吸引力的图，而使用 Matplotlib 能制作具有特色的图，Seaborn 可视为 Matplotlib 的补充。Bokeh 是一个专门针对用 Web 浏览器来呈现图表的交互式可视化 Python 库，这正是 Bokeh 与其他可视化库较核心的区别。

交互式的数据可视化工具 Bokeh 的优势如下。

- Bokeh 允许通过简单的指令快速创建复杂的统计图。
- Bokeh 支持以各种方式输出，例如 HTML 文件、Notebook 文档和服务器的输出。
- 可以将 Bokeh 可视化内容嵌入 Flask 和 Django 程序。
- Bokeh 可以转换写在其他库（如 Matplotlib 和 Seaborn）中的可视化技术。
- Bokeh 能灵活地将交互式应用、布局和不同样式用于可视化。

此外，还有一款数据可视化工具 pyecharts，它是一个用于生成 ECharts 图表的类库。ECharts 是一个开源数据可视化工具，其使用 JavaScript 语言编写的图表库，能够在 PC 端和移动设备上流畅运行，并兼容当前绝大部分浏览器（IE 6/7/8/9/10/11、Chrome、Firefox、Safari 等）。ECharts 能提供直观、生动、可交互、可高度个性化定制的数据可视化图表。

pyecharts 就是一款将 Python 与 ECharts 结合的强大的数据可视化工具。可以使用 pyecharts 生成独立的网页，也可以在 Flask、Django 中集成使用它。

拓展训练

【拓展任务 1】 中国原油生产和石油进出口情况分析

任务描述

要求根据表 1-1 所示的 1949—1965 年中国原油生产和石油进出口情况统计，实现原油产量用柱形图表示、年增长率用折线图表示的合成图表。

表 1-1　1949—1965 年中国原油生产和石油进出口情况统计

年份	原油产量/百万吨	年增长率/%	石油进口量/百万吨	石油出口量/百万吨	净进口量/百万吨	进口依存度/%
1949	0.121		0.143		0.143	54.17
1950	0.200	65.29	0.281		0.281	58.42
1951	0.306	53.00	0.729		0.729	70.43
1952	0.436	42.48	0.608		0.608	58.24
1953	0.622	42.66	0.834		0.834	57.28
1954	0.789	26.85	0.906		0.906	53.45
1955	0.966	22.43	1.583		1.583	62.10
1956	1.163	20.39	1.733		1.733	59.84
1957	1.458	25.37	1.806	0.025	1.781	54.99
1958	2.265	55.35	2.510	0.015	2.495	52.42
1959	3.734	64.86	3.075	0.019	3.056	45.01
1960	5.213	39.61	3.031	0.003	3.028	36.74
1961	5.314	1.94	3.032		3.032	36.33
1962	5.746	8.13	1.979	0.042	1.937	25.21
1963	6.478	12.74	1.581	0.010	1.571	19.52
1964	8.481	30.92	0.748	0.134	0.614	6.75
1965	11.315	33.42	0.240	0.232	0.008	0.07

任务实施

1. 创建“原油产量/十万吨”的数据列

打开原油产量.xlsx 文件，首先创建“原油产量/十万吨”的数据列（H 列），设置 H 列的值是 B 列值乘 10，效果如图 1-6 所示。

A3　1949

	A	B	C	D	E	F	G	H
1	1949—1965年中国原油生产和石油进出口情况统计							
2	年份	原油产量/百万吨	年增长率/%	石油进口量/百万吨	石油出口量/百万吨	净进口量/百万吨	进口依存度/%	原油产量/十万吨
3	1949	0.121		0.143		0.143	54.17	1.21
4	1950	0.200	65.29	0.281		0.281	58.42	2
5	1951	0.306	53.00	0.729		0.729	70.43	3.06
6	1952	0.436	42.48	0.608		0.608	58.24	4.36
7	1953	0.622	42.66	0.834		0.834	57.28	6.22
8	1954	0.789	26.85	0.906		0.906	53.45	7.89
9	1955	0.966	22.43	1.583		1.583	62.10	9.66
10	1956	1.163	20.39	1.733		1.733	59.84	11.63
11	1957	1.458	25.37	1.806	0.025	1.781	54.99	14.58
12	1958	2.265	55.35	2.510	0.015	2.495	52.42	22.65
13	1959	3.734	64.86	3.075	0.019	3.056	45.01	37.34
14	1960	5.213	39.61	3.031	0.003	3.028	36.74	52.13
15	1961	5.314	1.94	3.032		3.032	36.33	53.14
16	1962	5.746	8.13	1.979	0.042	1.937	25.21	57.46
17	1963	6.478	12.74	1.581	0.010	1.571	19.52	64.78
18	1964	8.481	30.92	0.748	0.134	0.614	6.75	84.81
19	1965	11.315	33.42	0.240	0.232	0.008	0.07	113.15

图 1-6　1949—1965 年中国原油生产和石油进出口情况统计表修改效果

2. 绘制柱形图和折线图

运用 Microsoft Excel 2010 电子表格的图表功能，生成原油产量用柱形图表示、年增长率用折线图表示的合成图表，操作步骤如下。

（1）选择 H2:H19 的数据区域。

（2）选择“插入”菜单，单击“图表”中右下角的按钮，在“插入图表”对话框中选择“柱形图”中的“簇状柱形图”，单击“确定”按钮。

（3）选中插入的图表，右键单击绘图区，单击“选择数据”。在“选择数据源”对话框中，单击“水平（分类）轴标签”中的“编辑”按钮。在“轴标签”对话框中，选择“轴标签区域”为 A3:A19，单击“确定”按钮。

（4）在“选择数据源”对话框中，单击“图例项（系列）”中的“添加”按钮。在“编辑数据系列”对话框中，选择“系列名称”为 C2 单元格，“系列值”为 C3:C19，单击“确定”按钮，回到“选择数据源”对话框中，单击“确定”按钮。

（5）右键单击“年增长率/%”柱形图，选择“更改系列图表类型”，在“更改图表类型”对话框中，选择“折线图”中的“折线图”。

（6）在图表工具中的“布局”菜单下，单击“图表标题”，选择“图表上方”，填充图表标题为“原油产量与年增长率变化”，设置字号为 14。

（7）在图表工具中的“布局”菜单下，单击“坐标轴标题”→“主要横坐标轴标题”→“坐标轴下方标题”，填充横坐标轴标题为“年份”。再单击“坐标轴标题”→“主要纵坐标轴标题”→“竖排标题”，填充纵坐标轴标题为“原油产量（年增长率）”。

（8）在图表工具中的“布局”菜单下，单击“网格线”→“主要横网络线”→“无”，去掉横网格线，效果如图 1-7 所示。从图 1-7 中可观察到 1949—1965 年中国原油产量与年增长率的变化情况。

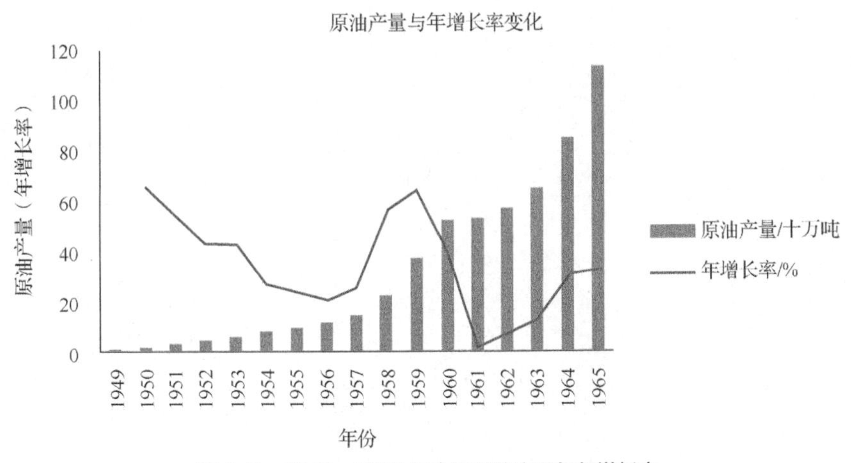

图 1-7　1949—1965 年中国原油产量与年增长率

单元小结

本单元介绍了通过运用 Excel 电子表格软件的图表处理功能，对 grades.xlsx 和产品销售情况统计表进行分析，说明数据可视化的概念和数据可视化的作用。然后重点介绍了数据可视化工具和库，特别是 Python 数据可视化工具库。

思考练习

运用 Excel 电子表格软件的图表处理功能，根据原油产量.xlsx 中的数据，完成下列数据可视化操作。

（1）根据 1949—1965 年中国原油生产和石油进出口情况统计表，实现石油净进口量用柱形图表示、进口依存度用折线图表示的合成图表。

（2）根据 1949—1965 年中国原油生产和石油进出口情况统计表，实现原油产量和石油净进口量均用柱形图表示的合成图表。

单元2 Python开发环境及常用数据处理操作

微课视频

学习目标

- 掌握 Python 的开发环境搭建方法。
- 掌握 PyCharm 的安装与使用方法。
- 了解 Python 数据可视化常用的类库。
- 掌握数据可视化中 pandas 库常用操作。

Python 是一种广泛使用的编程语言，拥有许多数据分析与可视化的库。而使用 Python 进行数据可视化的前提条件是先搭建好 Python 的开发环境，然后学会利用 NumPy 和 pandas 进行数据处理的基本操作。

2.1 Python 的开发环境搭建

目前常用的 Python 版本有 2.7 版本和 3.x.x 版本，早期人们采用 Python 2.7，随着 Python 3.x.x 的发展，Python 2.7 逐步被淘汰。因此，在 Python 的开发环境搭建过程中，建议选择安装 Python 3.x.x。

Python 安装软件的选择与用户计算机操作系统有关，Python 官网上分别提供了 Windows、Linux/UNIX、macOS 和其他操作系统的 Python 安装软件。下面将介绍 Python 的开发环境搭建。

【任务 2-1】 Python 软件安装

任务描述

在 Windows 操作系统下，安装 Python 3.8.7 软件，并设置 Python 的安装路径为 E:\python。

任务实施

（1）首先到 Python 官网下载与用户 Windows 操作系统位数（32 位或 64 位）相对应的 Python 3.8.7。

- Windows 是 32 位的就下载 Windows installer（32-bit）。
- Windows 是 64 位的就下载 Windows installer（64-bit）。

此时下载文件是 python-3.8.7.exe（32 位）或 python-3.8.7-amd64.exe（64 位）可执行文件。

（2）如果用户的计算机采用 64 位 Windows 操作系统，则双击“python-3.8.7-amd64.exe”可执行文件，在安装界面上，勾选“Add Python 3.8 to PATH”，如图 2-1 所示。

（3）在安装界面上，选择“Customize installation”（自定义安装），进入选项功能界面，如图 2-2 所示。勾选选项功能界面上的所有选项，单击“Next”按钮。

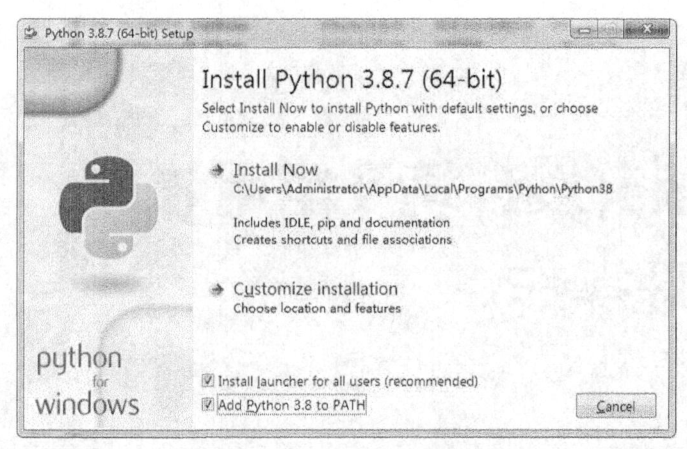

图 2-1　Python 3.8.7 安装界面

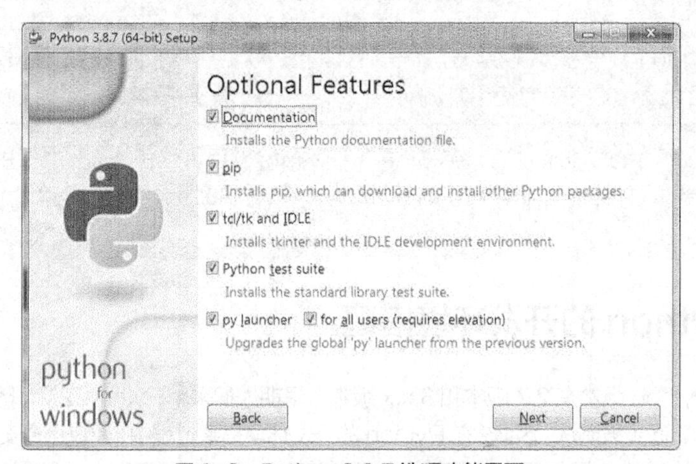

图 2-2　Python 3.8.7 选项功能界面

（4）在打开的高级选项界面中，勾选“Associate files with Python (requires the py launcher)”“Create shortcuts for installed applications”“Add Python to environment variables”“Precompile standard library”这 4 个选项。单击“Browse”按钮，更改 Python 软件安装的路径为 E:\python，单击“Install”按钮，如图 2-3 所示，开始软件安装。

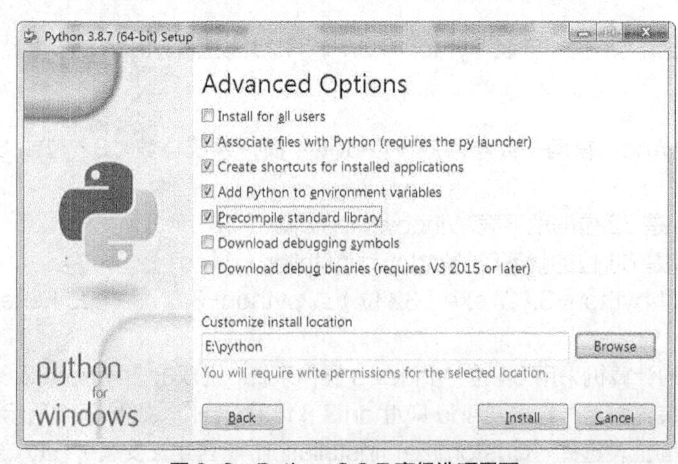

图 2-3　Python 3.8.7 高级选项界面

（5）软件安装进度界面如图 2-4 所示。软件安装成功后，弹出软件安装成功界面，如图 2-5 所示。在安装成功界面上如果出现“Disable path length limit”按钮，单击此按钮，可实现禁用系统 Path 长度自动限制的功能，单击“Close”按钮关闭界面。

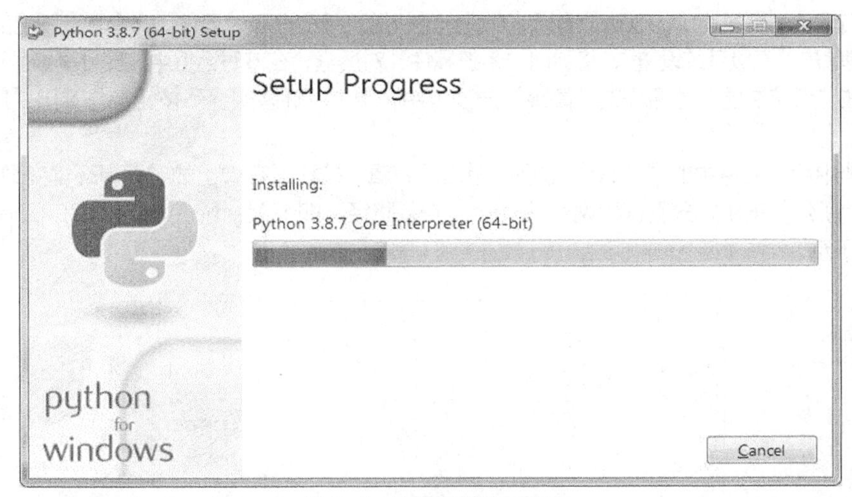

图 2-4　软件安装进度界面

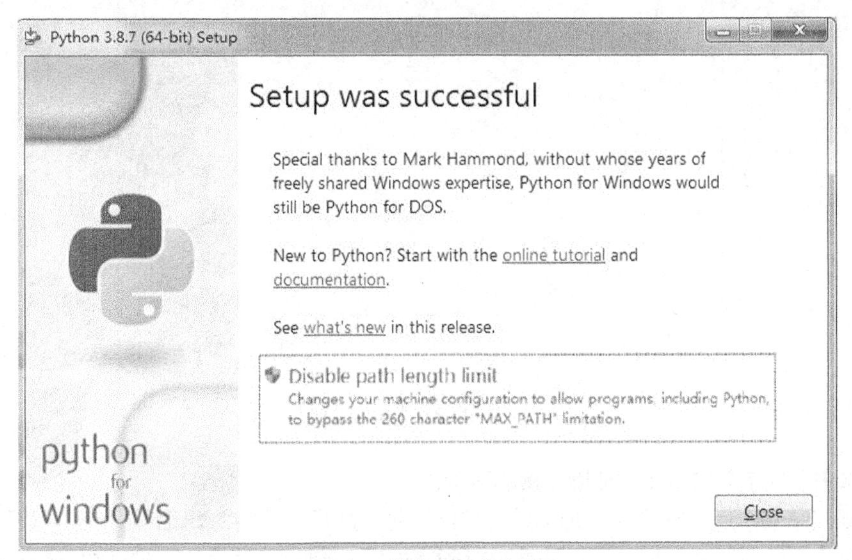

图 2-5　软件安装成功界面

注意　由于在安装软件时勾选了“Add Python 3.8 to PATH”选项，因此会自动在环境变量中的用户变量的 Path 变量值中增加 E:\python\Scripts\和 E:\python\值。

【任务 2-2】 Python 环境变量配置及测试

任务描述

如果在 Python 软件安装时没有勾选“Add Python 3.8 to PATH”选项，那么，在软件安装完成后，还需要将 Python 安装路径添加到用户环境变量中。下面以在 Windows 10 系统中配置环境变量为例来介绍 Python 的环境变量配置与测试。

任务实施

（1）右键单击桌面的“此电脑”图标，在弹出的快捷菜单中选择“属性”命令，在弹出的“系统”窗口的右侧单击“高级系统设置”，将弹出“系统属性”对话框，在该对话框中选择“高级”选项卡。

（2）在“系统属性”对话框的“高级”选项卡中，单击“环境变量”按钮，将弹出“环境变量”对话框。

（3）选中用户变量中的“Path”选项，单击“编辑”按钮。在弹出的“编辑环境变量”对话框中，单击“新建”按钮，分别创建两个 Python 安装路径，即 E:\python\Scripts\和 E:\python\，如图 2-6 所示。

图 2-6　Path 变量值设置

（4）单击“确定”按钮完成环境变量的设置。

（5）测试 Python。按“Windows”+“R”键，打开“运行”对话框，在“打开”栏中输入“python”，按“Enter”键，进入 Python 命令窗口，如图 2-7 所示。在 Python 命令提示符>>>后可输入 Python 命令代码，按“Enter”键后直接运行。

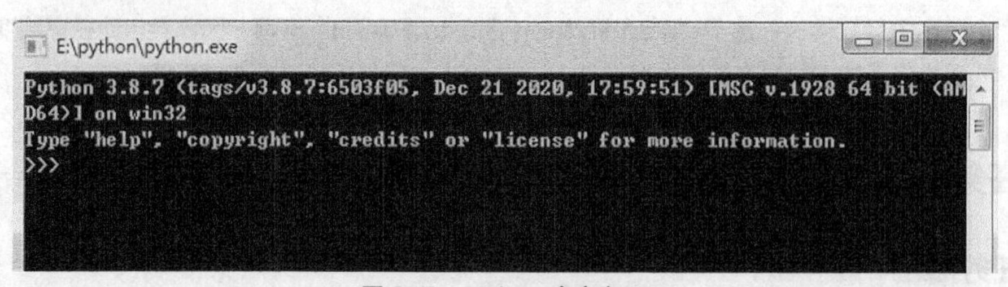

图 2-7　Python 命令窗口

2.2 PyCharm 安装与使用

在安装好 Python 后，可以直接在 Shell（Python Shell 或 IPython）中编写代码，除此之外，还可以采用 Python 的集成开发环境（Integrated Development Environment，IDE）或交互式开发环境来编写代码。Python 常用的集成开发环境有 PyCharm 和 Jupyter Notebook 等。其中，PyCharm 是由 JetBrains 公司开发的一款 Python 的集成开发环境软件。该软件除了具备一般集成开发环境的功能（如调试、语法高亮、项目管理、代码跳转、智能提示、自动完成、单元测试和版本控制）外，还提供了一些高级功能，以支持 Django 框架下的专业 Web 开发，同时，还支持 Google App Engine 和 IronPython。由于 PyCharm 是一款专用于 Python 程序开发的集成开发环境软件，且配置简单、功能强大、使用方便，因此已成为 Python 专业开发人员和初学者经常使用的工具。

PyCharm 有免费的社区版和付费的专业版两个版本。专业版额外增加了项目模板、远程开发、数据库支持等高级功能，而对于个人学习者而言，使用免费的社区版即可。

【任务 2-3】PyCharm 安装

任务描述

在 Windows 操作系统下，安装社区版的 PyCharm 软件。

任务实施

（1）首先到 JetBrains 官网下载社区版的 PyCharm 软件，安装软件名称为 pycharm-community-2020.3.3.exe。

（2）双击“pycharm-community-2020.3.3.exe”，打开 PyCharm 软件安装界面，如图 2-8 所示，单击“Next”按钮。

图 2-8 PyCharm 软件安装界面

（3）进入选择安装位置界面，单击“Browse”按钮，修改 PyCharm 软件安装路径为 E:\pycharm，再单击“Next”按钮，如图 2-9 所示。

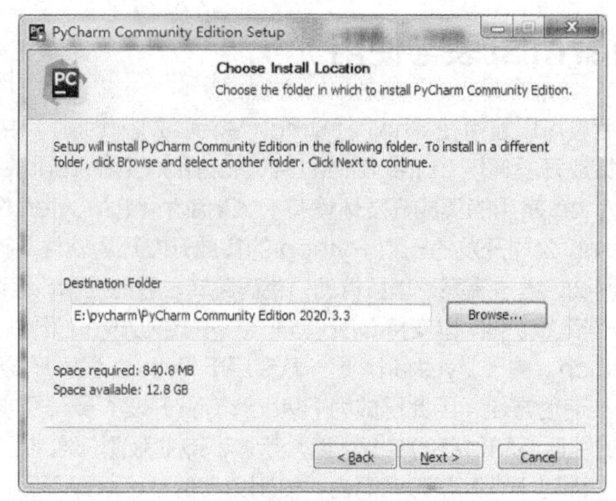

图 2-9　选择安装位置界面

（4）进入安装选项界面，勾选所有选项，如图 2-10 所示，再单击“Next”按钮。

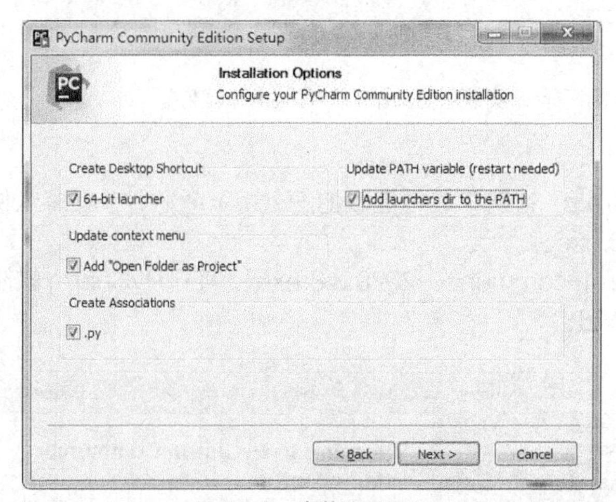

图 2-10　安装选项界面

（5）进入选择开始菜单界面，如图 2-11 所示，单击“Install”按钮。

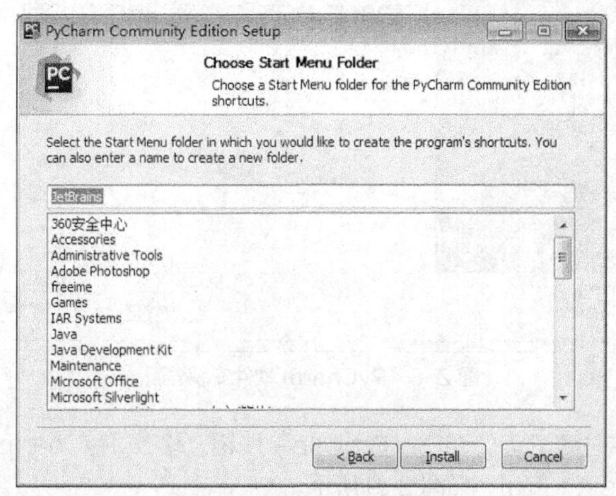

图 2-11　选择开始菜单界面

（6）进入程序安装进度界面，如图 2-12 所示。

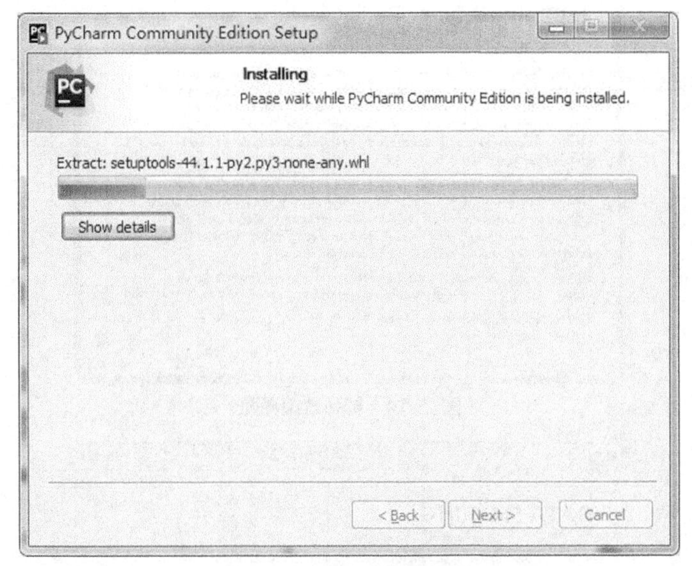

图 2-12　程序安装进度界面

（7）当程序安装完成后，单击“Next”按钮，进入程序安装完成界面，默认选择“I want to manually reboot later”选项，如图 2-13 所示，单击“Finish”按钮，完成 PyCharm 的安装。此时，会在桌面上创建一个 PyCharm 的快捷方式。

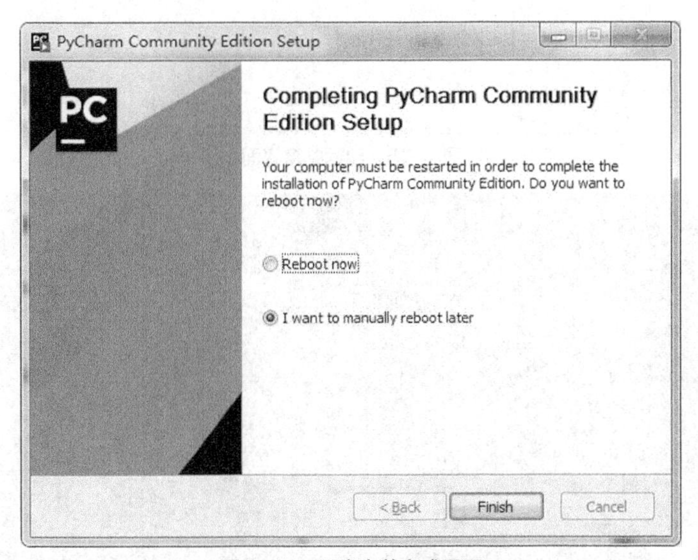

图 2-13　程序安装完成界面

（8）启动 PyCharm。双击桌面上的 PyCharm 快捷方式，将弹出隐私政策界面，勾选选项，单击“Continue”按钮，如图 2-14 所示。进入图 2-15 所示的数据共享界面，单击“Don't Send”按钮，进入图 2-16 所示的 PyCharm 启动界面。

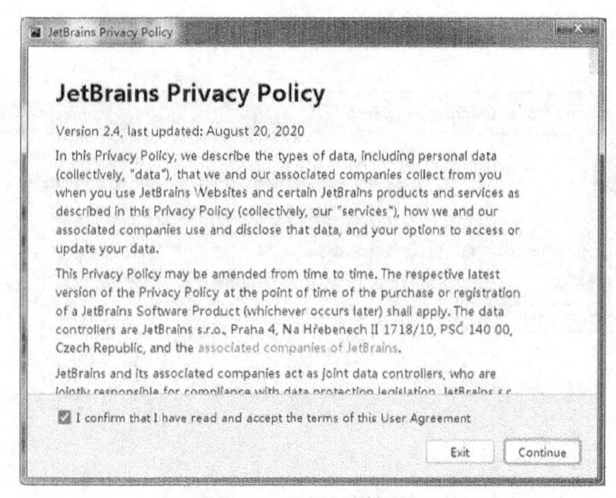

图 2-14　隐私政策界面

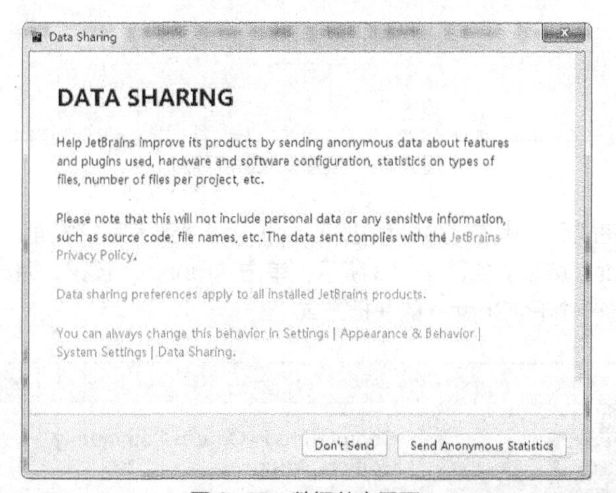

图 2-15　数据共享界面

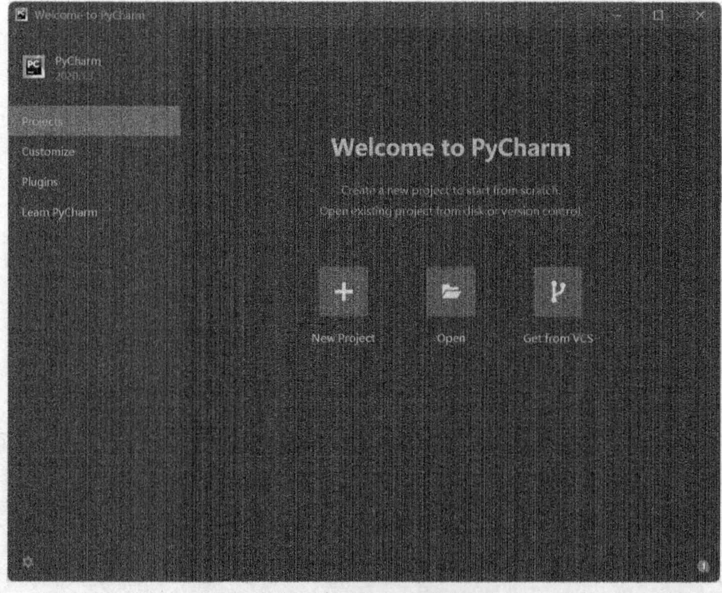

图 2-16　PyCharm 启动界面

（9）在 PyCharm 启动界面上可选择“New Project”来创建新项目，也可选择“Open”来打开已有的项目，或通过“Get from VCS”进入版本控制。

【任务 2-4】 PyCharm 简单设置

任务描述

完成更换主题、修改源代码字体和字号、修改编码设置、更改解释器设置和设置快捷键方案的操作。

任务实施

1. 更换主题

如果要修改软件的界面可以采用更换主题的方法。

操作步骤：在菜单栏选择“File”→“Settings”→“Appearance & Behavior”→“Appearance”→“theme”，可在下拉列表框中选择主题，如选择“Darcula”，单击“OK”按钮，将主题设置为背景为黑色的经典样式。

2. 修改源代码字体和字号

如果需要调整源代码的字体样式和字体大小，可通过以下操作步骤实现。

操作步骤：在菜单栏选择“File”→“Settings”→“Editor”→“Font”，修改 Font 和 Size，可调整字体和字号。如 Font 选择“Source Code Pro”，Size 选择“20”，单击“OK”按钮，即可将源代码字体更改为 Source Code Pro、字号设置为 20。

3. 修改编码设置

PyCharm 修改编码设置涉及的选项有 3 项，分别是 Global Encoding、Project Encoding 和 Default encoding for properties files。

操作步骤：在菜单栏选择“File”→“Settings”→“Editor”→“File Encodings”，调整 Global Encoding、Project Encoding 和 Default encoding for properties files 这 3 项的文件编码方式。如将 Project Encoding 选择为“UTF-8”，单击“OK”按钮，即可将项目编码设置为 UTF-8。

4. 更改解释器设置

如果在计算机上安装了多个 Python 版本，当需要更改解释器设置时，其操作步骤为：在菜单栏选择“File”→“Settings”→“Project:untitled”→“Project Interpreter”，将弹出图 2-17 所示的解释器设置对话框。

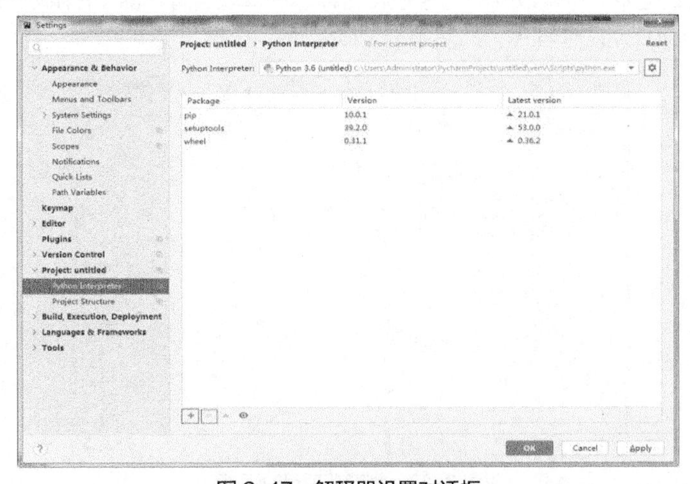

图 2-17　解释器设置对话框

首先通过“Python Interpreter”下拉列表框选择解释器；然后通过“Python Interpreter”下拉列表框右边的按钮创建虚拟环境或添加新的Python路径；再通过+按钮添加库或通过-按钮卸载库。当单击按钮时，将会弹出Add... Show All...上下文菜单，选择“Add”，会弹出图2-18所示的创建虚拟环境对话框。通过“Base interpreter”下拉列表框右边的...按钮，选择添加新的Python路径，单击“OK”按钮。

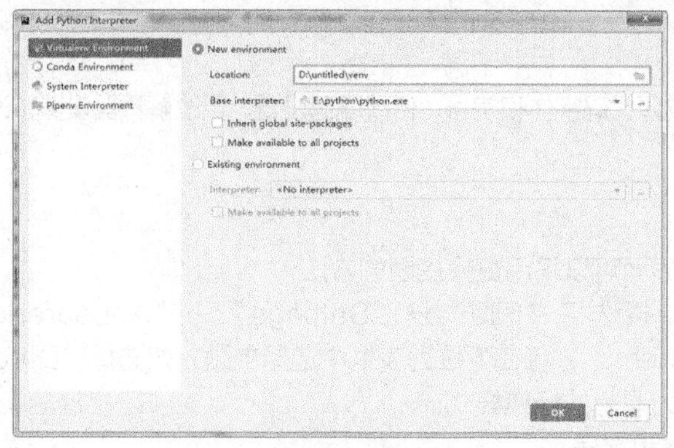

图2-18　创建虚拟环境对话框

5. 设置快捷键方案

PyCharm可以为不同平台的用户提供不同的定制快捷键方案，其操作步骤为：在菜单栏选择“File”→“Settings”→“Keymap”，单击“Keymap”下拉列表框，可选择一个快捷键配置方案，单击“Apply”按钮，保存更改。

【任务2-5】 PyCharm使用

任务描述

使用PyCharm创建Python项目和文件，以及编写和运行Python程序。

任务实施

1. 新建项目

操作步骤：打开PyCharm，单击“File”→“New Project”，弹出图2-19所示的创建新项目对话框。在此对话框中，可修改项目的路径和名称、选择项目解释器（Python的安装路径）、项目的虚拟环境和main.py欢迎程序，然后单击“Create”按钮。

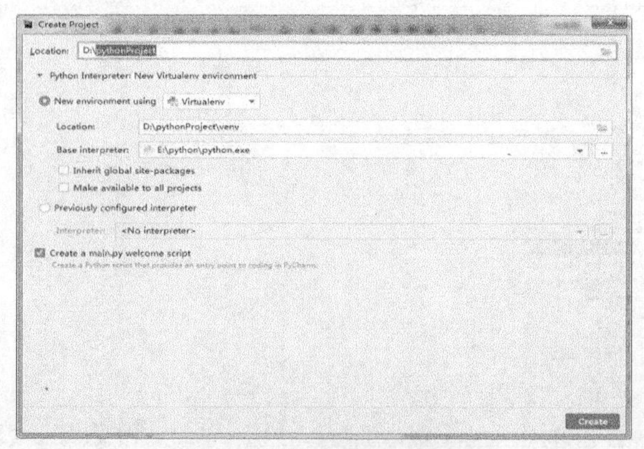

图2-19　创建新项目对话框

2. 创建 Python 文件

操作步骤：右键单击项目名称，选择“New”→“Python File”，弹出创建 Python 文件对话框。输入 Python 文件名为 test，选择“Python file”，如图 2-20 所示，按“Enter”键，创建 test.py 文件。

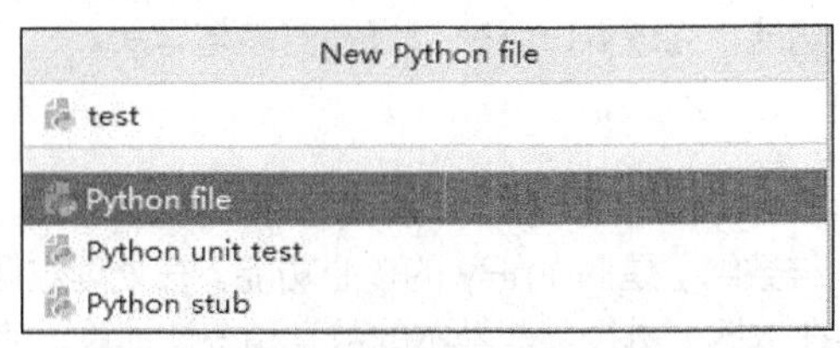

图 2-20　创建 Python 文件

注意　在 PyCharm 集成开发环境下创建的 Python 文件扩展名为“.py”。

3. 编写和运行 Python 程序

打开 PyCharm 集成开发环境。如图 2-21 所示，双击项目目录区的 test.py 文件，在右边的代码编辑区中输出一行 Python 代码“print("hello world!")”，然后，右键单击代码编辑区并在弹出的快捷菜单中选择“Run test”或者单击右上角运行按钮，就可运行这一行 Python 代码，并在控制台上输出“hello world!”字符串。

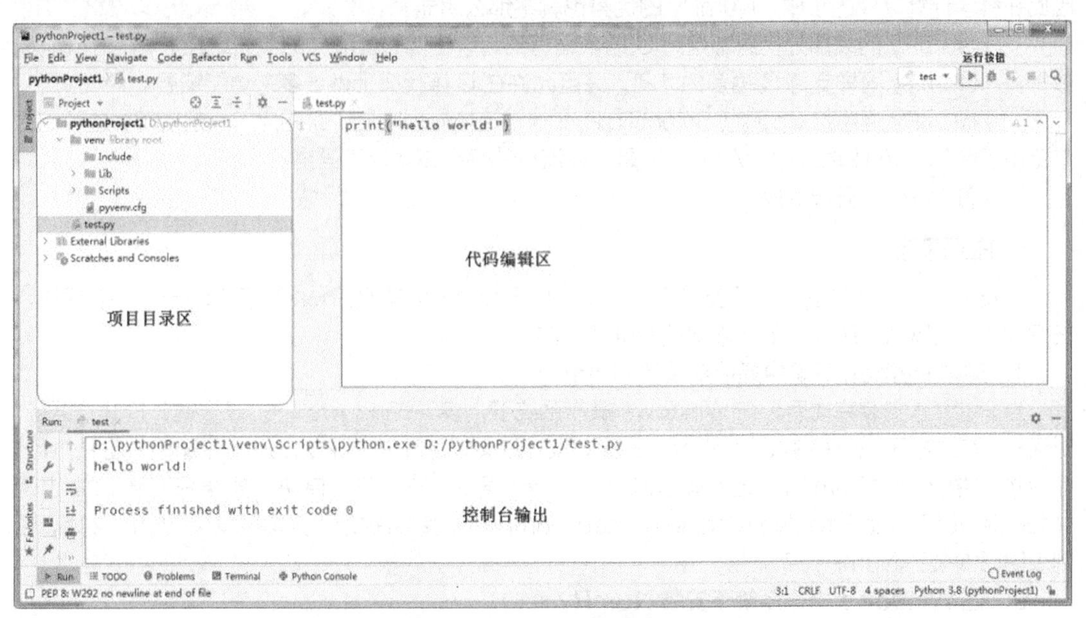

图 2-21　PyCharm 集成开发环境

2.3　Python 数据可视化常用的类库

类库是用来实现各种功能的类的集合。在使用 Python 完成数据可视化时，除了需要使用 Python 绘图库外，还经常需要使用 NumPy 和 pandas 等类库，这些库在数据可视化中起着很重要的作用。

【任务 2-6】 NumPy 简介、测试、安装与导入

任务描述

了解 NumPy 库的基本功能，完成 NumPy 测试、安装与导入。

知识储备

NumPy 是 Numerical Python 的简称，指高性能计算和数据分析的基础库。ndarray（n-dimensional array，多维数组）是 NumPy 的核心功能。在处理数据时，通常不仅需要与多维数组协同工作，而且还需要在数据上执行某些基本的数学和统计计算，使用 NumPy 就能很方便地解决这些问题。

在 Python 中使用 NumPy 的优势如下。

（1）在数值计算时，使用 NumPy 能够直接对数组和矩阵进行操作，由此可以省略许多处理数值计算的循环语句，同时，NumPy 拥有众多的数学函数，这会让编写代码的工作轻松许多。而且 NumPy 的底层算法在设计时就有着优异的性能，并且经受住了时间的考验。

（2）NumPy 中数组的存储效率和输入输出（Input/Output，I/O）性能均远远优于 Python 中等价的基本数据结构（如嵌套的 list 容器），其能够提升的性能与数组中元素的数目成比例。对于大型数组的运算，使用 NumPy 有很大的优势。对于“TB”级的大文件，NumPy 使用内存映射文件来处理，以达到最优的数据读写性能。不过，NumPy 数组的通用性不及 Python 提供的 list 容器，因此在科学计算之外的领域，NumPy 的优势也就不那么明显了。

（3）NumPy 的大部分代码都是用 C 语言编写的，这使得 NumPy 的代码比纯 Python 代码高效得多。NumPy 同样支持 C 语言的 API，并且允许在 C 源代码上做更多的功能拓展。

（4）NumPy 通常与 SciPy（Scientific Python）和 Matplotlib（绘图库）一起使用，这种组合广泛用于替代 MATLAB，而 MATLAB 是一种流行的高级技术计算语言。

（5）NumPy 是开源的库。

任务实施

在安装 NumPy 之前，先要安装 Python。由于 NumPy 是 Python 环境中的一个独立模块，在 Python 的默认安装环境下是未安装 NumPy 的。

1. 测试 Python 环境中是否安装了 NumPy

当 Python 安装完成后，在 Windows 操作系统下，按“Windows”+“R”键，打开“运行”对话框，在“打开”栏中输入“python”命令，按“Enter”键，进入 Python 命令窗口。在 Python 命令窗口中运行“from numpy import *”命令，导入 NumPy 模块，如果命令窗口中出现“ModuleNotFoundError:No module named 'numpy'”的错误提示，则需要安装 NumPy 库，否则表明已安装了 NumPy 库。

2. 在 Windows 操作系统下安装 NumPy 库

（1）下载 NumPy。首先访问 Python 的第三方库网站，然后根据计算机上所安装的 Python 版本和操作系统版本下载相应的 NumPy 库。例如，在 Windows 操作系统（64 位）下安装了 Python 3.8，则下载 numpy-1.19.5+mkl-cp38-cp38-win_amd64.whl。

（2）将下载的软件复制到 Python 安装目录的 Scripts 文件夹下，例如 Python 3.8 安装目录为 E:\Python，则将下载的软件复制到 E:\Python\Scripts 目录下。

（3）按“Windows”+“R”键，打开“运行”对话框，在“打开”栏中输入“cmd”命令，按“Enter”键。

（4）在 cmd 命令窗口中输入“pip install E:\Python\Scripts\ numpy-1.19.5+mkl-cp38-cp38-win_amd64.whl”命令，按“Enter”键，进行 NumPy 库安装。

（5）安装成功就会提示“Successfully installed numpy-1.19.5+mkl”，如图 2-22 所示。

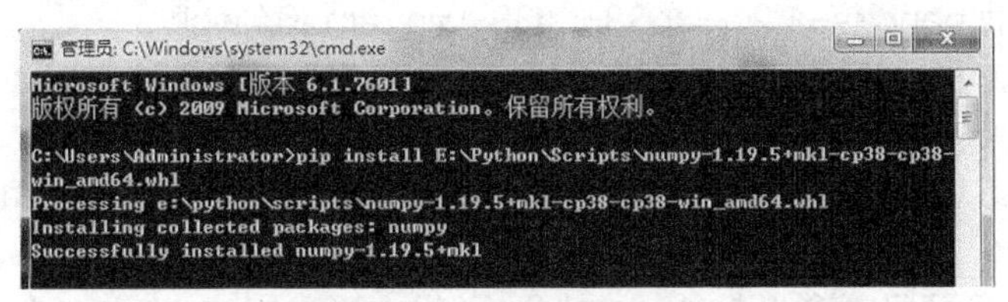

图 2-22　安装 NumPy

另外，在计算机连接了互联网的情况下，如果在 cmd 命令窗口中输入“pip install numpy”命令，按“Enter”键后，Windows 操作系统会自动配置并安装 NumPy 模块。

3. NumPy 的导入

NumPy 安装测试成功后，在编写代码时，首先需要导入 NumPy 库，导入方法是使用 Python 导入模块的语句，具体代码如下：

```
import numpy as np
```

或者

```
from numpy import *
```

【任务 2-7】 pandas 简介、测试、安装与导入

任务描述

了解 pandas 库的基本功能，完成 pandas 测试、安装与导入。

知识储备

pandas 库最初是由 Wes McKinney 于 2008 年开发设计的。2012 年，Wes McKinney 的同事 Sien Chang 加入开发工作，他们一起开发出了用于数据分析的著名开源 Python 库——pandas。

pandas 是以 NumPy 为基础设计的，这使得 pandas 能与其他大多数模块相兼容，并借助了 NumPy 模块在计算方面性能强的优势，因此，在数据分析中 pandas 和 NumPy 这两个库经常一起使用。

类似于 NumPy 的核心数据结构是 ndarray，pandas 则是围绕着 Series 和 DataFrame 这两种核心数据结构展开的，而 Series 和 DataFrame 分别对应于一维的序列和二维的表结构。pandas 提供了复杂、精细的索引功能，以便快捷地完成重塑、切片、聚合和选取数据子集等操作。另外，pandas 最初是作为金融数据分析工具而开发出来的，因此，pandas 对时间序列分析提供了很好的支持。

任务实施

pandas 与 NumPy 安装方法相同。在安装 pandas 之前，先要安装 Python。由于 pandas 是 Python 环境中的一个独立模块，在 Python 的默认安装环境下未安装 pandas。

1. 测试 Python 环境中是否安装了 pandas

当 Python 安装完成后，在 Windows 操作系统下，按“Windows”+“R”键，打开“运行”对话框，在“打开”栏中输入“python”命令，按“Enter”键，进入 Python 命令窗口。在 Python 命令窗口中运行“from pandas import *”导入 pandas 模块，如果命令窗口中出现“ModuleNotFoundError:No module named 'pandas'”的错误提示，则需要安装 pandas 库，否则表明已安装了 pandas 库。

2. 在 Windows 操作系统下安装 pandas 库

（1）下载 pandas。首先访问 Python 的第三方库网站，然后根据计算机上所安装的 Python 版本和操作系统版本下载相应的 pandas 库。例如，在 Windows 操作系统（64 位）下安装了 Python 3.8，则下载 pandas-1.2.1-cp38-cp38-win_amd64.whl。

（2）将下载的软件复制到 Python 安装目录的 Scripts 文件夹下，例如 Python 3.8 安装目录为 E:\Python，则将下载的软件复制到 E:\Python\Scripts 目录下。

（3）按“Windows”+“R”键，打开“运行”对话框，在“打开”栏中输入“cmd”命令，按“Enter”键。

（4）在 cmd 命令窗口中输入“pip install E:\Python\Scripts\pandas-1.2.1-cp38-cp38-win_amd64.whl”命令，按“Enter”键，进行 pandas 库安装，安装界面如图 2-23 所示。

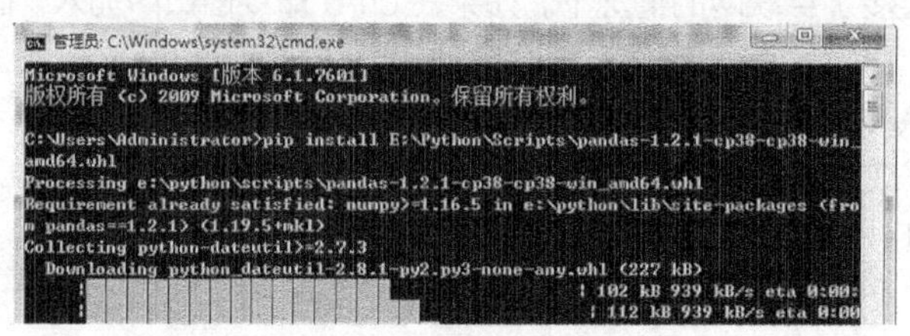

图 2-23　安装 pandas

（5）安装成功就会提示“Successfully installed pandas-1.2.1 python-dateutil-2.8.1 pytz-2021.1 six-1.15.0”。

另外，在计算机连接了互联网的情况下，如果在 cmd 命令窗口中输入“pip install pandas”命令，按“Enter”键后，Windows 操作系统会自动配置并安装 pandas 模块。

3. pandas 的导入

pandas 安装测试成功后，在编写代码时，首先需要导入 pandas 库，导入方法是使用 Python 导入模块的语句，具体代码如下：

```
import pandas as pd
```

或者

```
from pandas import *
```

【任务 2-8】 在 PyCharm 中导入 NumPy 和 pandas 库

任务描述

在 PyCharm 的解释器中导入 NumPy 和 pandas 库。

任务实施

在 NumPy 和 pandas 库安装成功后，打开 PyCharm，选择“File”→“Settings”→project 当前项目名→“Python Interpreter”，单击“Python Interpreter”下拉列表框右边的按钮，将会弹出上下文菜单，选择“Add”，会弹出创建虚拟环境对话框。在该对话框中选择“Existing environment”，单击“Interpreter”下拉列表框，选择 E:/python/python.exe（即 Python 安装路径），单击“OK”按钮，加入安装好的 NumPy 和 pandas 库，单击“Apply”按钮，最后单击“OK”按钮即可。

2.4 数据可视化中 pandas 库常用操作

在现实世界中，数据的存储形式常分为文件和数据库两大类，如表 2-1 所示。为了实现数据可视化，首先需要从文件或数据库中读取数据，并将其存储为 pandas 数据结构中的 DataFrame 对象，然后对 DataFrame 对象进行操作，以获取实现数据可视化的数据。

表 2-1　数据的存储形式

存储形式		说明
文件	CSV 文件	用分隔符分隔列的文件，又称为字符分隔文件
	Excel 文件	微软办公软件 Excel 文件
	TXT 文件	纯文本文件
	JSON 文件	一种轻量级的数据交换格式文件
数据库	MySQL	开源的数据库
	Access	微软办公软件 Access
	SQL Server	微软企业级数据库
	……	其他数据库

【任务 2-9】 pandas 的数据结构

任务描述

了解 pandas 的 Series 和 DataFrame 两大核心数据结构。

知识储备

1. Series 对象

Series 是一种类似于一维数组的对象，它是由一组数据（这组数据可以是 NumPy 中任意类型的数据）以及一组与之相关的数据标签组成的。Series 对象的内部结构是由两个相互关联的数组组成的，其中用于存放数据（即值）的是 value 主数组，主数组的每个元素都有一个与之相关联的标签（即索引），这些标签存储在另外一个叫作 index 的数组中。

Series 的表现形式为：标签在左边，值在右边。例如，Series 对象[2,4,-3,7]的内部结构如图 2-24 所示。

Series	
index	value
0	2
1	4
2	-3
3	7

图 2-24　Series 对象的内部结构

创建 Series 对象的 Series()构造函数如下。

```
pandas.Series(data[, index])
```

上述函数中的参数说明如下。

- data 是输入给 Series 构造器的数据，它可以是 NumPy 中任意类型的数据。
- index 是 Series 对象中数据的标签。

创建过程：调用 Series()构造函数，把要存放在 Series 对象中的数据以数组形式传入，就能创建一个 Series 对象。

2. DataFrame 对象

DataFrame 对象的数据结构与工作表（较常见的是 Excel 工作表）极为相似，其设计初衷是将 Series 的使用场景由一维扩展到多维。DataFrame 数据结构由按一定顺序排列的多列数据组成，各列的数据类型（数值、字符串或布尔值等）可以不同。

DataFrame 数据结构的特点如下。

- DataFrame 是由共用相同索引的一组列组成的。
- DataFrame 是一个表格型的数据结构，每列值类型可以不同。
- DataFrame 常用于表达二维数据，也可表达多维数据。
- DataFrame 既有行索引，也有列索引。其中，行索引的数组与行相关，它与 Series 的索引数组相似，每个标签与标签所在行的所有元素相关联；而列索引包含一系列列标签，每个标签与一列数据相关联。

例如，用于表示姓名、性别和年龄的 DataFrame 数据结构如图 2-25 所示。

行索引	列索引		
index	name	sex	age
0	张艳	False	18
1	李明	True	20
2	王勇	True	19

图 2-25 DataFrame 数据结构

DataFrame 还可以理解为一个由 Series 组成的字典，其中每一列的名称为字典的键，形成 DataFrame 列的 Series 作为字典的值。进一步来说，每个 Series 的所有元素映射到叫作 index 的标签数组。

使用 DataFrame()构造函数可创建 DataFrame 对象，DataFrame()构造函数的格式如下。

```
pandas.DataFrame(data[,index[,columns]])
```

上述函数中的参数说明如下。

- data 是输入给 DataFrame 构造器的数据，如表 2-2 所示。
- index 是 DataFrame 对象中行索引的标签。
- columns 是 DataFrame 对象中列索引的标签。

表 2-2 输入给 DataFrame 构造器的数据

类型	说明
二维数组	数据矩阵，还可以传入行标和列标
由数组、列表或元组组成的字典	每个序列会变成 DataFrame 的一列，所有序列的长度必须相同
NumPy 的结构化/记录数组	类似于由数组组成的字典
由 Series 组成的字典	每个 Series 会组成一列，如果没有显示指定索引，则各 Series 的索引会被合并成结果的行索引
由字典组成的字典	各内层字典会成为一列，键会被合并成结果的行索引，跟“由 Series 组成的字典”的情况相同
字典或 Series 的列表	各项会成为 DataFrame 的一行，字典键或 Series 索引的并集会成为 DataFrame 的列标
由列表或元组组成的列表	类似于“二维数组”
另一个 DataFrame	该 DataFrame 的索引会被沿用，除非指定了其他索引
NumPy 的 MaskedArray	类似于“二维数组”的情况，只是掩码值在结果 DataFrame 中会变成 NaN/缺失值

任务实施

1. 创建 Series 对象

调用 Series()构造函数，创建一个 Series 对象，其示例代码 example2-1.py 如下。

```
import pandas as pd
#声明一个 Series 对象 se1
se1 = pd.Series([2,4,-3,7])
#输出 se1
print(se1)
```

输出结果如下，可见左边是标签，右边是标签对应的元素。

```
0     2
1     4
2    -3
3     7
```

声明 Series 对象时，若不指定标签，pandas 默认使用从 0 开始依次递增的数值作为标签，此时，标签与 Series 对象中元素的索引（在数组中的位置）是一致的。但是，如果想对各个数据使用有特定意义的标记（标签），就必须在调用 Series()构造函数时指定 index 选项，把存放有标签的数组赋值给 index。例如，设置标签的 Series 声明的示例代码如下。

```
import pandas as pd
#声明一个 Series 对象 se2
se2 = pd.Series([2,4,-3,7],index=['b','c','a','d'])
print(se2)        #输出 se2
```

输出结果如下。

```
b    2
c    4
a   -3
d    7
```

2. 创建一个 DataFrame 对象

首先创建一个包含学生姓名、性别和年龄的字典对象，然后将字典对象传入 DataFrame()构造函数，其示例代码 example2-2.py 如下。

```
import pandas as pd
dt = {'name':['张艳','李明','王勇'],
      'sex':['False','True','True'],
      'age':[18,20,19]}
df = pd.DataFrame(dt)
print(df)
```

输出结果如下。

```
   name   sex   age
0  张艳  False  18
1  李明  True   20
2  王勇  True   19
```

如果只是需要用字典对象中部分列来创建 DataFrame 对象，可通过 columns 参数指定字典对象列名，如在 example2-2.py 程序中增加下列代码。

```
df1 = pd.DataFrame(dt,columns=['name','age'])
print(df1)
```

输出结果如下。

```
   name  age
0  张艳   18
1  李明   20
2  王勇   19
```

DataFrame 对象与 Series 对象相同，如果 index 数组没有明确指定标签，pandas 也会自动为其添加一列从 0 开始的数值作为索引。如果想用标签作为 DataFrame 的索引，则要将标签放到数组中，赋值给 index 选项，如在 example2-2.py 程序中增加下列代码。

```
df2 = pd.DataFrame(dt,index=['a','b','c'],
                    columns=['name','age'])
print(df2)
```

输出结果如下。

```
  name  age
a  张艳  18
b  李明  20
c  王勇  19
```

【任务 2-10】 文件读取操作

任务描述

pandas 库为实现文件的读取与写入提供了专门的工具——I/O API 函数，这类函数分为完全对称的两大类：读取函数和写入函数。本任务将介绍读取文本文件和 Excel 文件的操作。

知识储备

1. 文本文件读取

文本文件是一种由若干行字符构成的计算机文件，它是一种典型的顺序文件，常用的文本文件有 CSV 文件和 TXT 文本文件。CSV 是一种用分隔符分隔的文件格式，因为其分隔符不一定是逗号，因此，CSV 文件又被称为字符分隔文件。CSV 文件以纯文件形式存储表格数据（数字和文本），它较广泛的应用是在程序之间转移表格数据，而这些程序本身是在不兼容的格式上进行操作的（往往是私有的、无规范的格式）。因为大多数程序都支持 CSV 格式或者其变体，所以它可以作为大多数程序的输入和输出格式。

利用 pandas 可将文本数据读取、加载到内存中。pandas 提供了一些用于将表格型文本数据读取为 DataFrame 对象的函数，常用的有 read_csv()函数和 read_table()函数。

- read_csv()函数：从文件、url、文件型对象中加载带分隔符的数据。默认分隔符为逗号（“,”）。
- read_table()函数：从文件、url、文件型对象中加载带分隔符的数据。默认分隔符为制表符（“\t”）。

read_csv()函数的语法格式如下。

```
pandas.read_csv(file, sep=',', header='infer', names=None, index_col=0,
dtype=None, encoding=utf-8, engine=None, nrows=None)
```

read_table()函数的语法格式如下。

```
pandas.read_table(file, sep='\t', header='infer', index_col=None, dtype=
None, encoding=utf-8, engine=None, nrows=None)
```

read_csv()和 read_table()函数的大多数参数相同，函数中常用的参数说明如下。

- file：string 类型，表示 CSV 或 TXT 文件的文件名和路径。
- sep：string 类型，表示分隔符，read_csv()默认值为“,”，read_table()默认值为“\t”。
- header：int 或 sequence 类型，表示将某行数据作为列名，默认值为 infer，表示自动识别。
- names：array 类型，表示列名，默认值为 None。
- index_col：int、sequence 类型或为布尔值 False，表示索引列的位置，取值为 sequence 类型时代表多重索引，默认值为 None。

❑ dtype：dict 类型，表示数据或列的数据类型，例如{'a':np.float 64,'b':np.int 32}，默认值为 None。

❑ encoding：表示文件的编码方式。常用的编码方式为 UTF-8、UTF-16、GBK、GB2312、GB18030 等。

❑ engine：表示数据解析引擎，默认值为 None。

❑ nrows：int 类型，表示读取前 *n* 行，默认值为 None。

2. Excel 文件读取

pandas 提供了 read_excel()函数来读取 Excel 文件，函数的语法格式如下。

```
pandas.read_excel(io, sheet_name=0, header=0,index_col=None, names=None,
dtype=None)
```

上述函数中的参数说明如下。

❑ io：string 类型，表示文件名和路径。

❑ sheet_name：string、int 类型，表示 Excel 表内数据的分表位置或者表名，默认值为 0。

❑ header：int 或 sequence 类型，表示将某行数据作为列名，默认值为 infer，表示自动识别。

❑ index_col：int、sequence 类型或为布尔值 False，表示索引列的位置，取值为 sequence 类型时代表多重索引，默认值为 None。

❑ names：array 类型，表示列名，默认值为 None。

❑ dtype：dict 类型，表示数据或列的数据类型，例如{'a':np.float 64,'b':np.int 32}，默认值为 None。

注意　**在执行 pandas 读取 Excel 文件的操作时，需要在当前代码中加入导入 xlrd 库的代码。**

任务实施

1. 读取文本文件操作

现有一个包含员工姓名、性别、年龄和月工资收入的 salary.csv 文件，文件前三条数据内容如下。

```
name,sex,age,salary
李明,男,24,3600
王小红,女,28,4000
杨勇,男,30,4500
```

其中第一行数据 name,sex,age,salary 是列名，每列数据用逗号隔开。将 salary.csv 文件另存为 salary.txt 文件，再分别读取 salary.csv 和 salary.txt 文件。

示例代码 example2-3.py 如下。

```
import pandas as pd
print('数据文件保存在 d 盘的 dataset 目录下')
df = pd.read_csv('d:/dataset/salary.csv',encoding='GBK')
print('输出 df:','\n',df)
df1 = pd.read_table('d:/dataset/salary.txt',encoding='GBK',sep='\t')
print('输出 df1:','\n',df1)
```

在读取文本文件时，要注意设置文件的编码方式（encoding）和分隔符（sep）等参数。

2. 读取 Excel 文件操作

打开员工月工资收入信息 salary.csv 文件后，将其另存为 salary.xls 文件，然后将 salary.xls

文件中的数据读取为 DataFrame 对象。

示例代码 example2-4.py 如下。

```
import pandas as pd
import xlrd
print('数据文件保存在 d 盘的 dataset 目录下')
df = pd.read_excel('d:/dataset/salary.xls',sheet_name='salary')
print('输出 df:','\n',df)
```

【任务 2-11】获取数据操作

任务描述

在数据可视化中，首先需要将文件（如文本文件或 Excel 文件）中的数据读取为 DataFrame 对象，然后对 DataFrame 对象进行操作，获取数据可视化所需要的数据。本任务将介绍如何获取 DataFrame 对象中的相关数据。

任务实施

创建一个产品价格表的 DataFrame 对象，示例代码 example2-5.py 如下。

```
import pandas as pd
dt = {'product':pd.Series(['电视机','空调','洗衣机','电脑']),
      'price':pd.Series([2300,1980,780])}
df = pd.DataFrame(dt)
print(df)
```

输出结果如下。

```
  product  price
0  电视机   2300.0
1   空调   1980.0
2  洗衣机    780.0
3   电脑      NaN
```

从运行结果可见，DataFrame 的每个列由各个 Series 组成，DataFrame 的行索引由各个 Series 的索引合并组成。与用嵌套字典生成 DataFrame 对象相同，在解释 Series 数据结构时，可能并非所有的位置都有相应的元素存在，pandas 会用 NaN 填补缺失的元素。

下面是获取 DataFrame 对象中相关数据的操作。

1. 选择所有列的名称和索引列表

DataFrame 属性有 index 和 columns，调用 columns 属性可获取 DataFrame 对象所有列的名称，而要获取 DataFrame 的索引列表，则调用 index 属性即可。

在 example2-5.py 程序中增加下列代码。

```
print(df.columns) #输出 Index(['product', 'price'], dtype='object')
print(df.index)   #输出 RangeIndex(start=0, stop=4, step=1)
```

2. 选择所有的元素

如果想获取存储在数据结构中的元素，可使用 values 属性获取所有的元素。

在 example2-5.py 程序中增加下列代码。

```
print(df.values)
```

输出结果如下。

```
[['电视机' 2300.0]
 ['空调' 1980.0]
 ['洗衣机' 780.0]
 ['电脑' NaN]]
```

3. 选择一列元素

如果想选择一列的内容，可把这一列的名称作为索引，或者将列名称作为 DataFrame 实例的属性。

在 example2-5.py 程序中增加下列代码。

```
print(df['price']) 或 print(df.price)
```

输出结果如下。

```
0    2300.0
1    1980.0
2     780.0
3       NaN
Name: price, dtype: float64
```

df['price']和 df.price 的输出结果相同，返回值为 Series 对象的 price 列的内容。

4. 选择一行元素

如果想选择一行的内容，用 iloc 属性和行的索引值就能实现。例如，获取产品价格表第 2 行数据，可在 example2-5.py 程序中增加下列代码。

```
print(df.iloc[1])
```

输出结果如下。

```
product          空调
price        1980.0
Name: 1, dtype: object
```

返回值同样是 Series 对象，其中列的名称已经变为索引数组的标签，而列中的元素变为 Series 数据部分。

5. 选择多行元素

利用 iloc 属性和数组的切片来指定 DataFrame 实例的索引列表的取值范围，就可选取多行元素。例如，选择产品价格表的 DataFrame 实例中第 1 行和第 3 行元素，可在 example2-5.py 程序中增加下列代码。

```
print(df.iloc[0:4:2])
```

输出结果如下。

```
  product   price
0  电视机   2300.0
2  洗衣机    780.0
```

其中，iloc[0:4:2] 属性中数组切片 0:4:2 表示起始值是 0，终止值是 4（不包含 4），步长是 2，所取行数是 0 和 2。

6. 选择 DataFrame 实例中的一个元素或一个范围内的元素

如果想获取存储在 DataFrame 实例中的一个元素，需要依次指定元素所在的列名称、行的索引值或标签。例如，用 df['product'][1]可选择产品价格表中产品名称为“空调”的元素。

如果想获取存储在 DataFrame 实例中的一个范围内的元素，可用切片方式指定元素所在的列名称的范围和行的索引值或标签的范围。例如，用 df['product'][1:3]可选择产品价格表中产品名称为“空调”和“洗衣机”的元素。

7. 筛选元素

对于 DataFrame 对象，也可以通过指定条件来筛选元素。例如，筛选出产品价格表中价格大于 2000 元的产品信息，可在 example2-5.py 程序中增加下列代码。

```
print(df[df['price']>2000])
```

输出结果如下。

```
        product  price
0        电视机   2300.0
```

8. DataFrame 转置

DataFrame 数据结构类似于表格数据结构，在处理表格数据时，常常会用到转置操作，即将列变成行，将行变成列。pandas 提供了一种简单的转置方法，就是通过调用 T 属性获得 DataFrame 对象的转置形式。例如对产品价格数据结构进行转置操作，可在 example2-5.py 程序中增加下列代码。

```
print(df.T)
```

输出结果如下。

```
              0        1        2       3
product  电视机      空调      洗衣机    电脑
price    2300.0   1980.0   780.0    NaN
```

拓展训练

【拓展任务 2】 常用数据处理操作

任务描述

微课视频

从国家统计局发布的 2011—2020 年我国广播电视情况数据表（该表中部分数据展示效果如图 2-26 所示）分别获取如下数据。

（1）获取 2015—2019 年的年份数据。

（2）获取 2015—2019 年的广播节目综合人口覆盖率（%）和电视节目综合人口覆盖率（%）的数据。

（3）获取 2011—2015 年的电视剧播出部数（万部）和进口电视剧播出部数（部）的数据。

任务实施

1. 准备工作和编程思路

首先将数据文件广播电视情况.csv 复制到 d 盘中 dataset 目录下，打开该文件，观察数据结构，发现所要获取的数据区域如下。

（1）2015—2019 年的年份数据区域为第 1 行的第 3～7 列。

（2）2015—2019 年的广播节目综合人口覆盖率（%）的数据区域为第 2 行的第 3～7 列。

（3）2015—2019 年的电视节目综合人口覆盖率（%）的数据区域为第 9 行的第 3～7 列。

（4）2015—2011 年的电视剧播出部数（万部）和进口电视剧播出部数（部）的数据区域为第 18 行和第 19 行的第 7～11 列。

导入数据后，分别获取上述数据区域的数据，并输出显示。

	A	B	C	D	E	F	G	H	I	J	K
1	指标	2020年	2019年	2018年	2017年	2016年	2015年	2014年	2013年	2012年	2011年
2	广播节目综合人口覆盖率(%)	99.4	99.1	98.9	98.7	98.4	98.2	98	97.8	97.5	97.1
3	农村广播人口覆盖率(%)	99.2	98.8	98.6	98.2	97.8	97.5	97.3	97	96.6	96.1
4	广播节目套数(套)								2644	2634	2590
5	公共广播节目套数(套)	2932	2914	2900	2825	2741	2782	2686	2637	2627	2587
6	付费广播节目套数(套)								7	7	3
7	公共广播节目播出时间(小时)	15807230	15534000	15267407	14918800	14565000	14218253	14058328	13795461	13383651	13057496
8	制作广播节目时间(小时)	8210448	8018667	8017573	7888254	7820296	7718163	7647267	7391245	7188245	6936960
9	电视节目综合人口覆盖率(%)	99.6	99.4	99.3	99.1	98.9	98.8	98.6	98.4	98.2	97.8
10	农村电视人口覆盖率(%)	99.4	99.2	99	98.7	98.5	98.3	98.1	97.9	97.6	97.1
11	全国有线广播电视用户数(万户)	20745	20661	21832	21446	22830	23567	23458	22894	21509	20264
12	农村有线广播电视用户数(万户)	7055	7074	7404	7504	8093	8250	7986	8911	8432	8123
13	数字电视用户数(万户)	19889	19417	20144	19404	20157	19776	19143	17160	14303	11489
14	电视节目套数(套)								3338	3353	3370
15	公共电视节目套数(套)	3603	3609	3559	3493	3360	3442	3329	3250	3273	3274
16	付费电视节目套数(套)								88	80	96
17	公共电视节目播出时间(小时)	19883117	19510000	19250257	18810190	17924000	17796010	17476126	17057212	16985291	16753029
18	电视剧播出部数(万部)	21.27	21.11	21.76	23.13	22.72	23.31	23.28	24.1	24.23	24.71
19	进口电视剧播出部数(部)	392	500	811	1473	2400	2889	2878	3616	4872	6377

图 2-26　2011—2020 年我国广播电视情况数据表

2. 程序设计

（1）启动 PyCharm，新建项目 Visualization，在该项目下新建 Python 文件，输入 Python 文件名为 task2-12.py。

（2）在 PyCharm 的代码编辑区输入 task2-12.py 程序代码，具体如下。

```
import pandas as pd
#导入数据
df = pd.read_csv('d:/dataset/广播电视情况.csv',encoding = 'gbk')
print(df)
#获取 2015—2019 年的年份数据
df1 = df.iloc[1:2,[6,5,4,3,2]]
year = list(df1)#将 df1 转换成列表
print(year)
#获取 2015—2019 年的广播节目综合人口覆盖率(%)的数据
df1 = df.iloc[0:8:7,[6,5,4,3,2]]
print(df1)
data1 = list(df1.iloc[0])
print(data1)
#获取 2015—2019 年的电视节目综合人口覆盖率(%)的数据
data2 = list(df1.iloc[1])
print(data2)

#获取 2011—2015 年的电视剧播出部数(万部)的数据
df2 = df.iloc[16:18,[10,9,8,7,6]]
data3 = list(df2.iloc[0])
#获取 2011—2015 年的进口电视剧播出部数(部)的数据
data4 = list(df2.iloc[1])
print(data3)
print(data4)
```

运行程序后，将程序输出结果与数据表中数据进行比对。

注意　Windows 中目录的符号为反斜线（\），但反斜线在 Python 中具有转义作用，所以，在 Python 中目录的符号为双反斜线（\\），或者为斜线（/）。

单元小结

本单元主要介绍了 Python 数据可视化的开发环境搭建，包括 Python 的开发环境搭建、PyCharm 的安装与使用，同时，还介绍了 Python 数据可视化时常用的 NumPy 和 pandas 库的测试、安装与导入。最后介绍了 pandas 库的常用操作。

思考练习

1．练习 Python 数据可视化的开发环境搭建的操作。

（1）在 Windows 系统下搭建 Python 的开发环境，并安装和使用 PyCharm。

（2）进行 NumPy、pandas 库的测试、安装与导入，并在 PyCharm 中安装 NumPy 和 pandas 库。

2．编程题

从国家统计局发布的 2011—2020 年我国广播电视情况数据表分别获取如下数据。

（1）获取 2013—2017 年的电视剧播出集数（万集）和进口电视剧播出集数（万集）的数据。

（2）获取 2014—2018 年的全国电影综合收入（亿元）和电视播映收入（亿元）的数据。

单元3 数据可视化——图表的基本类型

微课视频

学习目标

- 了解图表的基本类型。
- 了解类别比较型图表。
- 了解数据关系型图表。
- 了解数据分布型图表。
- 了解时间序列型图表。
- 了解局部整体型图表。
- 了解地理空间型图表。

数据可视化的过程就是通过选择不同的数据可视化方法，获取不同需求的数据信息。下面将主要介绍数据可视化的6种图表。

3.1 图表的基本类型

【任务3-1】数据可视化的探索过程

任务描述

通过数据可视化的探索过程，了解图表的基本类型。

知识储备

数据可视化的探索过程如图3-1所示。不论是商业图表还是学术图表，要想得到“完美”的图表都需要对下面这4个问题反复进行思索。

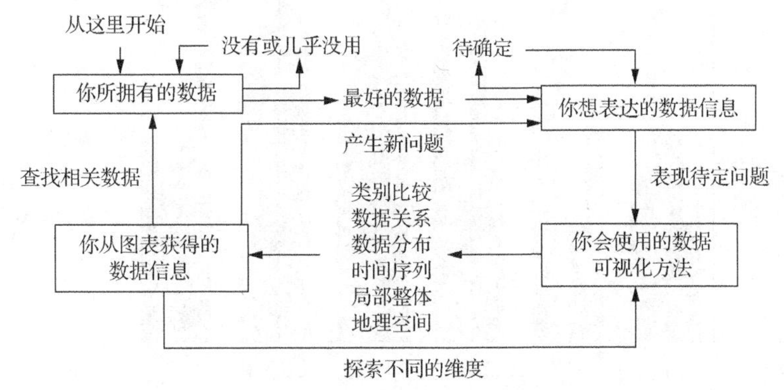

图3-1 数据可视化的探索过程

- 你拥有的数据。
- 你想要表达的数据信息。
- 你会使用的数据可视化方法。
- 你从图表获得的数据信息。

其中，“你会使用的数据可视化方法”尤为关键。

根据数据想侧重表达的内容，将图表分为类别比较、数据关系、数据分布、时间序列、局部整体和地理空间六大类。

注意 有些图表也可以归类于两种或多种图表类型。

3.2 类别比较型图表

【任务 3-2】 了解类别比较型图表

任务描述

了解类别比较型图表的种类和图表的作用。

知识储备

类别比较型图表一般包含数值型和类别型两种数据类型。例如在柱形图中，x轴为类别型数据，y轴为数值型数据，采用位置+长度两种视觉元素。常用的表示类别型数据的图表有柱形图、条形图、雷达图等。

类别比较型图表通常用来比较数据的规模，有可能是比较相对规模（显示出哪一个比较大），也有可能是比较绝对规模（需要显示出精确的差异）。柱形图是比较规模的标准图表。

注意 柱形图轴线的起始值必须为 0。

以产品销售情况统计表为例，采用柱形图、条形图和雷达图来表示不同产品类别在四个季度的销售金额的图表如图 3-2～图 3-4 所示。

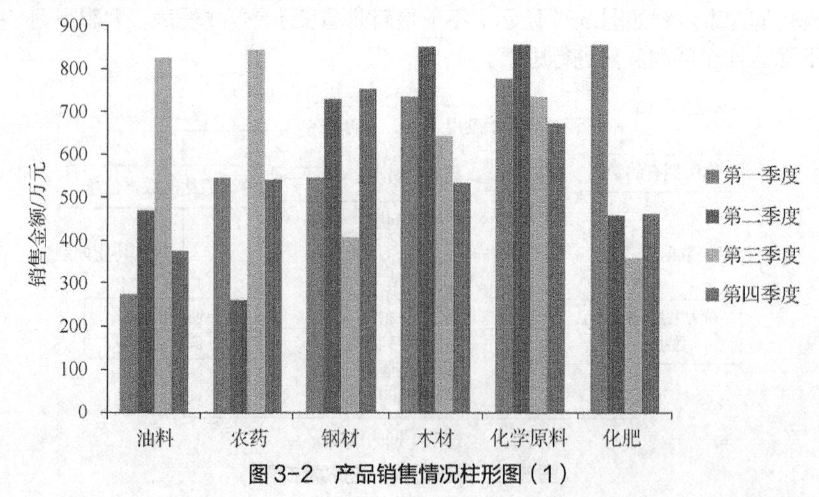

图 3-2 产品销售情况柱形图（1）

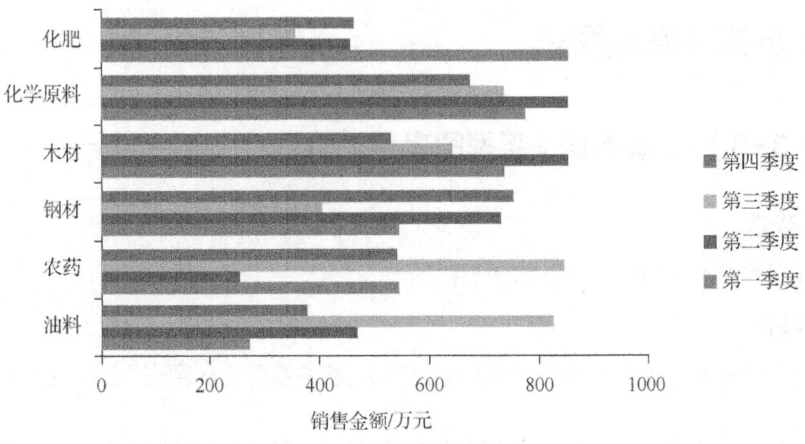

图 3-3　产品销售情况条形图

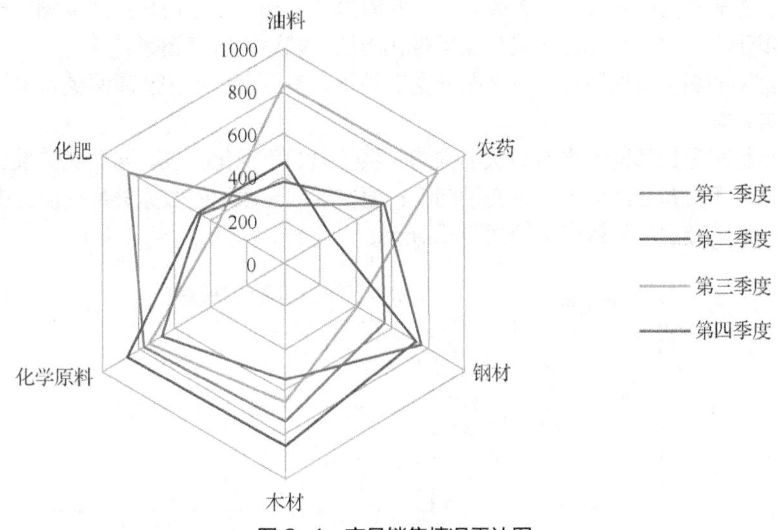

图 3-4　产品销售情况雷达图

另外，还可以通过柱形图来表示四个季度不同产品类别的销售金额，如图 3-5 所示。

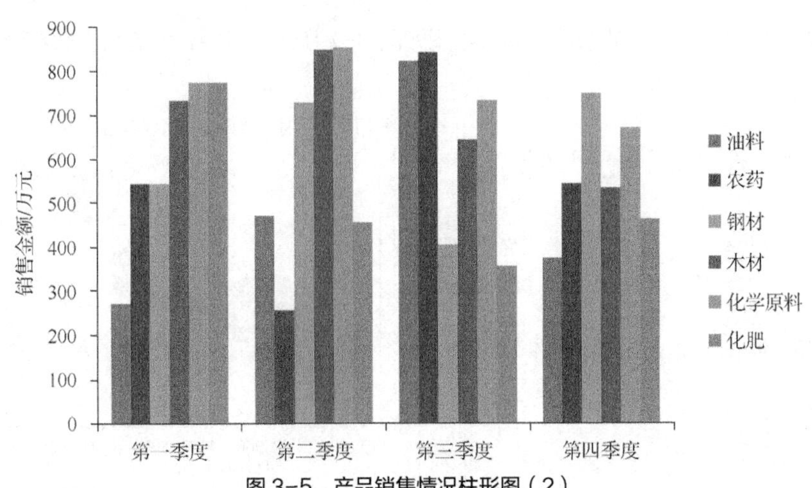

图 3-5　产品销售情况柱形图（2）

3.3 数据关系型图表

【任务 3-3】 了解数据关系型图表

任务描述

了解数据关系型图表的种类和图表的作用。

知识储备

数据关系型图表分为数值关系型、层次关系型和网络关系型 3 种图表类型。这里主要介绍数值关系型图表。

数值关系型图表主要展示两个或多个变量之间的关系，包括常见的散点图、气泡图、曲面图、矩阵散点图等。图表的变量一般都为数值型，当变量为 1～3 个时，可采用散点图、气泡图、曲面图等；当变量多于 3 个时，可采用高维数据可视化方法，如矩阵散点图等。

层次关系型图表着重表达数据个体之间的层次关系，主要有包含和从属两类，例如公司不同部门的组织结构关系等。

网络关系型图表是指那些不具备层次结构的关系数据的可视化图表。与层次关系型数据不同，网络关系型数据并不具备自底向上或者自顶向下的层次结构，表达的数据关系更加自由和复杂。例如，月均收入与月消费金额的散点图如图 3-6 所示。

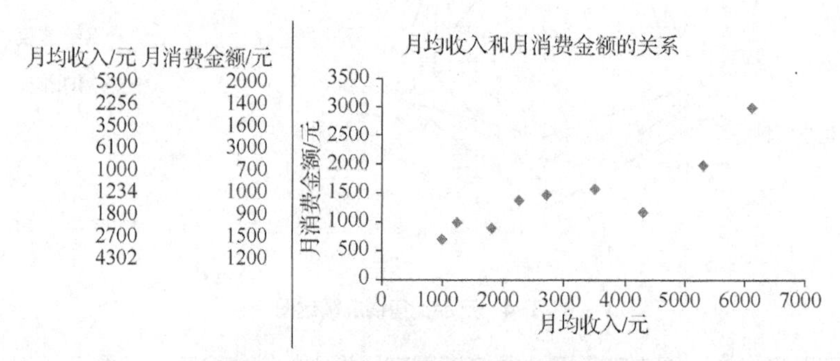

月均收入/元	月消费金额/元
5300	2000
2256	1400
3500	1600
6100	3000
1000	700
1234	1000
1800	900
2700	1500
4302	1200

图 3-6 月均收入与月消费金额的散点图

月均收入、月消费金额和消费占比的气泡图如图 3-7 所示，其中，气泡大小表示消费占比的数据大小。

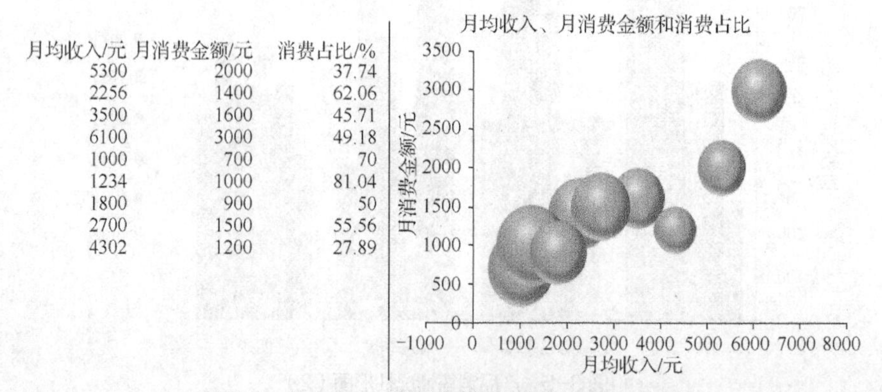

月均收入/元	月消费金额/元	消费占比/%
5300	2000	37.74
2256	1400	62.06
3500	1600	45.71
6100	3000	49.18
1000	700	70
1234	1000	81.04
1800	900	50
2700	1500	55.56
4302	1200	27.89

图 3-7 月均收入、月消费金额和消费占比的气泡图

3.4 数据分布型图表

【任务 3-4】 了解数据分布型图表

任务描述

了解数据分布型图表的种类和图表的作用。

知识储备

数据分布型图表主要显示数据集中的数值及其出现的频率或分布规律，包括统计直方图、核密度估计图、箱形图、小提琴图等。其中，统计直方图较为简单与常见，又称质量分布图，由一系列高度不等的纵向条纹或线段表示数据分布的情况。一般横轴表示数据类型，纵轴表示分布情况。

有关统计直方图、核密度估计图、箱形图和小提琴图等图表的绘制将在后续单元中介绍。

3.5 时间序列型图表

【任务 3-5】 了解时间序列型图表

任务描述

了解时间序列型图表的种类和图表的作用。

知识储备

时间序列型图表强调数据随时间变化的规律或者趋势，x 轴一般为时序数据，y 轴为数值型数据，包括折线图、面积图、雷达图、日历图、柱形图等。其中，折线图是用来显示时间序列变化趋势的标准方式，非常适合显示在相同时间间隔下数据的趋势。

例如，图 1-5 就是用折线图来表示产品销售情况的时间序列型图表；图 3-5 不仅可用于表示类别比较型图表，还可以用于表示时间序列型图表。

3.6 局部整体型图表

【任务 3-6】 了解局部整体型图表

任务描述

了解局部整体型图表的种类和图表的作用。

知识储备

局部整体型图表能显示出局部组成成分与整体的占比信息，主要包括饼图、圆环图、旭日图、华夫饼图、矩阵树状图等。其中，饼图是用来呈现部分和整体关系的常见方式。在饼图中，每个扇区的弧长（以及圆心角和面积）大小为其所表示的数量的比例。但要注意的是，这类图很难精准比较不同组成部分的大小。

例如，可以将期末成绩分布数据用饼图表示，如图 3-8 所示。

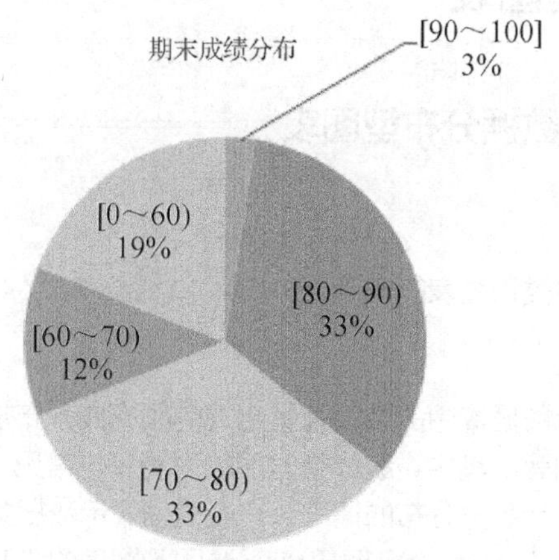

图 3-8 期末成绩分布饼图

3.7 地理空间型图表

【任务 3-7】 了解地理空间型图表

任务描述

了解地理空间型图表的种类和图表的作用。

知识储备

地理空间型图表主要展示数据对应的精准位置和地理分布规律，包括等值区间地图、带气泡的地图、带散点的地图等。地图用地理坐标系可以映射位置数据。位置数据的形式有许多，包括经度、纬度和邮编等。但通常都是用纬度和经度来描述的。Python 的 GeoPandas 包可以读取 SHP 和 GeoJSON 等格式的地理空间数据，使用 plot()函数或者 ggplot()函数可以绘制地理空间型图表，另外，使用 pyecharts 可很方便地绘制地图、地理坐标系、百度地图和 3D 地图等。

根据《地图管理条例》第十五条规定“国家实行地图审核制度。向社会公开的地图，应当报送有审核权的测绘地理信息行政主管部门审核……”因此，本书只简单介绍地理空间型图表的概念和种类，而不涉及地理空间型图表的绘制。

本书后续单元重点介绍如何使用 Matplotlib、Seaborn、pyecharts 等绘图库绘制常用的图表。

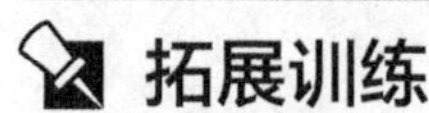

拓展训练

【拓展任务 3】 数据可视化的应用

任务描述

了解数据可视化的应用。

知识储备

在大数据时代，如何将纷繁的数据、晦涩的数据报告轻松地转化为易读和易懂的图表呢？采用数据可视化将是一种较佳的选择。数据可视化应用范围极为广泛，无论是在政府决策和公共服务方面，还是在商业智能、市场营销、新闻传播、地理信息等方面都发挥着巨大的作用。对数据可视化主要的应用总结如下。

1. 政府及公共服务领域中的应用

在政府工作报告中，常常会包含大量的数据。为了将这些复杂的数据以更加形象、易读和易于理解的方式展示出来，往往会采用数据可视化的技术将数据表格形式转化为数据图表的表示方式，例如我国每年发布的国民经济统计报表中就包含大量的数据图表。

在公共服务领域，如我们常见的城市实际地铁线路图，就是运用数据可视化技术，先从网上下载各个地铁站的名称和对应的站号，再使用 Python 等根据地铁站名在高德地图等软件中自动查找对应的地理经纬坐标，最后根据地铁站名和地理经纬坐标绘制出城市实际地铁线路图。此外，还可以根据天气预报的数据或者空气质量的观测数据，绘制天气变化的曲线图或者空气质量的变化图等，并从图表中发现相关的气象信息。

2. 商业领域中的应用

数据可视化在商业领域中的应用是很广泛的，人们可以利用数据可视化技术进行市场营销方面的数据分析与展示。例如利用数据可视化进行广告投入与商品销售额的关系分析，以及统计 2012—2021 年中国新能源汽车销售量的变化情况、2021 年的国民好品牌榜、2021 年国货消费品牌榜单、聚餐热搜关键词排名和旅游景点热度指数排名等。

3. 企业领域中的应用

在各行各业的企业管理中，可以利用数据可视化技术，通过监控大屏，针对企业运营或运维监控需求，展示企业生产运营中的核心关键指标，因数据具有实时性，常用于企业内部指挥监控室。另外，可利用数据可视化技术展示企业核心业务的发展能力，将监控大屏作为企业形象和品牌的展示窗口。

4. 学术研究领域中的应用

在学术研究领域中，经常需要对大量的实验数据进行处理，而数据可视化技术是科学研究中进行实验数据处理时常用的一种方法。通过数据可视化的图表，不仅可以从大量的实验数据中发现数据的异常值，而且可以发现实验数据之间的关系和变化规律。

5. 日常业务管理中的应用

在日常业务管理中，人们常常需要运用数据可视化技术对日常工作中的数据进行分析、处理和数据展示。例如分析各部门工作完成进度，以及考核指标完成情况及财务数据分析指标情况等。

单元小结

本单元介绍了数据可视化的探索过程，并依据数据想侧重表达的内容，将图表分为类别比较、数据关系、数据分布、时间序列、局部整体和地理空间六大类。然后，分别介绍了六大类图表的种类和图表的作用，并通过案例展示说明常用图表，例如柱形图、条形图、雷达图、散点图、气泡图和饼图。

思考练习

1. 填空题

（1）数据可视化基本图表类型有________、________、________、________、________、

______。

（2）常用的表示类别型数据的图表有______、_______、______。

（3）局部整体型图表能显示_______与_____的占比信息。

（4）在时间序列型图表中 x 轴一般为____数据，y 轴为_______数据。

（5）地理空间型图表主要展示数据对应的_________和_______ 规律。

2. 选择题

（1）饼图属于哪种类型的图表？（　　）

A. 类别比较　　B. 局部整体　　C. 数据关系　　D. 时间序列

（2）散点图属于哪种类型的图表？（　　）

A. 类别比较　　B. 局部整体　　C. 数据关系　　D. 时间序列

（3）柱形图轴线的起始值必须为什么值？（　　）

A. 0　　B. 100　　C. -100　　D. 任意数值

（4）折线图属于哪种类型的图表？（　　）

A. 类别比较　　B. 局部整体　　C. 数据关系　　D. 时间序列

单元4
Matplotlib数据可视化

微课视频

学习目标

■ 了解 Matplotlib 的作用。
■ 掌握 Matplotlib 的安装和导入方法。
■ 了解 Matplotlib 绘图的基础知识。
■ 掌握使用 pyplot 创建图表及参数配置的方法。
■ 掌握绘制类别比较型图表的方法。
■ 掌握绘制数据关系型图表的方法。
■ 掌握绘制数据分布型图表的方法。
■ 掌握绘制时间序列型图表的方法。
■ 掌握绘制局部整体型图表的方法。

在 Python 中使用较广泛的数据可视化库是 Matplotlib。它功能强大且齐全，可以用于制作出版物中的图表，也可以用于制作交互式图表。本单元将详细介绍 Matplotlib 的安装与使用方法、绘图常识和各种常用图表的绘制方法。

4.1 认识 Matplotlib

【任务 4-1】Matplotlib 简介、测试、安装与导入

任务描述

了解 Matplotlib 库的基本功能，完成 Matplotlib 测试、安装与导入。

知识储备

Matplotlib 库是专门用于开发 2D 图表的，是 Python 2D 绘图领域使用最广泛的组件之一。它能让使用者很轻松地将数据图形化，并且提供多样化的输出格式。

使用 Matplotlib 实现数据图形化的优势如下。

- 使用起来极其简单。
- 以渐进、交互式方式实现数据可视化。
- 表达式和文本使用 LaTeX 排版。
- 对图像元素控制力更强。
- 可输出 PNG、PDF、SVG 和 EPS 等多种格式的内容。

Matplotlib 库最初模仿了 MATLAB 图形命令，但是与 MATLAB 是相互独立的。在使用方面，Matplotlib 不仅具有简洁性和推断性，而且继承了 MATLAB 的交互性。也就是说，分析师可逐条输入命令，为数据生成渐趋完整的图形。这种模式很适合用 IPython Notebook 等互动性更强的 Python

工具进行开发，这些工具所提供的数据分析环境堪与 Mathematic、IDL 和 MATLAB 相媲美。

Matplotlib 还整合了 LaTeX，可用于表示科学表达式和符号的文本格式模型。此外，Matplotlib 不是一个单独的应用，而是编程语言 Python 的一个图形库，它可以通过编程来管理、组织图表的图形元素，用编程的方法生成图形。由于 Matplotlib 是 Python 的一个库，因此在程序开发中，使用它时也可以使用 Python 的其他库，Matplotlib 通常与 NumPy 和 pandas 等库配合使用。

另外，通过访问 Matplotlib 官方网站，可查看网页中上百幅缩略图，打开缩略图后都有源程序。如果需要绘制某种类型的图，只需要浏览相关页面，找到相应类型的图，复制对应的源代码。

任务实施

Matplotlib 与 NumPy 安装方法相同。在安装 Matplotlib 之前，先要安装 Python。由于 Matplotlib 是 Python 环境中的一个独立模块，在 Python 的默认安装环境下是未安装 Matplotlib 的。

1. 测试 Python 环境中是否安装了 Matplotlib

当 Python 安装完成后，在 Windows 操作系统下，按“Windows”+“R”键，打开“运行”对话框，在“打开”栏中输入“python”命令，按“Enter”键，进入 Python 命令窗口。在 Python 命令窗口中运行“import matplotlib”，导入 Matplotlib 模块，如果窗口中出现“ModuleNotFoundError:No module named 'matplotlib '”的错误提示，则需要安装 Matplotlib 库，否则表明已安装了 Matplotlib 库。

2. 在 Windows 操作系统下安装 Matplotlib 库

（1）下载 Matplotlib。首先访问 Python 的第三方库网站，然后根据计算机上所安装的 Python 版本和操作系统版本下载相应的 Matplotlib 库。例如，在 Windows 操作系统（64 位）下安装了 Python 3.8，则下载 matplotlib-3.3.4-cp38- cp38-win_amd64.whl。

（2）将下载的软件复制到 Python 安装目录的 Scripts 文件夹下，例如 Python 3.8 安装目录为 E:\Python，则将下载的软件复制到 E:\Python\Scripts 目录下。

（3）按“Windows”+“R”键，打开“运行”对话框，在“打开”栏中输入“cmd”命令，按“Enter”键，进入 cmd 命令窗口。

（4）在 cmd 命令窗口中输入“pip install E:\Python\Scripts\ matplotlib-3.3.4-cp38-cp38-win_amd64.whl”命令，按“Enter”键，进行 Matplotlib 安装，安装界面如图 4-1 所示。

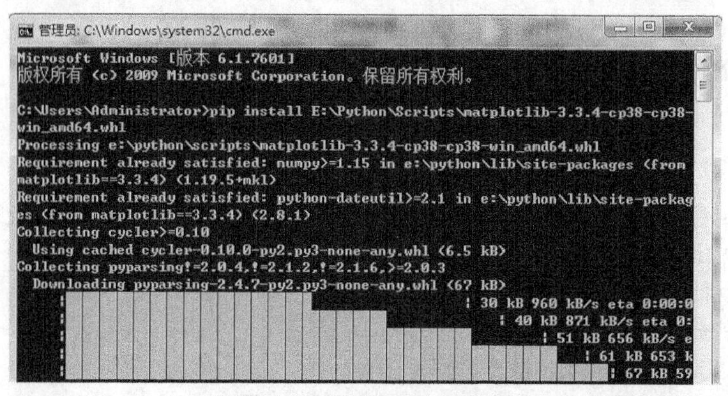

图 4-1 安装 Matplotlib

（5）安装成功就会提示“Successfully installed cycler-0.10.0 kiwisolver-1.3.1 matplotlib-3.3.4 pillow-8.1.0 pyparsing-2.4.7”。

另外，在计算机连接了互联网的情况下，如果在 cmd 命令窗口中输入“pip install matplotlib”命令，按“Enter”键后，pip 命令将完成 Matplotlib 模块的安装。

3. Matplotlib 的导入

Matplotlib 安装测试成功后，在编写代码时，首先需要导入 Matplotlib 库，导入方法是使用 Python 语句中的导入模块的语句。具体代码如下：

```
import matplotlib as mp 或者 from matplotlib import *
```

4.2 Matplotlib 绘图的基础知识

【任务 4-2】绘图接口、图表对象与元素和常见的绘图函数

任务描述

了解 Matplotlib 的绘图接口、图表对象与元素，以及常见的绘图函数。

知识储备

1. Matplotlib 的绘图接口

Matplotlib 中包含大量的工具，使用这些工具可创建各种图形，包括简单的散点图、正弦曲线，甚至是三维图形。Python 科学计算社区经常使用它完成数据可视化工作。在 Matplotlib 面向对象的绘图库中，pyplot 包含用于创建可视化内容的简单接口，通过它可实现创建图表的功能，因此，在创建图表时，需要导入 Matplotlib 中的 pyplot 模块。另外，Matplotlib 还提供了一个名为 pylab 的模块，其中包括许多 NumPy 和 pyplot 模块中常用的函数，可方便用户快速进行计算和绘图。本书将介绍 Matplotlib 中 pyplot 模块的绘图方法。

2. 图表对象与元素

Matplotlib 中的图表其实就是一种内嵌于 Python 对象的层次结构。具体来说，每个图表封装于 Figure 对象中，即可视化的顶层容器，在该容器中可包含多个轴。而 Python 对象可控制轴、刻度线、图例、标题、文本框、网格和许多其他对象，并且全部对象均可定制。

Matplotlib 图表的元素可分为两类。

（1）基础类元素：线（line）、点（marker）、文字（text）、图例（legend）、网格（grid）、标题（title）、图片（image）等。

（2）容器类元素：图形（figure）、坐标图形（axes）、坐标轴（axis）和刻度（tick）等。

基础类元素就是绘制的标准对象，容器类元素则可以包含许多基础类元素并能将它们组成一个整体，图表元素层级结构为 Figure→Axes→Axis→Tick。其具体区别如下。

- Figure 对象。Figure 是最外层容器并用作绘制的画布，可在其中绘制多个图表。Figure 不仅能加载 Axes 对象，而且可以对标题进行配置。
- Axes 对象。Axes 是实际的图表或子图表，如果所绘制的图表有多项可视化内容，则 Axes 就是子图对象。每一个子图都有 x 轴和 y 轴，Axes 代表这两个坐标轴所对应的一个子图对象。Axes 的子对象中包含 x 轴名和 y 轴名、x 轴和 y 轴对应的数据范围、子图的图名等。
- Axis 对象。Axis 是数据轴对象，主要用于控制数据轴上的刻度位置和显示数值。
- Tick 对象。常见的二维直角坐标系都有两个坐标轴，横轴（x 轴）和纵轴（y 轴）。每个坐标轴都包含刻度和标签两个元素。刻度（容器类元素）对象里还包含刻度本身和刻度标签；标签（基础类元素）对象里包含坐标轴标签。

利用 Matplotlib 绘制图表时，首先创建 Figure 对象，然后，在 Figure 对象中添加图表元素，例如线、点、文字、图例、网格、标题、图片等。除了可调整图表数据系列的格式外，还可以通过

调整每个图表元素（如调整坐标轴的轴名及其标签、刻度、图例和网格线等），使画面更富有表现力。

3. 常见的绘图函数

Matplotlib 可以绘制的常见二维图表包括曲线图、散点图、柱形图、条形图、面积图、饼图、直方图和箱形图等，其常见二维图表的绘图函数如表 4-1 所示。

Matplotlib 绘图主要的一个问题是图表的控制参数没能实现很好地统一，例如绘制折线图的 plot()函数的线条颜色参数为 color，而绘制散点图的 scatter()函数的数据点颜色参数为 c。有关常见二维图表的绘图函数的参数将在后面具体的任务中详细介绍。

表 4-1 Matplotlib 常见二维图表的绘图函数

序号	函数	绘制的图表类型及特征
1	plot()	曲线图、折线图、带数据标记的折线图
2	scatter()	散点图、气泡图
3	bar()	柱形图、堆积柱形图
4	barh()	条形图、堆积条形图
5	fill_between()	面积图
6	stackplot()	堆积面积图
7	pie()	饼图
8	errorbar()	误差棒
9	hist()	统计直方图
10	boxplot()	箱形图
11	axhline() axvline()	垂直于 x 轴的直线 垂直于 y 轴的直线
12	axhspan() axvspan()	垂直于 x 轴的矩形方块 垂直于 y 轴的矩形方块
13	text()	在指定位置放置文本
14	annotate()	在指定的数据点上添加带连接线文本标注

4.3 使用 pyplot 创建图表

【任务 4-3】 绘制各种不同风格的水平线和垂直线

任务描述

微课视频

利用 Matplotlib 绘制不同的水平线和垂直线，要求如下。

（1）绘制 y=2，红色，线型字符为“:”的水平直线。

（2）绘制 y=1.5，从最左侧到画面中心位置，红色，线型字符为“:”的水平直线。

（3）绘制 y=2.5，从画面中心位置到最右侧，红色，线型字符为“:”的水平直线。

（4）绘制 x=2，绿色，线型字符为“-”的垂直线。

（5）绘制 x=1.5，从最下侧到画面中心位置，绿色，线型字符为“-”的垂直线。

（6）绘制 x=3，从画面中心位置到最上侧，绿色，线型字符为“-”的垂直线。

知识储备

利用 Matplotlib 绘制直线的步骤如下。

1. 导入绘图接口

首先导入 Matplotlib 中的绘图接口，即 pyplot 模块，并设置该模块的别名为 plt，其代码如下。

```
import matplotlib.pyplot as plt
```

2. 创建绘图对象——Figure 对象

由于 Matplotlib 的图表均位于绘图对象中，在绘图前，先要创建绘图对象。如果不创建而直接调用绘图函数，Matplotlib 会自动创建一个绘图对象。

创建 Figure 对象的函数语法格式如下。

```
plt.figure(num=None,figsize=None,dpi=None,facecolor=None,edgecolor=None,frame
on=True,FigureClass=<class 'matplotlib.figure.Figure'>,clear=False,**kwargs)
```

函数中的参数说明如下。

- num：int 或 string 类型，可选项，默认值为 None。如果该参数未提供，将创建新图形，并且图形编号将递增，图形对象将此数字保存在数字属性中。如果提供了 num，并且已存在具有此 num 的数字，请将其设置为活动状态，并返回对它的引用。如果 num 数字所对应的图不存在，则创建它并返回它。如果 num 是一个字符串，则窗口标题将设置为 num。
- figsize：整数元组（tuple）类型，可选项，默认值为 None。该参数指定绘图对象的宽度和高度，单位为英寸。如果没有提供，默认值为 rc figure.figsize。
- dpi：int 类型，可选项，默认值为 None。该参数指定绘图对象的分辨率，即每英寸多少像素。如果没有提供，缺省值为 80 或默认值为 rc figure.dpi。
- facecolor：可选项，默认值为 None。该参数指定背景颜色。如果没有提供，默认值为 rc figure.facecolor。
- edgecolor：可选项，默认值为 None。该参数指定边框颜色。如果没有提供，默认值为 rc figure.edgecolor。
- frameon：bool 类型，可选项，默认值为 True。如果为 False，则禁止绘制图框。
- FigureClass：从 matplotlib.figure.Figure 派生的类，可选项，使用自定义图形实例。
- clear：bool 类型，可选项，默认值为 False。如果为 True，并且图已经存在，那么图将被清除。
- **kwargs：表示字典类型的键/值对参数。

3. 绘制直线

调用 axhline()或 axvline()函数可实现在当前绘图对象中绘制一条水平线或垂直线，axhline()或 axvline()函数的语法格式如下。

```
plt.axhline(y=0,xmin=0,xmax=1,color,linestyle,linewidth,label)
```

或

```
plt.axvline(x=0,ymin=0,ymax=1,color,linestyle,linewidth,label)
```

函数中的参数说明如下。

- y：float 类型，默认值为 0，表示水平线在 *y* 轴位置。
- xmin：float 类型，默认值为 0，可选项，表示绘制水平线的起始点，取值在[0,1]之间，0 表示绘图起始点在最左侧，1 表示绘图起始点在最右侧。
- xmax：float 类型，默认值为 1，可选项，表示绘制水平线的终止点，取值在[0,1]之间，0 表示绘图终止点在最左侧，1 表示绘图终止点在最右侧。
- x：float 类型，默认值为 0，表示垂直线在 *x* 轴位置。
- ymin：float 类型，默认值为 0，可选项，表示绘制垂直线的起始点，取值在[0,1]之间，0 表示绘图起始点在最下侧，1 表示绘图起始点在最上侧。
- ymax：float 类型，默认值为 1，可选项，表示绘制垂直线的终止点，取值在[0,1]之间，0

表示绘图终止点在最下侧，1 表示绘图终止点在最上侧。

- color：指定直线的颜色，此参数名可用 c 表示。
- linestyle：指定直线的样式，此参数名可用 ls 表示。
- linewidth：指定直线的宽度，此参数名可用 lw 表示。
- label：给所绘制的直线设置一个名字，此名字在图例中显示。

4．显示图表

完成图表绘制后，可在本机上显示图表，其代码如下。

```
plt.show()
```

5．保存图表

要将图表保存为图片，其代码如下。

```
plt.savefig(fname,dpi=None,format=None,transparent=False )
```

函数中的参数说明如下。

- fname：string 类型，表示保存图片的路径和文件名。如果未设置文件扩展名，则文件扩展名为 png；如果未设置保存图片路径，则图片保存在当前项目的目录下。
- dpi：float 类型，默认值为 None，可选项，表示分辨率，以每英寸点数为单位。
- format：string 类型，默认值为 None，可选项，表示保存文件格式，值包括 png、pdf、svg 等，未设置时，保存文件格式由 fname 参数指定。
- transparent：bool 类型，默认值为 False，可选项，表示保存图片是否是透明的。

注意　先将绘制的图表保存为图片，再显示图表。

任务实施

（1）打开 Visualization 项目，新建 Python 文件，输入 Python 文件名为 task4-3.py。

（2）在 PyCharm 的代码编辑区输入 task4-3.py 程序代码，具体代码如下。

```
import matplotlib.pyplot as plt
#创建绘图对象
plt.figure(figsize=(6,4))
#绘制一条红色的线型字符为“:”的水平直线
plt.axhline(y=2,ls=":",c="red")
#绘制一条从最左侧到画面中心位置，颜色为红色，线型字符为“:”的水平直线
plt.axhline(y=1.5,xmax=0.5,ls=":",c="red")
#绘制一条从画面中心位置到最右侧，颜色为红色，线型字符为“:”的水平直线
plt.axhline(y=2.5,xmin=0.5,ls=":",c="red")
#绘制一条绿色的线型为“-”的垂直线
plt.axvline(x=2,ls="-",c="green")
#绘制一条从最下侧到画面中心位置，颜色为绿色，线型字符为“-”的垂直线
plt.axvline(x=1.5,ymax=0.5,ls="-",c="green")
#绘制一条从画面中心位置到最上侧，颜色为绿色，线型字符为“-”的垂直线
plt.axvline(x=3,ymin=0.5,ls="-",c="green")
plt.savefig('beeline')   #保存图片
plt.show()
```

（3）运行 task4-3.py，运行结果如图 4-2 所示，并将图片保存到当前项目的目录下，文件名为 beeline.png。

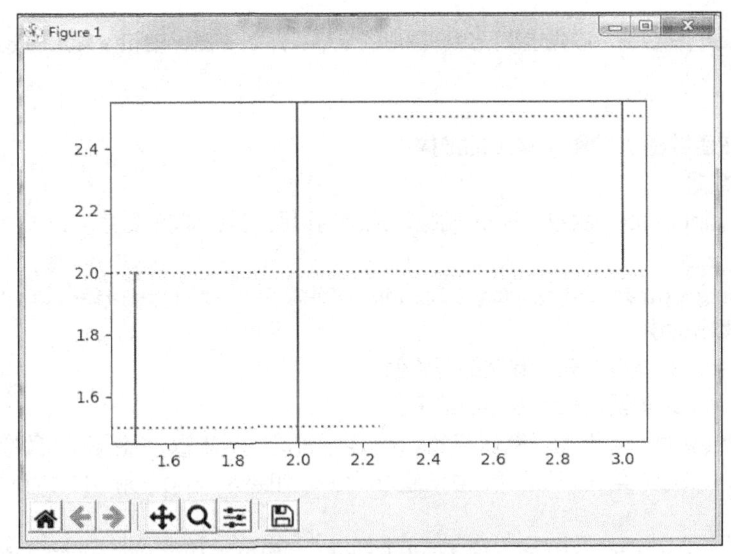

图 4-2　水平线和垂直线

【任务 4-4】 设置图表标题、轴标签、轴范围和轴刻度

任务描述

利用 Matplotlib 绘制一条正弦曲线，曲线颜色为红色，曲线宽度为 3，并为所绘制的正弦曲线图表设置图表标题、轴标签、轴范围和轴刻度，具体如下。

（1）设置图表标题为“AC voltage”。

（2）设置 *x* 轴标签为“Time(s)”，*y* 轴标签为“Volt”。

（3）设置 *x* 轴范围为[0,10]，*y* 轴范围为[-1.5,1.5]。

（4）将 *x* 轴[2,4,6,8,10]数字刻度替换成相应的英文数字标签，并设置标签文字颜色为红色、字体为斜体。

知识储备

1. 绘制曲线图的函数

调用 Matplotlib 的 plot()函数可实现在当前绘图对象中绘制曲线图，plot()函数的语法格式如下。

```
plt.plot(x,y,label,color,linewidth,linestyle,**kwargs) 或
plt.plot(x,y,fmt,label,**kwargs)
```

函数中的参数说明如下。

- x、y：表示所绘制的图形中各点位置在 *x* 轴和 *y* 轴上的数据，用数组表示。
- label：给所绘制的曲线设置一个名字，此名字在图例中显示。
- color：指定曲线的颜色。
- linewidth：指定曲线的宽度。
- linestyle：指定曲线的样式。
- fmt：也称为格式化字符串，用于指定颜色、点和线的样式。例如 b--，其中 b 表示蓝色，--表示线型为破折线，点样式为无。
- **kwargs：表示多组(x,y,fmt)参数，可实现画多条曲线。

注意 调用 plot()函数前，应先定义所绘制图形的坐标，即图形在 *x* 轴和 *y* 轴上的数据。

2. 设置正弦函数图 *x* 轴和 *y* 轴上的数据

（1）*x* 轴的数据

通过 numpy.linspace()函数，在 *x* 轴指定范围内返回均匀间隔的数字。numpy.linspace()函数的语法格式如下。

```
numpy.linspace(start,stop,num=50,endpoint=True,retstep=False,dtype=None)
```

函数中的参数说明如下。

- start：scalar 类型，表示数据的开始值。
- stop：scalar 类型，表示数据的结束值。
- num：int 类型，可选项，默认值为 50，表示生成的样本数，必须是非负数。
- endpoint：bool 类型，可选项，默认值为 True。如果为 True，则包含 stop 值，否则不包含 stop 值。
- retstep：bool 类型，可选项，默认值为 False。如果为 True，则返回样本之间的间隔数据。
- dtype：dtype 类型，可选项，默认值为 None，表示输出数组的类型。

例如，在 *x* 轴[0,10]之间等距取 1000 个数字，可通过 numpy.linspace(0,10,1000)函数实现。

（2）*y* 轴的数据

通过 numpy.sin(x)获得。

3. 设置图表标题

标题用于描述图表，标题可以位于轴上方的中心位置。标题设置涵盖设置 Figure 的标题或 Axes 的标题。具体而言，suptitle()函数针对当前或指定的 Figure 设置标题，title()函数针对当前或指定的 Axes 设置标题。

title()函数的语法格式如下。

```
plt.title(label,fontdict=None,loc=None,*args,**kwargs)
```

title()函数常用的参数如下。

- label：string 类型，表示图形的图表标题。
- fontdict：dict 类型，可选项，用于控制标题文本外观，fontdict 参数说明如表 4-2 所示。

表 4-2 fontdict 参数说明

参数	说明
fontsize	设置字体大小，默认值为 12，可选参数为['xx-small','x-small','small', 'medium', 'large', 'x-large', 'xx-large']或 int
fontweight	设置字体粗细，可选参数为['light', 'normal', 'medium','semibold', 'bold', 'heavy', 'black']
fontstyle	设置字体样式，可选参数为['normal', 'italic', 'oblique']
color	设置字体颜色
verticalalignment 或 va	设置垂直对齐方式 ，可选参数为['center', 'top', 'bottom','baseline']
horizontalalignment 或 ha	设置水平对齐方式，可选参数为['left','right','center']
rotation	旋转角度，可选参数为['vertical', 'horizontal']或数字
alpha	透明度，参数值在 0 至 1 之间
backgroundcolor	标题背景颜色
bbox	dict 类型，用于给标题增加边框 ，常用参数如下。 • boxstyle 设置边框样式的名称及属性，如表 4-3 所示。 • facecolor（简写为 fc）设置边框背景颜色。 • edgecolor（简写为 ec）设置边框线条颜色。 • edgewidth（简写为 lw）设置边框线条大小

❑ loc：string 类型，可选项，用于控制标题的位置，位置取值为'center'、'left'、'right'，默认值是'center'。

说明 *args 表示无名参数，**kwargs 表示字典类型的键/值对参数，如果同时使用这两个参数，*args 要写在**kwargs 之前。

表 4-3 边框样式的名称及属性

边框样式	名称	属性及默认值
圆	circle	pad=0.3
左右双向箭头	darrow	pad=0.3
左向箭头	larrow	pad=0.3
右向箭头	rarrow	pad=0.3
圆角矩形	round	pad=0.3,rounding_size=None
圆角矩形	round4	pad=0.3,rounding_size=None
波浪纹矩形	roundtooth	pad=0.3,tooth_size=None
波浪纹矩形	sawtooth	pad=0.3,tooth_size=None
直角矩形	square	pad=0.3

suptitle()函数的语法格式如下。

```
plt.suptitle(label,**kwargs)
```

suptitle()函数常用的参数如下。

❑ label：string 类型，表示图形的图表标题。
❑ x：float 类型，默认值为 0.5，表示图形中标题文本的横坐标位置。
❑ y：float 类型，默认值为 0.98，表示图形中标题文本的纵坐标位置。
❑ fontsize：int 或 string 类型，默认值为'large'，用于设置标题文本大小。
❑ fontweight：string 类型，默认值为'normal'，用于设置标题文本的字体粗细。
❑ color：string 类型，默认值为'black'，用于设置标题文本颜色。

说明 fontsize 和 fontweight 参数取值可参见表 4-2。

【示例 4-1】设置 Figure 的标题位于 x=0.7、y=0.6 处，字体颜色为红色，Axes 的标题字体大小为 large，加粗，斜体，其程序代码 example4-1.py 如下。

```
import matplotlib.pyplot as plt
plt.suptitle('Figure-title',x=0.7,y=0.6,color='red')
plt.title("title",{'fontsize':'large','fontweight':'bold',
                    'fontstyle':'italic'})
plt.show()
```

【示例 4-2】设置 Axes 的标题背景颜色为黄色，透明度为 0.3，旋转角度为 30°，标题处于左边，其程序代码 example4-2.py 如下。

```
import matplotlib.pyplot as plt
plt.title("title",backgroundcolor='yellow',alpha=0.3,
          rotation=30,loc='left')
plt.show()
```

【示例 4-3】设置 Axes 的标题边框为圆角矩形，pad=0.5，背景颜色为黄色，边框线条颜色为蓝色，其程序代码 example4-3.py 如下。

```
import matplotlib.pyplot as plt
plt.title('title',bbox=dict(boxstyle='round,pad=0.5', fc='yellow', ec='b'))
plt.show()
```

4. 设置轴标签

Matplotlib 提供了一些标签函数，可以在 *x* 轴和 *y* 轴上设置标签。其中，plt.xlabel()和 plt.ylabel()函数用于针对当前轴设置标签，xlabel()和 ylabel()函数的语法格式如下。

```
plt.xlabel(label,fontdict=None,loc=None,*args,**kwargs)    #设置 x 轴标签
plt.ylabel(label,fontdict=None,loc=None,*args,**kwargs)    #设置 y 轴标签
```

xlabel()和 ylabel()常用的参数如下。

- label：string 类型，设置 *x* 轴或 *y* 轴标签。
- fontdict：dict 类型，可选项，用于控制轴标签文本外观，fontdict 参数说明如表 4-2 所示。
- loc：string 类型，可选项，用于控制轴标签的位置，*x* 轴标签位置取值为'center'、'left'、'right'，*y* 轴标签位置取值为'top'、'bottom'、'center'，默认值是'center'。

【示例 4-4】设置 *x* 轴标签为“x-label”，字体大小为 16，水平对齐方式为“bottom”，*y* 轴标签为“y-label”，*y* 轴标签的旋转角度为 30°，字体加粗，其程序代码 example4-4.py 如下。

```
import matplotlib.pyplot as plt
fontx = {'fontsize':16,'verticalalignment':'bottom'}
plt.xlabel('x-label',fontx)
plt.ylabel('y-label',rotation=30,fontweight='bold')
plt.show()
```

【示例 4-5】设置 *x* 轴标签为“x-label”，字体大小为 12，字体颜色为红色，字体样式为“italic”，*x* 轴标签位置为右边。设置 *y* 轴标签为“y-label”，*y* 轴标签边框是圆角矩形，pad=0.5，背景颜色为黄色，边框线条颜色为蓝色，*y* 轴标签位置为顶部。其程序代码 example4-5.py 如下。

```
import matplotlib.pyplot as plt
fontx = {'fontsize':12,'color':'red','fontstyle':'italic'}
fonty = dict(boxstyle='round,pad=0.5', fc='yellow', ec='b')
plt.xlabel('x-label',fontx,loc='right')
plt.ylabel('y-label',bbox=fonty,loc='top')
plt.show()
```

5. 设置轴范围

Matplotlib 还提供了一些轴取值范围函数，可以在 *x* 轴和 *y* 轴上设置取值范围。其中，plt.xlim()和 plt.ylim()函数用于针对当前轴设置取值范围，xlim()和 ylim()函数的语法格式如下。

```
plt.xlim(xmin,xmax)    #x 轴取值范围
plt.ylim(ymin,ymax)    #y 轴取值范围
```

xlim()和 ylim()函数参数表示新的轴限制，并以长度为 2 的元组的形式返回。

例如(xmin,xmax)表示 *x* 轴的最小值和最大值，(ymin,ymax)表示 *y* 轴的最小值和最大值。

【示例 4-6】设置 *x* 轴取值范围为(-2, 2)，*y* 轴取值范围为(2, 4)，其程序代码 example4-6.py 如下。

```
import matplotlib.pyplot as plt
plt.xlim(-2,2)     # x 轴取值范围
plt.ylim(2,4)      # y 轴取值范围
plt.show()
```

6. 设置轴刻度

在绘制图表时，如果需要在轴线当前刻度位置上设置标签，则可通过 Matplotlib 的 xticks()和

yticks()函数实现。xticks()和 yticks()函数的语法格式如下。

```
plt.xticks(ticks=None,labels=None,**kwargs)
plt.yticks(ticks=None,labels=None,**kwargs)
```

xticks()和 yticks()函数参数说明如下。

- ticks：array 类型，表示 *x* 轴或 *y* 轴上当前刻度位置的值，默认值为 None。
- labels：array 类型，表示与当前刻度位置的值所对应的标签。标签的个数与刻度的个数相同，默认值为 None。与轴标签函数相同，也可以设置标签字体格式。

任务实施

（1）打开 Visualization 项目，新建 Python 文件，输入 Python 文件名为 task4-4.py。

（2）在 PyCharm 的代码编辑区输入 task4-4.py 程序代码，具体代码如下。

```
import numpy as np
import matplotlib.pyplot as plt
# 在[0,10]之间等距取 1000 个数作为 x 的取值
x = np.linspace(0,10,1000)
y = np.sin(x)  # 定义 y 轴的数据

plt.figure(figsize=(10,6))      #创建绘图对象
plt.plot(x,y,color="red",linewidth=3)   #绘图

plt.title("AC voltage")         #设置图表标题为 AC voltage
plt.xlabel("Time(s)")           #设置 x 轴标签为 Time(s)
plt.ylabel("Volt")              #设置 y 轴标签为 Volt
plt.ylim(-1.5,1.5)              #设置 y 轴的取值范围为[-1.5,1.5]
plt.xlim(0,10)                  #设置 x 轴的取值范围为[0,10]
#设置 x 轴刻度
ticks = [2,4,6,8,10]
labels = ['two','four','six','eight','ten']
plt.xticks(ticks,labels,color='red',fontstyle='italic')
plt.savefig('sin(x)')
plt.show()
```

（3）运行 task4-4.py，运行结果如图 4-3 所示，并将图片保存到当前项目的目录下，文件名为 sin(x).png。

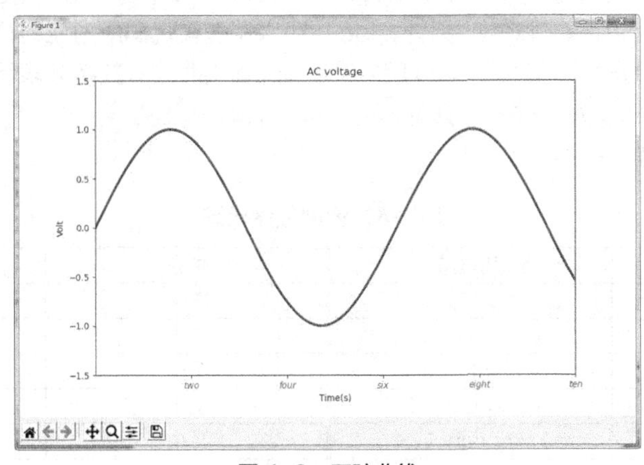

图 4-3　正弦曲线

【任务 4-5】 设置图例

任务描述

利用 Matplotlib 绘制一条正弦曲线，曲线颜色为红色，曲线宽度为 1。另外，再绘制一条余弦曲线，要求为所绘制的余弦曲线设置名字为“cos(x)”，曲线颜色为蓝色，线型为破折线。并为所绘制的曲线图设置下列图例内容。

（1）设置图例标签为“sin(x)”和“cos(x)”。

（2）设置图例标题为“curve”。

（3）设置图例位置为左下。

（4）设置图例边框颜色为绿色，字体大小为“small”。

（5）设置图例分 2 列展示。

知识储备

1. 绘制正弦曲线和余弦曲线

利用 plot()函数绘制正弦曲线时，指定 label 参数为“sin(x)”，绘制余弦曲线时，指定 label 参数为“cos(x)”，并采用格式化字符串“b--”指定余弦曲线的样式。通过指定 label 参数，可实现在图例中添加图例标签的功能。

2. 设置图例

图例是集中于图表一角或一侧的图表上各种符号和颜色所代表内容与指标的说明，它有助于人们更好地认识图表。

在向 Axes 添加图例时，需要在创建过程中指定 label 参数，针对当前 Axes 调用 plt.legend()或者针对特定的轴调用 Axes.legend()函数均会添加图例。legend()函数的语法格式如下。

```
plt.legend(*args,**kwargs)
```

legend()函数常用的参数如下。

（1）图例标签。设置图例标签有以下两种方法。

- 通过在 legend()函数中设置参数 labels=['string1', 'string2',...]或者{'string1': value1, 'string2': value2,...}，即可显示出 labels 参数设置的图例标签。
- 在绘制曲线图的 plot()函数中设置参数 label='string'，然后，通过 plt.legend()可显示出 label 参数设置的图例标签。

（2）图例位置。loc 是设置图例位置的参数，它由两个单词拼合而成，第一个单词用于描述图例摆放位置的上、中、下，取值为 upper、center、lower，第二个单词用于描述图例摆放位置的左、中、右，取值为 left、center、right。另外，loc 也可以用位置代码所对应的数字表示。

例如，设置图例位置为“左上”，可以用字符串'upper left'或者数字 2 表示，具体代码如下。

```
plt.legend(loc='upper left')或者 plt.legend(loc=2)
```

图例位置代码如表 4-4 所示。

表 4-4 图例位置代码

位置	字符串或数字	位置	字符串或数字
自动放置在最佳位置	best 或 0	左中	center left 或 6
右上	upper right 或 1	右中	center right 或 7
左上	upper left 或 2	下中	lower center 或 8
左下	lower left 或 3	上中	upper center 或 9
右下	lower right 或 4	正中	center 或 10
正右	right 或 5		

注意　loc 参数是可选项，图例的默认位置值为 best 或 0。

（3）图例字体。prop 是设置图例字体格式的参数，取值为 string 或 dict 类型，其中字体大小、粗细和样式可参见表 4-2，可选参数。

例如，设置图例字体为“Times New Roman”，字体大小为 16，加粗，斜体，具体代码如下。

```
font1 = {'family':'Times New Roman','weight': 'bold','size':16,
         'style': 'italic'}
plt.legend(prop=font1)
```

（4）图例边框及背景设置。frameon 是设置图例边框的参数，取值为 bool 类型，默认值为 True，可选参数。如果为 False，则表示去掉图例边框。

```
plt.legend(frameon=False)
```

edgecolor 是设置图例边框颜色的参数，可选参数。例如，设置图例边框颜色为蓝色，具体代码如下。

```
plt.legend(edgecolor='blue')
```

facecolor 是设置图例背景颜色的参数，可选参数。例如，设置图例背景颜色为蓝色，若无边框，参数无效，具体代码如下。

```
plt.legend(facecolor='blue')
```

（5）图例标题。title 参数用于设置图例标题，可选参数。例如，设置图例标题为 AC，具体代码如下。

```
plt.legend(title='AC')
```

（6）设置图例展示的列数。ncol 参数用于设置图例分为 *n* 列展示，可选参数。例如，设置图例分成 2 列展示，具体代码如下。

```
plt.legend(ncol=2)
```

任务实施

（1）打开 Visualization 项目，新建 Python 文件，输入 Python 文件名为 task4-5.py。

（2）在 PyCharm 的代码编辑区输入 task4-5.py 程序代码，具体代码如下。

```
import numpy as np
import matplotlib.pyplot as plt
x = np.linspace(0,10,1000)  # 在[0,10]之间等距取 1000 个数作为 x 的取值
y = np.sin(x)  # 定义 y 轴的数据
z = np.cos(x)  # 定义 z 轴的数据

plt.figure(figsize=(10,6))    #创建绘图对象
plt.plot(x,y,label='sin(x)',color='red',linewidth=1)   #绘制 sin(x)曲线
plt.plot(x,z,'b--',label='cos(x)')                     #绘制 cos(x)曲线

#设置图例
plt.legend(loc=3,title='curve',edgecolor='green',fontsize='small',ncol=2)
plt.savefig('curve')    #保存图表
plt.show()    #显示图表
```

（3）运行 task4-5.py，运行结果如图 4-4 所示，并将图片保存到当前项目的目录下，文件名为 curve.png。

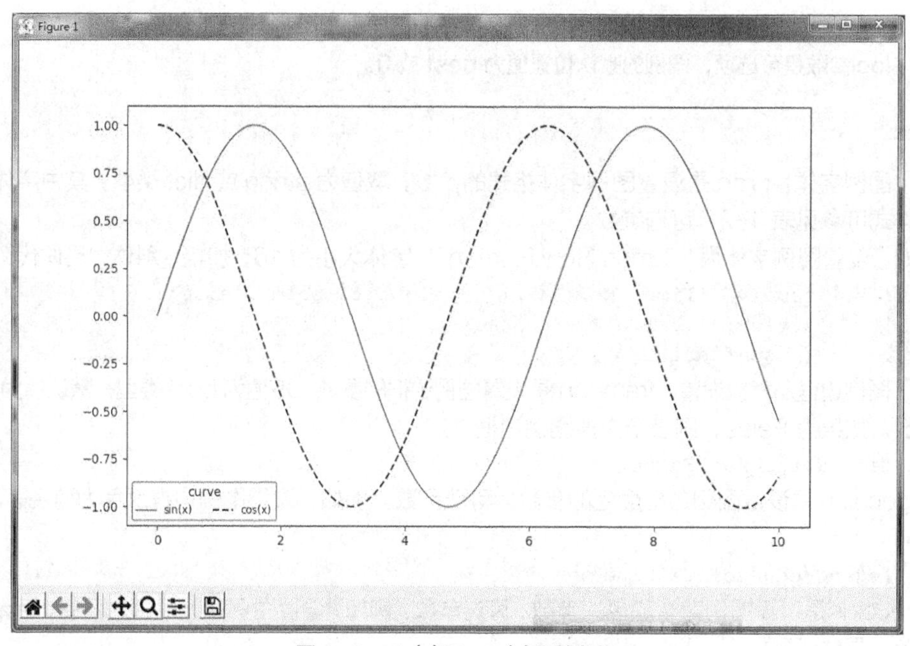

图 4-4　sin(x)和 cos(x)函数曲线

【任务 4-6】 设置格式化字符串

任务描述

利用 Matplotlib 绘制 $y=3x$ 对应的直线，直线的颜色为黑色，线型为实线；再绘制 x^2 对应的抛物线，该抛物线的颜色为蓝色，倒三角标记，线型为破折线；最后，绘制 $2x^2+3x+1$ 对应的抛物线，该抛物线的颜色为红色，实心圆圈标记，线型为点划线。要求用格式化字符串设置所绘制的曲线样式。

知识储备

1. 格式化字符串

格式化字符串是指定颜色、点样式和线样式的一种简洁方式，形如"[color][marker][line]"。其中，每项内容均为可选项。格式化字符串中指定的颜色、点样式和线样式分别如表 4-5～表 4-7 所示。

表 4-5　格式化字符串中指定的颜色

颜色字符	说明	颜色字符	说明
b	蓝色	y	黄色
r	红色	w	白色
m	洋红色	k	黑色
g	绿色	#008000	RGB 某颜色
c	青绿色	0.8	灰度值字符串

注意　多条曲线不指定颜色时，会自动选择不同颜色。

表 4-6　格式化字符串中指定的点样式

点字符	说明	点字符	说明
.	点	v	倒三角形
,	像素（极小点）	<	左三角形
o	实心圆圈	>	右三角形
s	实心方形	^	上三角形
*	星号	1	下花三角形
D	菱形	2	上花三角形
d	小菱形	3	左花三角形
p	实心五角形	4	右花三角形
h	竖六边形	|	竖线
H	横六边形	x	x
+	十字	None	无

表 4-7　格式化字符串中指定的线样式

线型字符	说明	线型字符	说明
-	实线	-.	点划线
--	破折线	:	虚线
''	无线条		

2. 使用 NumPy 中的 arange()函数创建一维数组

arange()函数类似于 Python 自带的函数 range()，通过指定起始值、终止值和步长来创建一维数组，但是该函数所创建的数组中不包含终止值。

例如 numpy.arange(0,10,2)，表示数组的起始值为 0，终止值为 10，步长为 2，创建的一维数组为[0,2,4,6,8]；numpy.arange(3)，表示数组的起始值为 0，终止值为 3，步长为 1，创建的一维数组为[0,1,2]。

任务实施

（1）打开 Visualization 项目，新建 Python 文件，输入 Python 文件名为 task4-6.py。

（2）在 PyCharm 的代码编辑区输入 task4-6.py 程序代码，具体代码如下。

```
import numpy as np
import matplotlib.pyplot as plt

#设置 x、y 轴的数据
x = np.arange(-10,10)
y1 = 3*x
y2 = x**2
y3 = 2*x**2+3*x+1

#设置格式化字符串 fmt1、fmt2、fmt3
fmt1 = 'k-'
fmt2 = 'bv--'
fmt3 = 'ro-.'

#绘制 3 条曲线
plt.plot(x,y1,fmt1,x,y2,fmt2,x,y3,fmt3)
#显示图表
plt.show()
```

（3）运行 task4-6.py，运行结果如图 4-5 所示。

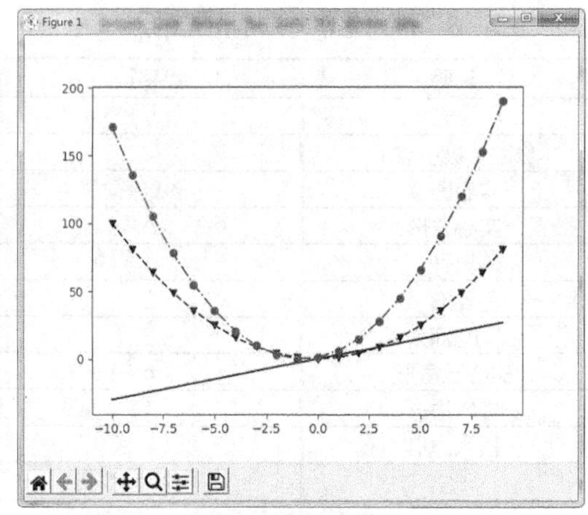

图 4-5　直线与抛物线

【任务 4-7】 设置文本、标注、网格线

任务描述

在图 4-5 所示的直线与抛物线图表中，完成下列设置。

（1）为直线添加文本，文本位置为 x=-8、y=0，文本内容为 y1=3x。

（2）为实心圆圈标记的抛物线添加文本，文本位置为 x=-8.5、y=150，文本内容为 y3=2x^2+3x+1，文本字体为红色。文本边框为圆角矩形，背景色为灰色，边框线颜色为绿色。

（3）为直线 y1=3x 和抛物线 y2=x^2 的交点作一个标注。标注点的坐标为(0,0)，放置标注文本的位置为(-1,50)。文本内容为“node(0,0)”，文本字体大小为 12，红色，加粗，文本边框为圆角矩形，背景色为黄色，边框线颜色为蓝色。标注箭头的颜色为绿色。

（4）设置网格线。

知识储备

1. 文本设置

绘制图表时，如果需要给图表添加文字说明，则可以运用 text(x,y,s)函数在图表的 x 或 y 位置处添加文本。text()函数的语法格式如下。

```
plt.text(x,y,s,fontdict=None,ha,va,rotation,**kwargs)
```

text()函数的参数如下。

- x、y：float 类型，表示放置文本的位置。
- s：string 类型，表示文本字符串。
- fontdict：dict 类型，可选项，默认值由 rcParams ['font.* ']确定，表示设置文本字体属性的字典。控制文本字体属性的参数可参见表 4-2 和表 4-3。
- ha：水平对齐方式，可选'center'、'right'、'left'等。
- va：垂直对齐方式，可选'center'、'top'、'bottom'、'baseline'等。
- rotation：标签的旋转角度，以逆时针计算，取整。
- **kwargs：键/值对参数，表示文本属性，但 kwargs 传递的属性将覆盖 fontdict 中给出的相应属性。

【示例 4-7】绘制 x=[1, 2, 3, 4]、y =[1, 4, 9, 6]的折线图，并进行如下文本设置。

（1）在折线顶点处添加文本，文本内容为“Top coordinate(3,9)”。

（2）设置文本大小为“x-large”，颜色为红色，加粗。
（3）设置文本边框为波浪纹矩形，背景色为灰色，边框线颜色为蓝色。
其程序代码 example4-7.py 如下。

```
import matplotlib.pyplot as plt
#设置 x、y 轴取值
x,y = [1, 2, 3, 4],[1, 4, 9, 6]

#绘制折线图
plt.plot(x, y)

# 设置字体
font1 = dict(fontsize='x-large', color='r', fontweight='bold')

# 设置文本
plt.text(x=3,  #文本 x 轴的数据
         y=9,  #文本 y 轴的数据
         # 文本内容
         s='Top coordinate(3,9)',

         # 字体属性字典
         fontdict=font1,

         # 给文本添加边框
         bbox={'boxstyle': 'sawtooth',       # 边框样式
               'facecolor': '0.8',           # 边框背景色
               'edgecolor': 'b'              # 边框线条颜色
              }
         )

#显示图表
plt.show()
```

程序运行结果如图 4-6 所示。

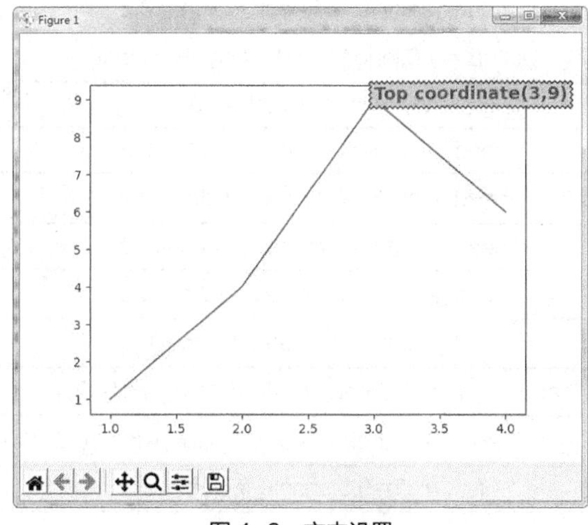

图 4-6　文本设置

2. 设置标注

不同于置于轴上任意位置处的文本，标注用于注解图表中的某些特征。使用 plt.annotate()函数可在图表中设置标注。annotate()函数的语法格式如下。

```
plt.annotate(text, xy, *args,**kwargs)
```

annotate()函数中常用的参数如下。

- text：string 类型，表示注释文本。
- xy：x、y 均为 float 类型，表示要注释的点(x,y)。
- xytext：x、y 均为 float 类型，默认值为 xy，表示放置文本的位置为(x,y)。
- fontsize：int 或 string 类型，表示注释文本字体大小。
- color：表示注释文本字体颜色。
- fontweight：string 类型，表示注释文本字体粗细。
- bbox：dict 类型，可选项，设置注释文本的边框。
- arrowprops：dict 类型，可选项，表示在位置 xy 和 xytext 之间绘制箭头的属性。arrowprops 参数说明如表 4-8 所示，其中箭头样式如表 4-9 所示，连接样式如表 4-10 所示。

在标注中，可以考查两个位置，即标注位置 xy 和标注文本位置 xytext。另外，参数 arrowprops 也十分有用，它可生成一个指向标注位置的箭头。

表 4-8　arrowprops 参数说明

属性	说明	属性	说明
width	箭头身宽度（以磅为单位）	facecolor	箭头边框背景色
headwidth	箭头底部宽度（以磅为单位）	edgecolor	箭头边框线颜色
headlength	箭头长度（以磅为单位）	hatch	箭头内部填充形状
shrink	箭头的收缩比	alpha	透明度值在[0,1]之间
arrowstyle	箭头样式（见表 4-9）	color	箭头颜色
connectionstyle	连接样式（见表 4-10）	frac	头部占箭头长度比例

表 4-9　箭头样式

箭头名称	详细参数	箭头形状
-	None	
→	head_length = 0.4,head_width = 0.2	
-[	widthB = 1.0,lengthB = 0.2,angleB = None	
|-|	widthA=1.0,widthB=1.0	
-|>	head_length = 0.4,head_width = 0.2	
<-	head_length = 0.4,head_width = 0.2	
<->	head_length = 0.4,head_width = 0.2	
<|-	head_length = 0.4,head_width = 0.2	
<|-|>	head_length = 0.4,head_width = 0.2	
fancy	head_length=0.4,head_width=0.4,tail_width=0.4	
simple	head_length=0.5,head_width=0.5,tail_width=0.2	
wedge	tail_width=0.3,shrink_factor=0.5	

表 4-10 连接样式

名称	属性
angle	angleA=90,angleB=0,rad=0.0
angle3	angleA=90,angleB=0
arc	angleA=0,angleB=0,armA=None,armB=None,rad=0.0
arc3	rad=0.0
bar	armA=0.0,armB=0.0,fraction=0.3,angle=None

注意 angle3 和 arc3 中的“3”表示生成的路径是二次样条线段（三个控制点）。只有当连接路径为二次样条曲线时，才能使用一些箭头样式选项。

【示例 4-8】将图 4-6 的文本修改为标注，标注设置如下。

（1）设置标注点的坐标为(3,9)，放置标注文本的位置为(2.5,5.5)，文本内容为“Top coordinate(3,9)”。

（2）设置文本字体大小为 12，红色，加粗。

（3）设置文本边框为波浪纹矩形，背景色为灰色，边框线颜色为蓝色。

（4）设置标注箭头的背景色为灰色，边框线颜色为红色，透明度为 0.5，箭头身宽为 4，箭头底部宽为 26，箭头内部填充形状为“-”，带弯曲角度 rad=0.4。

其程序代码 example4-8.py 如下。

```
import matplotlib.pyplot as plt
plt.figure(figsize=(5,4), dpi=120)
plt.plot([1, 2,3,4], [1, 4, 9, 6])
# 设置箭头属性
prop1=dict(facecolor='0.8',
           edgecolor='r',
           shrink=1,        #箭头的收缩比
           alpha=0.5,
           width=4,         # 箭头身宽
           headwidth=26,    # 箭头底部宽
           hatch='-',       # 箭头内部填充形状
           connectionstyle='arc3,rad=0.4'       # 箭头角度
           )
plt.annotate('Top coordinate(3,9)',
             xy=(3, 9),                         # 箭头指向位置
             xytext=(2.5, 5.5),                 # 文本起始位置
             #设置文本字体格式
             fontsize=12, color='r', fontweight='bold',

             #设置文本边框
             bbox={'boxstyle': 'sawtooth',      # 边框样式
                   'facecolor': '0.8',          # 边框背景色
                   'edgecolor': 'b'             # 边框线条颜色
                   },
             # 设置箭头属性
             arrowprops=prop1
             )
plt.show()
```

程序运行结果如图 4-7 所示。

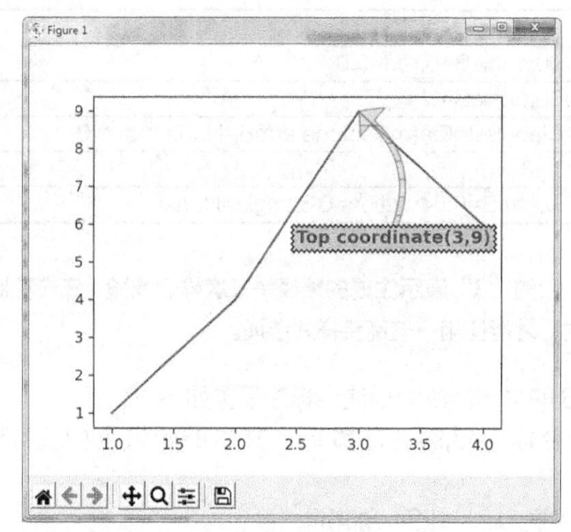

图 4-7 标注设置

3. 设置网格线

通过 Matplotlib 绘制曲线的时候，为了便于观察数据、增强可视化的效果，可在图表中添加网格线，在 plt.show()之前加上 plt.grid()即可为图表添加网格线。grid()函数的语法格式如下。

```
plt.grid(b=None, which='major', axis='both', **kwargs)
```

grid()函数的常用参数如下。

- b：bool 类型，可选项，默认值为 None，表示是否显示网格线。如果设置 kwargs 参数，则显示网格线，b 为 True。如果没有设置 kwargs，b 为 None，则显示网格线；b 为 False，则不显示网格线。
- which：可选项，可选值为 { 'major','minor','both'}，表示显示的网格线类型。
- axis：可选项，可选值为{'both','x','y'}，表示显示的网格线轴。
- ** kwargs：可选项，键/值对参数，用于定义网格线的属性。例如 color ='r',linestyle ='-', linewidth = 2 等。

【示例 4-9】设置网格线，并设置水平网格线的颜色为蓝色，线型为虚线，线宽为 2。其程序代码 example4-9.py 如下。

```
import matplotlib.pyplot as plt
#plt.grid()    #设置网格线
#设置水平网格线的颜色为蓝色，线型为虚线，线宽为 2
plt.grid(axis='y',color ='b',linestyle =':',linewidth = 2)
plt.show()
```

任务实施

（1）打开 Visualization 项目，新建 Python 文件，输入 Python 文件名为 task4-7.py。

（2）在 PyCharm 的代码编辑区输入 task4-7.py 程序代码，具体代码如下。

```
import numpy as np
import matplotlib.pyplot as plt

#设置 x 轴的数据
x = np.arange(-10,10)
#设置 y 轴的数据
```

```
y1,y2,y3 = 3*x, x**2, 2*x**2+3*x+1

#设置格式化字符串 fmt1、fmt2、fmt3
fmt1,fmt2,fmt3 = 'k-','bv--','ro-.'
plt.plot(x,y1,fmt1,x,y2,fmt2,x,y3,fmt3)

# 设置直线文本
plt.text(x=-8, y=0, s='y1=3x')

# 设置抛物线文本
plt.text(x=-8.5, y=150, s='y3=2x^2+3x+1',color='r',
         bbox={'boxstyle': 'round',        # 边框样式
               'facecolor': '0.8',         # 边框背景色
               'edgecolor': 'g'            # 边框线条颜色
               }
         )
#设置标注
plt.annotate('node(0,0)', xy=(0, 0), xytext=(-1, 50),
             #设置文本字体格式
             fontsize=12, color='r', fontweight='bold',
             #设置文本边框
             bbox={'boxstyle': 'round',    # 边框样式
                   'facecolor': 'y',       # 边框背景色
                   'edgecolor': 'b'        # 边框线条颜色
                   },
             # 设置箭头属性
             arrowprops={'color':'g'}
             )
#设置网格线
plt.grid()
#显示图表
plt.show()
```

（3）运行 task4-7.py，运行结果如图 4-8 所示。

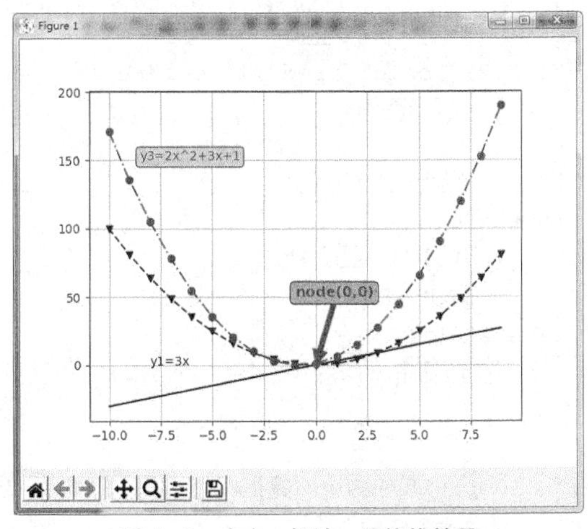

图 4-8　文本、标注、网格线效果

【任务 4-8】 创建子图

任务描述

将一个 Figure 对象的绘图区域划分为 3 个子区域，在各个子区域中分别绘制正弦曲线、余弦曲线和线性函数曲线。

知识储备

在 Matplotlib 中，可以将一个 Figure 对象分为几个绘图区域，在每个绘图区域中可以绘制不同的图表，这种绘图形式称为创建子图。创建子图可以使用 subplot()函数，该函数的语法格式如下。

```
subplot(numRows,numCols,plotNum)
```

函数中的参数说明如下。

- numRows：表示将整个绘图区域等分为 numRows 行。
- numCols：表示将整个绘图区域等分为 numCols 列。
- plotNum：表示当前选中要操作的区域。

subplot()函数的作用就是将整个绘图区域等分为 numRows 行 × numCols 列个子区域，然后按照从左到右、从上到下的顺序对每个子区域进行编号，左上的子区域的编号为 1。如果 numRows、numCols 和 plotNum 这 3 个数都小于 10，可以把它们“缩写”为一个整数，例如 subplot(222)和 subplot(2,2,2)是相同的。subplot()在 plotNum 指定的区域中创建图形，如果新创建的图形和先前创建的图形重叠，则先前创建的图形将被删除。

任务实施

（1）打开 Visualization 项目，新建 Python 文件，输入 Python 文件名为 task4-8.py。

（2）在 PyCharm 的代码编辑区输入 task4-8.py 程序代码，具体代码如下。

```
import numpy as np
import matplotlib.pyplot as plt
#设置 x、y、z、k 数据
x = np.linspace(0, 10, 1000)
y = np.sin(x)
z = np.cos(x)
k = x
#绘图
fig = plt.figure()
ax1 = plt.subplot(221)    # 第一行的左图
plt.plot(x,y,label="sin(x)",color="red",linewidth=2)
plt.legend()              #显示图例

ax2 = plt.subplot(222)    # 第一行的右图
plt.plot(x,z,"b--",label="cos(x)")
plt.legend(loc='upper right')   #显示图例
ax3 = plt.subplot(212)    # 第二整行
plt.plot(x,k,"g--",label="x")
plt.legend()              #显示图例

#保存图表
plt.savefig('image.png',dpi=100) #dpi 是指保存图像的分辨率，缺省值为 80
#显示图表
plt.show()
```

（3）运行程序后，显示的图形如图 4-9 所示，并将图形保存在当前项目下，文件名为 image.png，分辨率为 100。

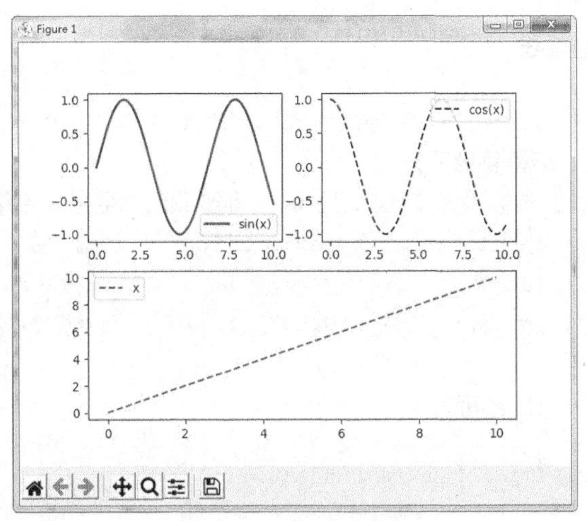

图 4-9　创建 3 个子图

【任务 4-9】 设置坐标轴

任务描述

绘制一条红色、实线型、线宽为 2 的正弦曲线和一条绿色、破折线型、线宽为 2 的余弦曲线，并完成下列坐标轴设置。

（1）设置 x 轴标签为“Label X”，y 轴标签为“Label Y”，x 轴刻度为 0～10 之间，y 轴范围为[-2,4]。

（2）隐藏右轴和上轴。

（3）设置 y=0 的水平轴线的轴标签为“Axis Zero”，标签颜色为蓝色，带箭头的轴样式。

（4）在右侧新建 y 轴，轴标签为“Label Y2”，偏移为 10。

知识储备

1. 绘制轴线需导入的模块

绘制轴线时，需要先从 Matplotlib axisartist 工具包中导入 SubplotZero 模块，模块导入方法如下。

```
from mpl_toolkits.axisartist.axislines import SubplotZero
```

2. 创建 Axes 对象

为设置坐标轴，需要在 Figure 对象中创建 Axes 对象。在 Figure 对象中创建 Axes 对象的方法如下。

```
fig = plt.figure(1,(8,5))
axes = SubplotZero(fig, 1, 1, 1)
fig.add_subplot(axes)
```

3. 隐藏坐标轴

设置坐标轴不可见，可采用 axes.axis["坐标轴"].set_visible(False)设置。例如设置右轴不可见的代码如下。

```
axes.axis["right"].set_visible(False)
```

4. 设置y=0的水平轴线

代码如下。

```
axes.axis["xzero"].set_visible(True)
```

5. 设置x=0的垂直轴线

代码如下。

```
axes.axis["yzero"].set_visible(True)
```

6. 设置坐标轴标签、标签颜色及样式

设置y=0的水平轴线的轴标签为“Axis Zero”，标签颜色为蓝色，带箭头的轴样式。

```
axes.axis["xzero"].label.set_text("Axis Zero")       #轴标签
axes.axis["xzero"].label.set_color('blue')           #轴标签颜色
axes.axis["xzero"].set_axisline_style("-|>")         #坐标轴带箭头
```

7. 设置轴刻度

设置*x*轴的刻度为0～10之间。

```
import numpy as np
new_tick = np.array([i for i in range(0,11)])
plt.xticks(new_tick)
```

8. 设置轴范围和轴标签

设置*x*轴标签为“Label X”、*y*轴标签为“Label Y”，*y*轴范围为[-2,4]。

```
axes.set_ylim(-2, 4)
axes.set_xlabel("Label X")
axes.set_ylabel("Label Y")
```

9. 创建新的坐标轴

（1）在右侧制作新的*y*轴，并实现向右偏移，其代码如下。

```
axes.axis["right2"] = axes.new_fixed_axis(loc="right", offset=(10, 0))
```

说明 **loc用于指定轴位置，offset用于指定偏移量。**

（2）在x=5位置制作新的*y*轴，其代码如下。

```
axes.axis["yaxis"] = axes.new_floating_axis(nth_coord=1, value=5)
```

说明 **nth_coord取值为0表示指定*x*轴，取值为1表示指定*y*轴。value表示x或y位置。**

任务实施

（1）打开Visualization项目，新建Python文件，输入Python文件名为task4-9.py。

（2）在PyCharm的代码编辑区输入task4-9.py程序代码，如下。

```
import numpy as np
import matplotlib.pyplot as plt
from mpl_toolkits.axisartist.axislines import SubplotZero
#设置x、y、z轴的数据
x = np.linspace(0, 10, 1000)
y = np.sin(x)
z = np.cos(x)

#创建Axes对象
fig = plt.figure(1,(8,5))
axes = SubplotZero(fig, 1, 1, 1)
```

```
fig.add_subplot(axes)

# 使右轴和上轴不可见
axes.axis["right"].set_visible(False)
axes.axis["top"].set_visible(False)

# 使 xzero 轴（通过 y = 0 的水平轴线）可见
axes.axis["xzero"].set_visible(True)

#设置坐标轴标签、颜色
axes.axis["xzero"].label.set_text("Axis Zero")
axes.axis["xzero"].label.set_color('blue')
#设置坐标轴带箭头
axes.axis["xzero"].set_axisline_style("-|>")

#设置 x 轴刻度为 0～10 之间
new_tick = np.array([i for i in range(0,11)])
plt.xticks(new_tick)
#设置 y 轴范围和轴标签
axes.set_ylim(-2, 4)
axes.set_xlabel("Label X")
axes.set_ylabel("Label Y")

#制作新的（右侧）y 轴，但有一些偏移
axes.axis["right2"] = axes.new_fixed_axis(loc="right", offset=(10, 0))
#设置坐标轴标签
axes.axis["right2"].label.set_text("Label Y2")

#绘制 sin(x)曲线
axes.plot(x,y,label="sin(x)",color="red",linewidth=2)
#绘制 cos(x)曲线
axes.plot(x,z,'g--',label="cos(x)",linewidth=2)

#显示图表
plt.show()
```

（3）运行程序后，显示的图形如图 4-10 所示。

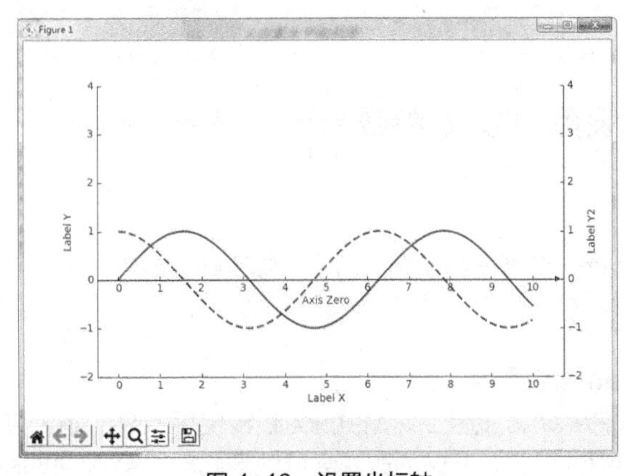

图 4-10　设置坐标轴

4.4 Matplotlib 参数配置

【任务 4-10】 设置 Matplotlib 配置文件

任务描述

了解 Matplotlib 配置文件的作用、数据结构、保存目录，以及读取配置文件中所有参数及其参数值的方法。

知识储备

在绘制图形时，有许多需要配置的属性，例如颜色、字体、线型等。但是，在许多情况下，这些属性直接采用了 Matplotlib 的缺省配置。Matplotlib 将缺省配置保存在“matplotlibrc”配置文件中，通过修改配置文件，可修改图表的缺省样式，这些配置属性称为 rc 配置或者 rc 参数。

在 Matplotlib 中可以使用多个“matplotlibrc”配置文件，它们的搜索顺序如下，顺序靠前的配置文件将会被优先采用。

（1）当前路径：程序的当前路径。

（2）用户配置路径：在用户文件夹的“.matplotlib”目录下，可通过环境变量 MATPLOTLIBRC 修改它的位置。

（3）系统配置路径：保存在 Matplotlib 的安装目录下的 mpl-data 中。

通过下面的代码可以获取用户配置路径和系统配置路径。

```
import matplotlib
print(matplotlib.get_configdir()) #获取用户配置路径
print(matplotlib.matplotlib_fname())#获取系统配置路径
```

“matplotlibrc”配置文件实际上是一个字典。在该字典中，为了对众多的配置进行区分，关键字可以用点分开。

如果需要读取配置文件中所有参数及其参数值，可在 Matplotlib 模块载入时调用 rc_params() 函数，并把得到的配置字典保存到 rcParams 变量中，其代码如下。

```
import matplotlib
#读取配置文件中所有参数及其参数值
print(matplotlib.rc_params())
```

输出结果部分值如下。

```
agg.path.chunksize: 0
animation.avconv_args: []
```

【任务 4-11】 设置动态 rc 参数

任务描述

了解直接修改 rcParams 变量值和使用 rc()函数修改参数的方法。

知识储备

1. 直接修改 rcParams 变量值

当配置字典保存到 rcParams 变量后，Matplotlib 将使用 rcParams 变量中的配置进行绘图。用户可以直接修改该字典中的配置，所做的改变会反映到此后所绘制的图形中。

【示例 4-10】绘制一条斜线，并设置所绘制的斜线上点的形状为倒三角形（lines.marker 为“v”）。其程序代码 example4-10.py 如下。

```
import matplotlib.pyplot as plt
import matplotlib
#读取配置文件中所有参数及其参数值
matplotlib.rc_params()
#设置线上点的形状为倒三角形（lines.marker 为“v”）
plt.rcParams["lines.marker"] = "v"
plt.plot([1,2,3])
plt.show()
```

2. 使用 rc()函数修改参数

使用 rc()函数可以修改“matplotlibrc”配置文件中的参数，rc()函数的语法格式如下。

```
matplotlib.rc(group,**kwargs)
```

函数中的参数说明如下。

- group：rc 参数的分组。线条常用的 rc 参数名称、含义与取值如表 4-11 所示。
- **kwargs：字典类型的键/值对参数。

表 4-11　线条常用的 rc 参数名称、含义与取值

rc 参数名称	含义	取值
lines.linewidth	线条宽度	取 0～10 之间的数值，默认值为 1.5
lines.linestyle	线条样式	可取实线“-”、破折线“--”、点划线“-.”、虚线“:”4 种，默认为实线“-”
lines.marker	线条上点的形状	可取“.”、“o”和“v”等 20 多种值，默认值为 None
lines.markersize	点的大小	取 0～10 之间的数值，默认值为 1

其中，lines.marker 参数的 20 多种取值及其代表的意义如表 4-6 所示。

【示例 4-11】绘制一条斜线，设置所绘制的斜线上点的形状为实心圆圈（lines.marker 为“o”），线宽为 3px，线型为破折线，并设置字符的字体为 monospace、样式为 italic、大小为 16。其程序代码 example4-11.py 如下。

```
import matplotlib.pyplot as plt
import matplotlib
matplotlib.rc("lines", marker="o", linewidth=3, linestyle='--')
font = {'family' : 'monospace',
        'style' : 'italic',
        'size' : '16'}
matplotlib.rc("font", **font)
plt.title("rc() Example")
plt.plot([1,2,3])
plt.show()
```

修改了配置文件中的参数后，如果想恢复到缺省的配置（Matplotlib 载入时从配置文件读入的配置），可以调用 rcdefaults()函数，该函数的语法格式如下。

```
matplotlib.rcdefaults()
```

如果通过文本编辑器修改了配置文件，希望重新载入最新的配置文件，则可调用 update()函数，该函数的语法格式如下。

```
matplotlib.rcParams.update(matplotlib.rc_params())
```

【任务 4-12】 设置中文、负号显示

任务描述

了解利用 Matplotlib 绘制图表时，运用 rcParams 参数设置中文、负号显示的方法。

知识储备

在利用 Matplotlib 绘制图表时，当需要显示中文或负号时，可通过 rcParams 参数字典修改已经加载的配置项，其程序代码如下。

```
import matplotlib.pyplot as plt
#用黑体显示中文
plt.rcParams['font.sans-serif']=['SimHei']
#显示负号
plt.rcParams['axes.unicode_minus']=False
```

4.5 Matplotlib 类别比较型图表

【任务 4-13】 单数据系列柱形图——我国铁路营业里程情况

任务描述

微课视频

自 1978 年以来，中国铁路营业里程由 1978 年的 5.2 万公里发展到 2019 年的 13.99 万公里，已形成了世界上非常现代化的铁路网和非常发达的高铁网。本任务要根据国家统计局提供的 2010—2019 年我国铁路营业里程数据，运用 Matplotlib 的柱形图来实现单数据系列的可视化。要求设置文本格式、*x* 轴标签和刻度、*y* 轴标签和取值范围、图表标题、脚注、图例，具体如下。

（1）设置文本显示格式是 2 位小数的浮点数，水平居中。

（2）设置 *x* 轴标签为“年份”，*y* 轴标签为“铁路营业里程”。

（3）设置 *x* 轴刻度范围为 2010 年至 2019 年，*y* 轴取值范围为 0～14 万公里。

（4）设置图表主标题为“2010—2019 年我国铁路营业里程”，副标题为“单位：万公里”。

（5）设置脚注为“数据来源：国家统计局”。

（6）设置图例标签为“营业里程”，位置自动设置。

知识储备

柱形图用于显示一段时间内的数据变化或各项之间的比较情况。在柱形图中，类别型或有序型变量映射到横轴的位置，数值型变量映射到矩形的高度。控制柱形图的两个重要参数是“分类间距”和“系列重叠”。“分类间距”控制同一数据系列的柱形宽度，数值范围为[0.0,1.0]；“系列重叠”控制不同数据系列之间的距离，数值范围为[-1.0,1.0]。

通过 pyplot 中的 bar()函数可直接绘制 4 种常见的柱形图，包括单数据系列柱形图、多数据系列柱形图、堆积柱形图和百分比堆积柱形图。bar()函数的语法格式如下。

```
matplotlib.pyplot.bar(x,height,*,align='center',**kwargs)
matplotlib.pyplot.bar(x,height,width,*,align='center',**kwargs)
matplotlib.pyplot.bar(x,height,width,bottom,*,align='center',**kwargs)
```

函数中的主要参数说明如下。

- x：array 类型，表示 *x* 轴的数据，无默认值。
- height：array 类型，表示柱形图的高度，即纵坐标值，无默认值。
- width： float 类型，取值范围为 0～1，用于指定柱形图的宽度，默认值为 0.8。
- bottom：array 类型，可选项，表示柱形图的起始位置，即 *y* 轴的起始坐标，默认值为 0。
- align：柱形图的对齐方式，取值为 center 或 edge，可选项。默认值为 center，表示以 *x* 轴上的取数值为中心，edge 表示将条形的左边缘与 *x* 轴上的取数值对齐。

- color：特定 string 类型或者包含颜色字符串的 array 类型，表示柱形图颜色，默认值为 None。
- edgecolor：特定 string 类型或者包含颜色字符串的 array 类型，表示柱形图边框颜色。

任务实施

1. 准备工作和编程思路

首先将数据文件 Railway_business.csv 复制到 d 盘下 dataset 目录下，该文件有两列数据，分别是年份（x 轴）和铁路营业里程（万公里）（y 轴）。导入数据后，可获取 2010—2019 年的铁路营业里程数据，将数据进行转置处理，可获取年份的列表数据和铁路营业里程的列表数据。然后，绘制 10 年期间我国铁路营业里程柱形图，并设置文本格式、x 轴标签和刻度、y 轴标签和取值范围、图表标题、脚注、图例等。

2. 程序设计

（1）打开 Visualization 项目，新建 Python 文件，输入 Python 文件名为 task4-13.py。

（2）在 PyCharm 的代码编辑区输入 task4-13.py 程序代码，如下。

```
import numpy as np
import matplotlib.pyplot as plt
#导入数据
railway_data = np.loadtxt('d:/dataset/Railway_business.csv',skiprows=1,
                          usecols=[0,1],delimiter=',')
print(railway_data)
railway_data_T = railway_data.T                          #获取数据
print(railway_data_T)
# 设置 Matplotlib 正常显示中文和负号
plt.rcParams['font.sans-serif']=['SimHei']      # 用黑体显示中文
plt.rcParams['axes.unicode_minus']=False        # 正常显示负号
#创建一个绘图对象，并设置对象的宽度和高度
fig = plt.figure(figsize=(8, 4))
#绘制 10 年期间我国铁路营业里程柱形图
plt.bar(railway_data_T[0],railway_data_T[1],
       width=0.5,color='blue',edgecolor='white')

# 对图进行文本设置，设置 y 轴文本格式是 2 位小数的浮点数
X = railway_data_T[0]
Y1 = railway_data_T[1]
for x, y in zip(X, Y1):
    plt.text(x, y, '%.2f' % y, ha='center')

plt.xlabel('年份')                                  #显示 x 轴标签
plt.ylabel('铁路营业里程')                          #显示 y 轴标签
plt.ylim(0,15)                                      #y 轴取值范围
#x 轴刻度范围
new_tick = np.array([i for i in range(2010,2020)])
plt.xticks(new_tick)
#设置主标题、副标题
plt.suptitle("2010—2019 年我国铁路营业里程")
plt.title("单位：万公里",fontsize=10,los='right')
fig.text(0.1,0.02,s="数据来源：国家统计局")    #添加脚注
#添加图例
```

```
    plt.legend({'营业里程'})
    plt.savefig('d:/image/task4-13.png')
    plt.show()
```

（3）运行 task4-13.py，运行结果如图 4-11 所示，从中可观察 10 年期间我国铁路营业里程的变化。

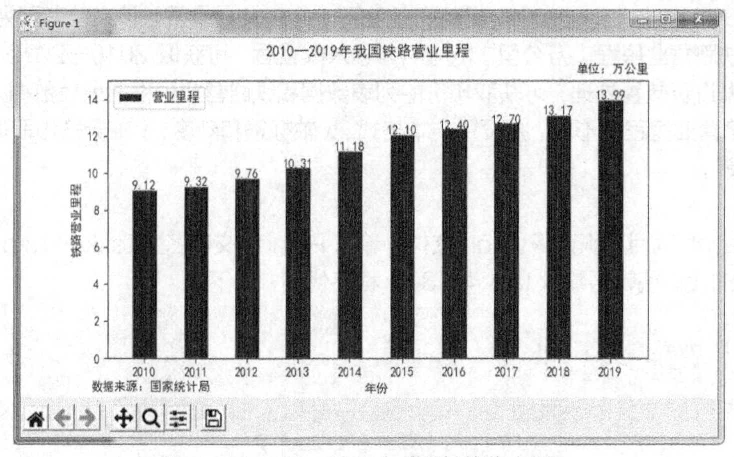

图 4-11　2010—2019 年我国铁路营业里程

【任务 4-14】 多数据系列柱形图——我国就业人员情况

任务描述

根据国家统计局提供的 2007—2016 年全部、城镇和乡村就业人员情况数据，运用 Matplotlib 的柱形图来实现多数据系列的可视化。要求设置多数据系列柱形图的颜色、文本显示格式、*x*轴标签和刻度、*y*轴标签和取值范围、图表标题、脚注、图例，具体如下。

（1）设置全部就业、城镇就业和乡村就业在柱形图中的颜色分别为红色、绿色和蓝色。

（2）设置文本显示格式是整数，水平居中。

（3）设置 *x*轴标签为“年份”，*y*轴标签为“人员”。

（4）设置 *x*轴刻度范围为 2007 年至 2016 年，*y*轴取值范围是 30000 万人至 80000 万人。

（5）设置图表主标题为“2007—2016 年全部、城镇和乡村就业人员情况”，副标题为“单位：万人”。

（6）设置脚注为“数据来源：国家统计局”。

（7）设置图例标签为“全部就业”“城镇就业”“乡村就业”，位置为正中。

知识储备

由于 Matplotlib 是使用二维表数据绘制图表的，当需要绘制多个数据系列的柱形图时，可依次使用 pyplot 中的 bar()函数来分别绘制出不同数据系列的柱形图，并通过 width 参数控制柱形的宽度。

任务实施

1. 准备工作和编程思路

首先将数据文件 Employedpopulation.csv 复制到 d 盘下 dataset 目录下，该文件有 4 行数据，分别表示年份、就业人员、城镇就业人员和乡村就业人员的数据。导入数据后，可获取年份、就业人员（万人）、城镇就业人员（万人）和乡村就业人员（万人）等的列表数据。然后，分别绘制就业人员、城镇就业人员和乡村就业人员数据的柱形图，并分别设置 3 个柱形图的颜色、文本格式、*x*轴标签和刻度、*y*轴标签和取值范围、图表标题、脚注、图例等。

2. 程序设计

（1）打开 Visualization 项目，新建 Python 文件，输入 Python 文件名为 task4-14.py。

（2）在 PyCharm 的代码编辑区输入 task4-14.py 程序代码，如下。

```
import numpy as np
import matplotlib.pyplot as plt

#导入数据
Emp_data = np.loadtxt('d:/dataset/Employedpopulation.csv',
                       delimiter=",",
                       usecols=(1,2,3,4,5,6,7,8,9,10),
                       dtype=int)

plt.rcParams['font.sans-serif']=['SimHei']     # 用黑体显示中文
plt.rcParams['axes.unicode_minus']=False       # 正常显示负号

#创建一个绘图对象，并设置对象的宽度和高度
fig = plt.figure(figsize=(10, 4))

#绘制全部就业人员柱形图
plt.bar(Emp_data[0],Emp_data[1], width=0.35,color='red',
        edgecolor='white')
#绘制城镇就业人员柱形图
plt.bar(Emp_data[0]+0.35,Emp_data[2],width=0.35,color='green',
        edgecolor='white')
#绘制乡村就业人员柱形图
plt.bar(Emp_data[0]+0.7,Emp_data[3], width=0.35,color='blue',
        edgecolor='white')

# 对图进行文本设置
X = Emp_data[0]
Y1 = Emp_data[1]
for x, y in zip(X, Y1):
    plt.text(x + 0.2, y + 0.1, '%i' % y, ha='center')
Y2 = Emp_data[2]
for x, y in zip(X, Y2):
    plt.text(x + 0.4, y + 0.3, '%i' % y, ha='center')

Y3 = Emp_data[3]
for x, y in zip(X, Y3):
plt.text(x + 0.9, y + 0.05, '%i' % y, ha='center')
plt.xlabel('年份')                    #显示 x 轴标签
plt.ylabel('人员')                    #显示 y 轴标签
plt.ylim(30000,80000)                #y 轴取值范围
#设置 x 轴刻度范围
new_tick = np.array([i for i in range(2007,2017)])
plt.xticks(new_tick)
```

```
#设置主标题、副标题
plt.suptitle("2007—2016年全部、城镇和乡村就业人员情况")
plt.title("单位：万人",fontsize=10,loc='right')
#添加脚注
fig.text(0.1,0.02,s="数据来源：国家统计局")
#设置图例
plt.legend(['全部就业','城镇就业','乡村就业'], loc='center')
#保存、显示图表
plt.savefig('d:/image/task4-14.png')
plt.show()
```

（3）运行 task4-14.py，运行结果如图 4-12 所示，从中可观察 10 年期间我国就业人员情况变化。

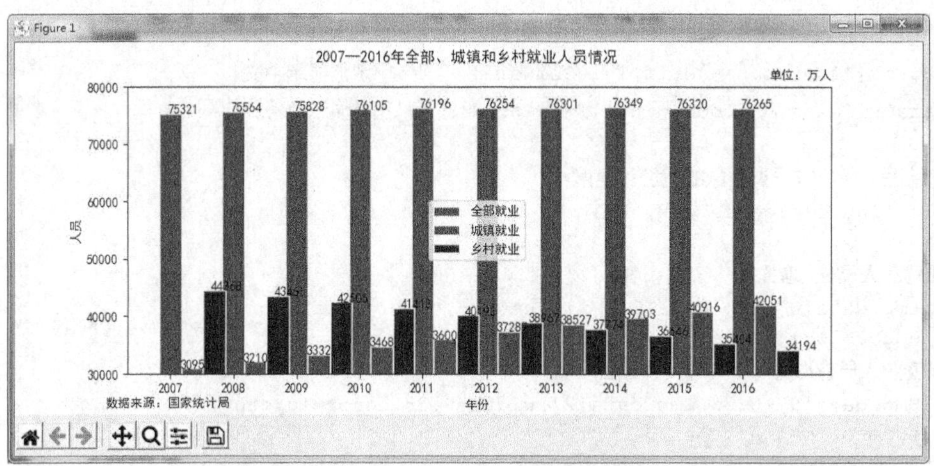

图 4-12　2007—2016 年全部、城镇和乡村就业人员情况

【任务 4-15】 堆积柱形图——我国各类运输方式旅客周转量情况

任务描述

依据国家统计局提供的 2010—2019 年我国公路、铁路、民航和水运等各类运输方式旅客周转量情况表，运用 Matplotlib 的堆积柱形图来实现数据的可视化。要求设置不同数据系列在堆积柱形图中的颜色、文本显示格式、x轴标签和刻度、y轴标签和取值范围、图表标题、脚注、图例，具体如下。

（1）设置公路旅客周转量、铁路旅客周转量、民航旅客周转量和水运旅客周转量在堆积柱形图中的颜色分别为蓝色、红色、黄色和黑色。

（2）设置文本显示格式是 2 位小数的浮点数，水平居中，垂直底部。

（3）设置 x轴标签为“年份”，y轴标签为“旅客周转量”。

（4）设置 x轴刻度范围为 2010 年至 2019 年，y轴取值范围是 0～41000 亿人公里。

（5）设置图表主标题为“2010—2019 年我国各类运输方式旅客周转量”，副标题为“单位：亿人公里”。

（6）设置脚注为“数据来源：国家统计局”。

（7）设置图例标签为“公路”“铁路”“民航”“水运”，位置为上中，分 2 列展示。

知识储备

堆积柱形图显示单个项目与整体之间的关系，它比较各个类别的每个数值占总数值的多少，堆积柱形图以二维垂直堆积矩形显示数值。在绘制堆积柱形图时要注意以下 3 点。

（1）柱形图的 *x* 轴变量一般为类别型，*y* 轴变量为数值型，所以要先求每个类别的总和数值，然后对数据进行降序处理。

（2）如果图例的变量属于有序型，如 Fair、Good、Very Good、Premium、Ideal（一般、好、非常好、超级好、完善）属于有序型，则需要按顺序显示图例。

（3）如果图例的变量属于无序型，则最好根据其均值排序，使数值最大的类别放置在最下面，最靠近 *x* 轴，这样很容易观察每个堆积柱形内部的变量比例。

任务实施

1. 准备工作和编程思路

首先将数据文件我国各类运输方式旅客周转量情况.xls 复制到 d 盘下 dataset 目录下，该文件列出了 2010—2019 年我国铁路、公路、水运和民航 4 类交通运输方式旅客周转量情况。其数据内容如表 4-12 所示。

表 4-12　2010—2019 年我国各类运输方式旅客周转量情况

单位：亿人公里

年份	旅客周转量总计	铁路	公路	水运	民航
2010	27894.26	8762.18	15020.81	72.27	4039.00
2011	30984.03	9612.29	16760.25	74.53	4536.96
2012	33383.10	9812.33	18467.55	77.48	5025.74
2013	27571.65	10595.62	11250.94	68.33	5656.76
2014	28647.13	11241.85	10996.75	74.34	6334.19
2015	30058.89	11960.60	10742.66	73.08	7282.55
2016	31258.46	12579.29	10228.71	72.33	8378.13
2017	32812.80	13456.92	9765.18	77.66	9513.04
2018	34218.15	14146.58	9279.68	79.57	10712.32
2019	35349.24	14706.64	8857.08	80.22	11705.30

导入数据后，可获取年份、旅客周转量总计、铁路、公路、水运和民航 6 列数据，将数据转置，使原来的列数据变成行数据。然后，分别获取年份、铁路、公路、水运和民航 5 行数据。在绘制堆积柱形图前，先进行数据处理，其方法如下。

查看表 4-12 中的数据，按数据均值由大到小的排列顺序设置图例的变量为公路、铁路、民航和水运。由于堆积柱形图的每一个纵向柱形条都包含公路、铁路、民航和水运 4 类交通运输方式的旅客周转量，因此，在绘制堆积柱形图时，首先获取年份和各类交通运输方式的旅客周转量数据，然后计算各年份公路和铁路旅客周转量之和，以及公路、铁路和民航旅客周转量之和。

绘制堆积柱形图时，先绘制公路旅客周转量堆积柱形图，并设置 *x* 轴为年份数据，*y* 轴为公路旅客周转量数据，bottom 参数为 0；再绘制铁路旅客周转量堆积柱形图，并设置 *x* 轴为年份数据，*y* 轴为铁路旅客周转量数据，bottom 参数为公路旅客周转量数据；依次类推，在绘制民航或水运旅客周转量堆积柱形图时，设置 *x* 轴为年份数据，*y* 轴为民航或水运旅客周转量数据，bottom 参数则为公路和铁路旅客周转量之和或公路、铁路和民航旅客周转量之和。最后，分别对所绘制的公路、铁路、民航和水运的堆积柱形图进行颜色、文本格式、*x* 轴标签和刻度、*y* 轴标签和取值范围、图表标题、脚注、图例等的设置。

2. 程序设计

（1）打开 Visualization 项目，新建 Python 文件，输入 Python 文件名为 task4-15.py。

（2）在 PyCharm 的代码编辑区输入 task4-15.py 程序代码，如下。

```
import numpy as np
import pandas as pd
import xlrd
import matplotlib.pyplot as plt
#导入数据
passenger_data = pd.read_excel('d:/dataset/我国各类运输'
                                '方式旅客周转量情况.xls',header=1)
passenger_data_T = passenger_data.T              #获取数据

plt.rcParams['font.sans-serif']=['SimHei']     # 用黑体显示中文
plt.rcParams['axes.unicode_minus']=False       # 正常显示负号

#创建一个绘图对象，并设置对象的宽度和高度
fig = plt.figure(figsize=(8, 4))
#绘制我国各类运输方式旅客周转量堆积柱形图
x = passenger_data['年份']
y1 = passenger_data['公路']
y2 = passenger_data['铁路']
y3 = passenger_data['民航']
y4 = passenger_data['水运']
#计算公路和铁路旅客周转量之和
b1 = list(passenger_data_T[2:4].sum(axis=0))
#计算公路、铁路和民航旅客周转量之和
b2 = (y1 + y2 + y3).T
print(b1)
print(b2)
p1 = plt.bar(x, y1, width=0.6, bottom=0,color='b')
p2 = plt.bar(x, y2, width=0.6, bottom=y1,color='r')
p3 = plt.bar(x, y3, width=0.6, bottom=b1,color='y')
p4 = plt.bar(x, y4, width=0.6, bottom=b2,color='k',alpha=0.8)

#在柱形图上显示数据
for x_text,y_text in zip(x,y1):
    plt.text(x_text,y_text - 2000,'%.2f' % y_text,
             ha='center',va='bottom')

for x_text, y_text,z_text in zip(x, y2, y1):
    plt.text(x_text, y_text - 2000 + z_text, '%.2f' % y_text,
             ha='center', va='bottom')

for x_text, y_text,z_text in zip(x, y3,b1):
    plt.text(x_text, y_text - 2000 + z_text, '%.2f' % y_text,
             ha='center', va='bottom')

for x_text, y_text,z_text in zip(x, y4,b2):
```

```
    plt.text(x_text, y_text + 500 + z_text , '%.2f' % y_text,
             ha='center', va='bottom')

plt.xlabel('年份')                                  #显示 x 轴标签
plt.ylabel('旅客周转量')                            #显示 y 轴标签
plt.ylim(0,41000)                                   #y 轴取值范围
#设置 x 轴刻度范围
new_tick = np.array([i for i in range(2010,2020)])
plt.xticks(new_tick)
#设置主标题、副标题
plt.suptitle("2010—2019 年我国各类运输方式旅客周转量")
plt.title("单位：亿人公里",fontsize=10,loc='right')
fig.text(0.1,0.02,s="数据来源：国家统计局")    #添加脚注
#设置图例
plt.legend({'公路':'b','铁路':'r','民航':'y','水运':'k'},
           loc='upper center',ncol=2)
plt.savefig('d:/image/task4-15.png')
plt.show()
```

（3）运行 task4-15.py，运行结果如图 4-13 所示，从中可观察 10 年期间我国公路、铁路、民航和水运旅客周转量的变化情况。

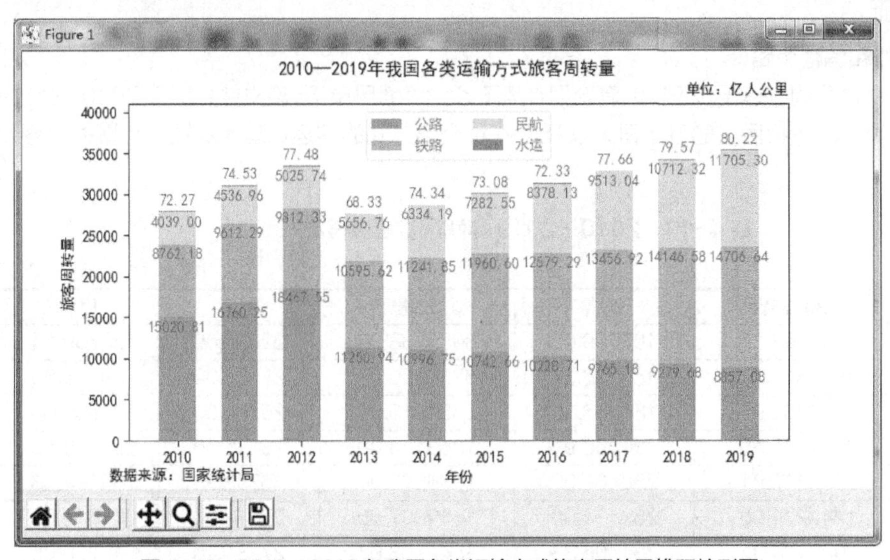

扫码看图

图 4-13　2010—2019 年我国各类运输方式旅客周转量堆积柱形图

【任务 4-16】 百分比堆积柱形图——我国客运量情况

任务描述

微课视频

依据国家统计局提供的 2010—2019 年我国公路、铁路、民航和水运等客运量情况数据表，运用 Matplotlib 的百分比堆积柱形图来实现数据的可视化。要求设置不同数据系列在百分比堆积柱形图中的颜色、文本显示格式、x 轴标签和刻度、y 轴标签和取值范围、图表标题、脚注、图例，具体如下。

（1）设置公路客运量、铁路客运量、民航客运量和水运客运量在百分比堆积柱形图中的颜色分别为蓝色、红色、黄色和黑色。

（2）设置文本显示格式是2位小数的浮点数，水平居中，垂直底部。

（3）设置*x*轴标签为“年份”，*y*轴标签为“客运量”。

（4）设置*x*轴刻度范围是2010年至2019年，*y*轴取值范围是0～110万人。

（5）设置图表主标题为“2010—2019年我国客运量情况”，副标题为“单位：万人”。

（6）设置脚注为“数据来源：国家统计局”。

（7）设置图例标签为“公路”“铁路”“民航”“水运”，位置为右下，分2列展示。

知识储备

百分比堆积柱形图比较的是各个类别的每一个数值占总数值的百分比大小。百分比堆积柱形图以二维垂直百分比堆积矩形显示数值。在绘制百分比堆积柱形图时要注意以下3点。

（1）柱形图的*x*轴变量一般为类别型，*y*轴变量为数值型，所以要先求出重点想展示类别的占比，然后对数据进行降序处理。

（2）如果图例的变量属于有序型，如 Fair、Good、Very Good、Premium、Ideal（一般、好、非常好、超级好、完善）属于有序型，则需要按顺序显示图例。

（3）如果图例的变量属于无序型，则最好按其平均占比排序，使占比最大的类别放置在最下面，最靠近*x*轴，这样很容易观察每个类别的变量占比变化。

任务实施

1. 准备工作和编程思路

首先将数据文件我国客运量情况.xls复制到d盘下dataset目录下，该文件列出了2010—2019年我国铁路、公路、水运和民航的客运量，以及这4种交通方式的客运量总计数据，其数据内容如表4-13所示。

表4-13　2010—2019年我国客运量情况

单位：万人

年份	客运量总计	铁路	公路	水运	民航
2010	3269508.16	167609.02	3052738.00	22392.00	26769.14
2011	3526318.73	186226.07	3286220.00	24556.00	29316.66
2012	3804034.90	189336.85	3557010.00	25752.00	31936.05
2013	2122991.55	210596.92	1853463.00	23535.00	35396.63
2014	2032217.81	230460.00	1736270.00	26292.93	39194.88
2015	1943271.00	253484.00	1619097.00	27072.00	43618.00
2016	1900194.35	281405.23	1542758.67	27234.40	48796.05
2017	1848620.12	308379.34	1456784.33	28300.34	55156.11
2018	1793820.32	337494.67	1367170.39	27981.49	61173.77
2019	1760435.71	366002.26	1301172.91	27267.12	65993.42

导入数据后，可获取年份、客运量总计、铁路、公路、水运和民航6列数据，将数据转置，使原来的列数据变成行数据。然后，分别获取年份、铁路、公路、水运和民航5行数据。在绘制百分比堆积柱形图前，先进行数据处理，其方法如下。

查看表4-13中的数据，按数据的平均占比由大到小排序，设置图例的变量为公路、铁路、民航和水运。在绘制百分比堆积柱形图时，首先获取年份和各类交通运输方式10年期间客运量数据，然后计算各年份各类交通运输方式的客运量所占百分比，公路和铁路客运量之和占总客运量的百分比，以及公路、铁路和民航客运量之和占总客运量的百分比。

绘制百分比堆积柱形图时，先绘制公路客运量百分比堆积柱形图，并设置 x 轴为年份数据，y 轴为公路客运量百分比数据，bottom 参数为 0；再绘制铁路客运量百分比堆积柱形图，并设置 x 轴为年份数据，y 轴为铁路客运量百分比数据，bottom 参数为公路客运量百分比数据；依次类推，在绘制民航或水运客运量百分比堆积柱形图时，设置 x 轴为年份数据，y 轴为民航或水运客运量百分比数据，bottom 参数则为公路和铁路客运量之和占总客运量的百分比或公路、铁路和民航客运量之和占总客运量的百分比。最后，分别对所绘制的公路、铁路、民航和水运的百分比堆积柱形图进行颜色、文本显示格式、x 轴标签和刻度、y 轴标签和取值范围、图表标题、脚注、图例的设置等。

注意　由于公路和铁路客运量之和占总客运量的百分比达到 90%以上，所以，在绘制百分比堆积柱形图时，没有显示民航和水运客运量百分比数据。

2. 程序设计

（1）打开 Visualization 项目，新建 Python 文件，输入 Python 文件名为 task4-16.py。

（2）在 PyCharm 的代码编辑区输入 task4-16.py 程序代码，如下。

```
import numpy as np
import pandas as pd
import xlrd
import matplotlib.pyplot as plt
#导入数据
df = pd.read_excel('d:/dataset/我国客运量情况.xls', header=1)
df_T = df.T        #获取数据
print(df_T)
plt.rcParams['font.sans-serif']=['SimHei']     # 用黑体显示中文
plt.rcParams['axes.unicode_minus']=False       # 正常显示负号

#创建一个绘图对象，并设置对象的宽度和高度
fig = plt.figure(figsize=(8, 4))
#绘制我国客运量百分比堆积柱形图
x = df['年份']
y = df['客运量总计']
y1 = df['公路']/y*100
y2 = df['铁路']/y*100
y3 = df['民航']/y*100
y4 = df['水运']/y*100
b1 = list(df_T[2:4].sum(axis=0))/y*100
b2 = (df['公路'] + df['铁路'] + df['民航']).T/y*100
print(b1)
p1 = plt.bar(x, y1, width=0.6, bottom=0,color='b')
p2 = plt.bar(x, y2, width=0.6, bottom=y1,color='r')
p3 = plt.bar(x, y3, width=0.6, bottom=b1,color='y')
p4 = plt.bar(x, y4, width=0.6, bottom=b2,color='k')
#在柱形图上显示数据
for x_text,y_text in zip(x,y1):
    plt.text(x_text,y_text - 10,'%s' % round(y_text,2),
             ha='center',va='bottom')
for x_text, y_text,z_text in zip(x, y2, y1):
```

```
    plt.text(x_text, y_text - 5 + z_text, '%s' % round(y_text,2),
             ha='center', va='bottom')
plt.xlabel('年份')                                  #显示 x 轴标签
plt.ylabel('客运量')                                #显示 y 轴标签
plt.ylim(0,110)                                     #y 轴取值范围

#设置 x 轴刻度范围
new_tick = np.array([i for i in range(2010,2020)])
plt.xticks(new_tick)
#设置主标题、副标题
plt.suptitle("2010—2019 年我国客运量情况")
plt.title("单位：万人",fontsize=10,loc='right')
fig.text(0.1,0.02,s="数据来源：国家统计局")  #添加脚注
plt.legend({'公路':'b','铁路':'r','民航':'y','水运':'k'},
           loc=4,ncol=2)
plt.savefig('d:/image/task4-16.png')
plt.show()
```

（3）运行 task4-16.py，运行结果如图 4-14 所示，从中可观察 10 年期间我国公路、铁路、民航和水运客运量的变化情况。

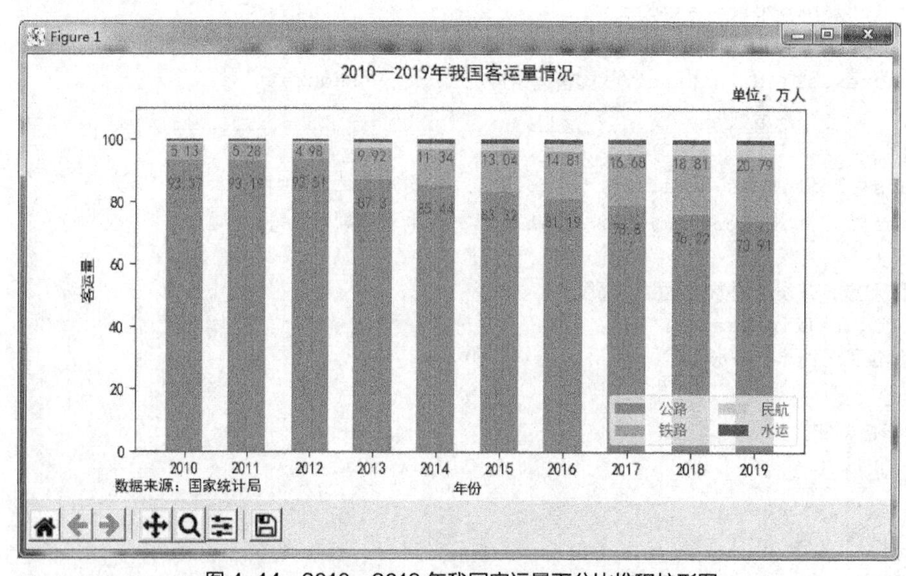

图 4-14　2010—2019 年我国客运量百分比堆积柱形图

【任务 4-17】 条形图——我国各类运输营业里程情况

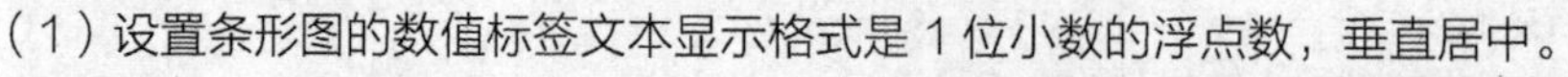

任务描述

依据国家统计局提供的 2019 年我国各类运输营业里程情况表，运用 Matplotlib 的条形图来实现数据的可视化。要求设置条形图上数值标签的文本显示格式、x 轴标签和取值范围、y 轴的刻度标签、图表标题、脚注，具体如下。

（1）设置条形图的数值标签文本显示格式是 1 位小数的浮点数，垂直居中。

（2）设置 x 轴标签为“营业里程”，y 轴刻度标签是各类运输营业里程的指标数据。

（3）设置 x 轴取值范围是 0～1000 万公里之间。

（4）设置图表主标题为“2019 年我国各类运输营业里程”，副标题为“单位：万公里”。

（5）设置脚注为“数据来源：国家统计局”。

知识储备

条形图与柱形图类似，几乎可以表达相同多的数据信息。在条形图中，将类别型或有序型变量映射到纵轴的位置，将数值型变量映射到矩形的宽度。条形图中的柱形是横向的，与柱形图相比，条形图更加强调项目之间的大小对比。尤其在项目名称较长或数量较多时，采用条形图可视化数据更加美观、清晰。

绘制条形图可使用 pyplot 中的 barh()函数，其语法格式如下。

```
matplotlib.pyplot.barh(y, width, height,left ,*, align='center',**kwargs)
```

该函数中的主要参数说明如下。

- y：float 或 array 类型，表示 y 轴的数据，无默认值。
- width：float 类型，取值范围为 0～1，用于指定条形图的宽度，默认值为 0.8。
- height：标量或标量序列，可选项，用于指定条形图的高度，默认值为 0.8。
- left：左标量序列，可选项，表示条形图左侧的横坐标，默认值为 0。
- align：对齐方式，可选项，默认值为 center。

任务实施

1. 准备工作和编程思路

首先将数据文件交通运输业基本情况.xls 复制到 d 盘下 dataset 目录下，该文件列出了 2016—2019 年我国交通运输业基本情况数据，其中有各类运输营业里程的数据。导入数据后，可获取 2019 年的铁路营业里程、公路里程、高速公路、内河航道里程、定期航班航线里程、管道输油（气）里程等数据。然后，绘制条形图，设置文本显示格式、x 轴标签和取值范围、y 轴的刻度标签、图表标题、脚注等。

2. 程序设计

（1）打开 Visualization 项目，新建 Python 文件，输入 Python 文件名为 task4-17.py。

（2）在 PyCharm 的代码编辑区输入 task4-17.py 程序代码，如下。

```
import pandas as pd
import xlrd
import matplotlib.pyplot as plt
#导入数据
df = pd.read_excel('d:/dataset/交通运输业基本情况.xls',header=1)
#获取数据
x_data = df[2019][1:7]
y_data = df['指标'][1:7]
print(x_data)
plt.rcParams['font.sans-serif']=['SimHei']          #用黑体显示中文
plt.rcParams['axes.unicode_minus']=False            # 正常显示负号
#创建一个绘图对象，并设置对象的宽度和高度
fig = plt.figure(figsize=(11, 4))
#绘制 2019 年我国各类运输营业里程条形图
plt.barh(range(y_data.shape[0]),                    # 指定条形图 y 轴的刻度值
         width=x_data,                              # 指定条形图 x 轴的数值
```

```
            tick_label=y_data,          # 指定条形图 y 轴的刻度标签
            color='blue',               # 指定条形图的填充色
            )
    #对条形图进行文本设置
    for y,x in enumerate(x_data):
        plt.text(x + 0.1,y,'%s' % round(x,1),va='center')

    plt.xlabel('营业里程')                  #显示 x 轴标签
    plt.xlim(0,1000)                        #x 轴取值范围
    #设置主标题、副标题
    plt.suptitle("2019 年我国各类运输营业里程")
    plt.title("单位：万公里",fontsize=10,loc='right')
    #添加脚注
    fig.text(0.1,0.02,s="数据来源：国家统计局")
    plt.savefig('d:/image/task4-17.png')    #保存图片
    plt.show()
```

（3）运行 task4-17.py，运行结果如图 4-15 所示，从中可观察 2019 年我国各类运输营业里程的情况。

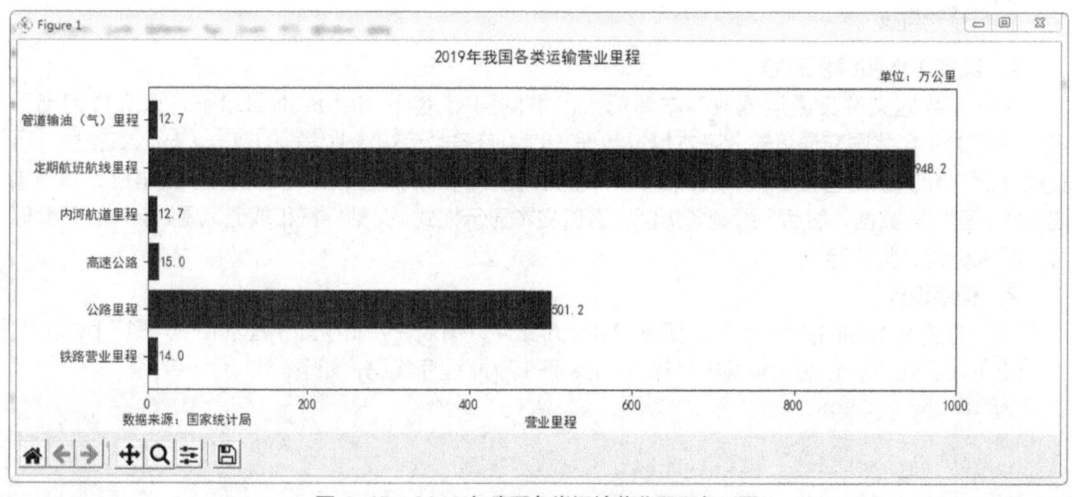

图 4-15　2019 年我国各类运输营业里程条形图

【任务 4-18】 雷达图——我国直辖市软件项目收入情况

任务描述

微课视频

依据国家统计局提供的我国直辖市软件项目收入情况表，运用 Matplotlib 的雷达图来实现数据的可视化，要求设置雷达图中折线的宽度和格式字符串、雷达图取值范围、添加网格线、填充颜色和透明度、图表标题、脚注、图例，具体如下。

（1）设置雷达图中折线的宽度为 2 和格式字符串为“o-”。

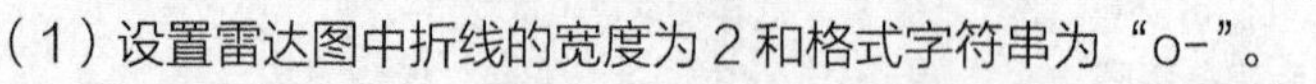

（2）设置雷达图取值范围是 0～10000 亿元之间，添加网格线。

（3）设置填充颜色为绿色，透明度为 0.25。

（4）设置图表标题为“2019 年我国直辖市软件项目收入情况”。

（5）设置脚注为“数据来源：国家统计局”。

（6）设置图例标签为“软件产品收入/亿元”“信息技术服务收入/亿元”，位置自动设置。

知识储备

1. 雷达图

雷达图（Radar Chart），又称为蜘蛛图、极地图或星图，如图 4-16 所示。雷达图用于比较多个定量变量（var1～var5），可用于查看哪些变量具有相似数值，或者每个变量中有没有异常值。此外，雷达图也可以用于查看数据集中哪些变量得分较高/低，是显示性能的理想之选。

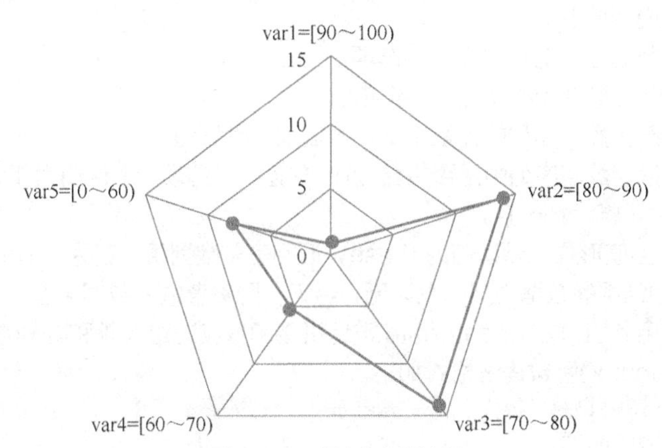

图 4-16　成绩分布雷达图

在雷达图中，每个变量都具有自己的轴（从中心开始），所有的轴都径向排列，彼此之间的距离相等，所有轴都有相同的刻度，轴与轴之间的网格线通常只用作指引。每个变量数值会画在其所属轴线之上，数据集内的所有变量将连在一起形成一个多边形。但是，雷达图也存在一些缺点，例如在一个雷达图中使用多个多边形，会令图表难以阅读，而且过多变量会导致出现太多的轴线，使图表变得复杂，因而限制了可用变量的数量。另外，雷达图不能有效地比较每个变量的数值，即使借助蜘蛛网般的网格指引，也没有在直线轴上比较数值容易。

2. 极坐标系

极坐标系（Polar Coordinates）是指在平面内由极点、极轴和极径组成的坐标系。在平面上选定一点 O，称为极点。从 O 出发引一条射线 Ox，称为极轴。再取定一个单位长度，通常规定角度取逆时针方向为正。这样，平面上任一点 P 的位置就可以用线段 OP 的长度 ρ，以及从 Ox 到 OP 的角度 θ 来确定。有序数对(ρ, θ)就称为 P 点的极坐标，记为 $P(\rho, \theta)$；ρ 称为 P 点的极径，指数据点到圆心的距离；θ 称为 P 点的极角，指数据点距离最右边水平轴的角度。

Matplotlib 可以通过如下语句将坐标系设置为极坐标系。

```
import numpy
import matplotlib.pyplot as plt
ax = plt.subplot(polar=True)
#设置极坐标系的起始角度为 90°
ax.set_theta_offset(numpy.pi/2)
#设置极坐标系的方向为顺时针方向，如果参数为 1，就表示逆时针方向
ax.set_theta_direction(-1)
#设置极坐标系 y 轴的标签位置为起始角度位置
ax.set_rlabel_position(0)
```

使用极坐标系可以将数据 360° 环绕圆心排列，可以让用户方便地看到数据在周期上、方向上

的变化趋势，但其对连续时间段变化趋势的显示不如直角坐标系。

3．使用 Matplotlib 绘制雷达图

使用 Matplotlib 绘制雷达图，其实就是在极坐标系下绘制闭合的折线和面积图。由于要实现数据的闭合，所以会对 *x* 轴数据 angles 和 *y* 轴数据 values 分别进行数据闭合处理，然后使用 ax.fill()和 ax.plot()函数绘制带填充颜色的折线图。

在绘制雷达图时，为获取每个变量在雷达图上的位置，可利用 numpy.linspace()函数，在指定数据范围（如 0～360°）内间隔生成均匀分布的数值序列。

numpy.linspace()函数语法格式如下。

```
numpy.linspace(start, stop, num=50, endpoint=True, retstep=False, dtype=None)
```

该函数中的参数说明如下。

- start：指定数据范围的起始点，必选项。
- stop：指定数据范围的终止点，必选项。
- num：指定产生数值序列的元素个数，可选项，默认值为 50。
- endpoint：指定数值序列中是否包含 stop 数值，可选项，默认值为 True，表示包含 stop 值，若为 False，则不包含 stop 值。
- retstep：返回值形式，默认值为 False，返回等差数列组，若为 True，则返回结果。
- dtype：返回结果的数据类型，默认无，若无，则参考输入数据类型。

另外，还可以使用 numpy.concatenate 数组拼接函数实现对 *x* 轴和 *y* 轴数据的闭合处理。

numpy.concatenate()函数语法格式如下。

```
numpy.concatenate((a1, a2, ...), axis=0, out=None)
```

该函数中的参数说明如下。

- a1,a2,...：数组序列，必选项。除了 axis 对应的轴，数组其他维度必须一样。
- axis：可选项，默认值为 0。
- out：多维数组，可选项。如果提供 out，则结果保存在 out 中。

使用 ax.fill()函数可实现填充颜色的功能，其语法格式如下。

```
ax.fill(x , y, color, alpha)
```

该函数中的参数说明如下。

- x、y：*x* 轴和 *y* 轴数据，必选项。
- color：填充颜色，可选项。
- alpha：透明度，可选项。

使用 ax.plot()函数绘制折线图，其语法格式如下。

```
ax.plot(x, y, [fmt], **kwargs)
```

该函数中的主要参数说明如下。

- x、y：*x* 轴和 *y* 轴数据，必选项。
- fmt：格式字符串，可选项。例如“ro”代表红色圆圈。
- **kwargs：关键字参数。例如 linestyle=dashed 用于设置线型为虚线，linewidth=2 用于设置线宽为 2。

任务实施

1．准备工作和编程思路

首先将数据文件我国直辖市软件项目收入情况.xls 复制到 d 盘下 dataset 目录下，该文件列出 2019 年我国各地区的软件和信息技术服务业主要经济指标内容。导入数据后，先从数据集中获取 2019 年北京、天津、上海、重庆 4 个直辖市的软件产品收入和信息技术服务收入项目的数据。然后，绘制我国直辖市软件项目收入情况雷达图，并设置雷达图中折线的宽度和格式字符串、雷达图取值范围、添加网格线、填充颜色和透明度、图表标题、脚注、图例等。

2. 程序设计

（1）打开 Visualization 项目，新建 Python 文件，输入 Python 文件名为 task4-18.py。

（2）在 PyCharm 的代码编辑区输入 task4-18.py 程序代码，如下。

```
import numpy as np
import pandas as pd
import xlrd
import matplotlib.pyplot as plt
#导入数据
df = pd.read_excel('d:/dataset/我国直辖市软件项目收入情况.xls',
                   header=1)

#获取 4 个直辖市的软件产品收入和信息技术服务收入项目的数据
df1 = df.iloc[[0,1,8,21],[2,3]]
print(df1)
v1 = df1['软件产品收入']
values1 = list(v1)
v2 = df1['信息技术服务收入']
values2 = list(v2)
labels = ['北京','天津','上海','重庆']

plt.rcParams['font.sans-serif']=['SimHei']     # 用黑体显示中文
plt.rcParams['axes.unicode_minus']=False       # 正常显示负号

#创建一个绘图对象，并设置对象的宽度和高度
fig = plt.figure(figsize=(8, 4))

#设置每个变量在雷达图上的位置，用角度表示
angles = np.linspace(0, 2 * np.pi, len(labels), endpoint=False)

#对 x 轴数据 angles 进行数据闭合处理
angles = np.concatenate((angles, [angles[0]]))
labels1 = ['北京','天津','上海','重庆','北京']

#绘图
ax = plt.subplot(polar = True)
for values in [values1,values2]:
    #拼接数据首尾，使图形中线条封闭
    values = np.concatenate((values, [values[0]]))

    #绘制折线图
    ax.plot(angles, values, 'o-', linewidth=2)
# 填充颜色和透明度
ax.fill(angles, values, color='green', alpha=0.25)

# 设置网格标签
ax.set_thetagrids(angles * 180 / np.pi, labels1)
```

```
    # 设置雷达图的范围
    ax.set_ylim(0, 10000)

    # 添加网格线
    ax.grid(True)

    #添加标题
    plt.title("2019 年我国直辖市软件项目收入情况")
    #添加脚注
    fig.text(0.1,0.02,s="数据来源：国家统计局")
    #设置图例
    plt.legend(['软件产品收入/亿元','信息技术服务收入/亿元'])
    plt.show()
```

（3）运行 task4-18.py，运行结果如图 4-17 所示，从中可观察 2019 年我国直辖市的软件产品收入和信息技术服务收入的情况。

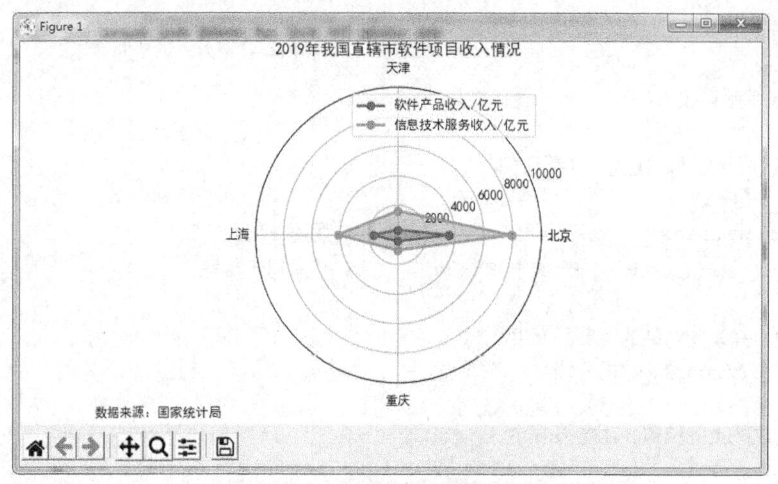

扫码看图

图 4-17　2019 年我国直辖市软件项目收入情况

4.6 Matplotlib 数据关系型图表

【任务 4-19】 散点图——广告投入与销售额之间的关系

任务描述

微课视频

在市场竞争中，企业为了提高产品销售额，经常需要在电视、广播和报纸等新闻媒体上投入大量广告费进行产品宣传，通过对不同新闻媒体上的广告投入与销售额之间的关系进行数据分析，可发现广告投入最佳渠道。现以 Ad_sales.csv 数据集为例，通过 Matplotlib 的散点图来分析在电视、广播和报纸 3 种媒体上的广告投入与销售额之间的关系。要求设置散点图点的颜色和点的类型、*x* 轴和 *y* 轴的标签及取值范围、图表标题和图例，具体如下。

（1）设置“TV”散点图点的颜色为红色，点的类型用“o”表示；“radio”散点图点的颜色为绿色，点的类型用“x”表示；“newspaper”散点图点的颜色为蓝色，点的类型用“v”表示。

（2）设置 x 轴标签为“销售额”，y 轴标签为“广告投入”。

（3）设置 x 轴取值范围为 0～30 万元之间，y 轴取值范围为 0～300 万元之间。

（4）设置图表主标题为“广告投入与销售额之间的关系”，副标题为“单位：万元”。

（5）设置图例标签为“TV”“radio”“newspaper”，位置自动设置。

知识储备

散点图（Scatter Graph）又称为散点分布图，是以一个变量为横坐标，以另一个变量为纵坐标，利用坐标点（散点）的分布形态反映变量间的统计关系的图形，通常用于显示和比较数值。在二维散点图中，可以通过观察两个变量的数据分析内容，发现两者的关系和相关性。散点图可以提供如下关键信息。

（1）变量之间是否存在数量关联趋势。

（2）如果存在关联趋势，那么是线性的还是非线性的。

（3）观察是否存在离群值，从而分析这些离群值对建模分析的影响。

通过观察散点图上数据点的分布情况，可以推断出变量间的相关性。如果变量之间不存在相关性，那么在散点图上就会表现为随机分布的离散的点；如果存在某种相关性，那么大部分的数据点就会相对密集并以某种趋势呈现。数据的相关关系主要分为正相关（两个变量值同时增加）、负相关（一个变量值增加、另一个变量值减少）、不相关、线性相关、指数相关等。离点集群较远的点称为离群点或者异常点。

pyplot 中的 scatter()函数可绘制散点图，其语法格式如下。

```
matplotlib.pyplot.scatter(x,y,s=None,c=None,marker=None,cmap=None,norm=None,
vmin=None,vmax=None,alpha=None,linewidths=None,verts=None,edgecolors=None,
hold=None,data=None,**kwargs)
```

该函数中的主要参数说明如下。

- x、y：数组，表示 x 轴和 y 轴对应的数据，无默认值。
- s：数值或一维数组，用于指定点的大小，若传入一维数组，则表示每个点的大小，默认值为 None。
- c：颜色或一维数组，用于指定点的颜色，若传入一维数组，则表示每个点的颜色，默认值为 None。
- marker：特定 string 类型，表示所绘制点的类型，取值参见表 4-6，默认值为 None。
- alpha：float 类型，取值范围为 0～1，表示点的透明度，默认值为 None。

任务实施

1. 准备工作和编程思路

首先将数据文件 Ad_sales.csv 复制到 d 盘下 dataset 目录下，该文件列出 TV（电视）、radio（广播）、newspaper（报纸）3 种媒体上广告投入与销售额之间的数据。导入数据后，先对数据进行转置处理，然后分别绘制不同媒体的广告投入与销售额的散点图，并设置散点图点的颜色和点的类型、x 轴和 y 轴的标签及取值范围、图表标题和图例等。

2. 程序设计

（1）打开 Visualization 项目，新建 Python 文件，输入 Python 文件名为 task4-19.py。

（2）在 PyCharm 的代码编辑区输入 task4-19.py 程序代码，具体代码如下。

```
import numpy as np
import matplotlib.pyplotas plt
#导入数据
data = np.loadtxt('d:/dataset/Ad_sales.csv',skiprows=1,
                  usecols=[1,2,3,4],delimiter=',')
```

```
print(data)
#对数据进行转置处理
data_T = data.T
print(data_T)

# 设置 Matplotlib 正常显示中文和负号
plt.rcParams['font.sans-serif']=['SimHei']      # 用黑体显示中文
plt.rcParams['axes.unicode_minus']=False        # 正常显示负号
#创建一个绘图对象，并设置对象的宽度和高度
plt.figure(figsize=(8, 4))

#绘制 TV 广告投入与销售额的散点图
plt.scatter(data_T[3],data_T[0],c='r',marker='o')
#绘制 radio 广告投入与销售额的散点图
plt.scatter(data_T[3],data_T[1],c='g',marker='x')
#绘制 newspaper 广告投入与销售额的散点图
plt.scatter(data_T[3],data_T[2],c='b',marker='v')

plt.xlabel('销售额')                    #显示 x 轴标签
plt.ylabel('广告投入')                  #显示 y 轴标签
plt.ylim(0,300)                         #y 轴取值范围
plt.xlim(0,30)                          #x 轴取值范围
#添加主标题、副标题
plt.suptitle("广告投入与销售额之间的关系")
plt.title("单位：万元",fontsize=10,loc='right')

#添加图例
plt.legend(['TV','radio','newspaper'])
plt.savefig('d:/image/task4-19.png')
plt.show()
```

（3）运行 task4-19.py，运行结果如图 4-18 所示。

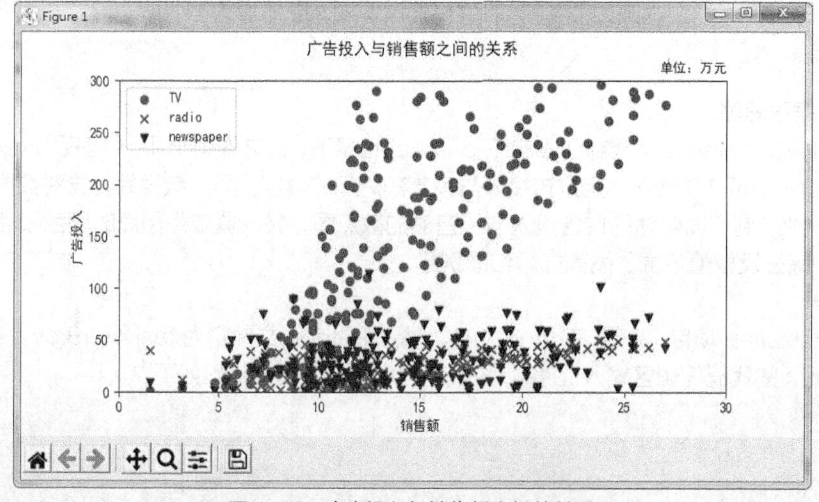

图 4-18　广告投入与销售额之间的关系

通过观察散点图上数据点的分布，发现电视的广告投入与销售额之间是正相关关系，而广播和报纸的广告投入与销售额之间的相关性不强。

【任务 4-20】 气泡图——广告投入、销售额及投入产出比的关系

任务描述

微课视频

在分析数据之间的关系时，除了使用散点图外，还可以使用气泡图，可以通过气泡来表示广告投入与销售额的比值。本任务是以 Ad_sales.csv 数据集为例，通过 Matplotlib 的气泡图来分析在电视、广播和报纸 3 种媒体上的广告投入和销售额之间的相关性。要求设置气泡的颜色、*x* 轴和 *y* 轴的标签及取值范围、图表标题和图例，具体如下。

（1）设置“TV”气泡、“radio”气泡和“newspaper”气泡的颜色分别为红色、绿色和蓝色。

（2）设置 *x* 轴标签为“销售额”，*y* 轴标签为“广告投入”。

（3）设置 *x* 轴取值范围为 0～30 万元之间，*y* 轴取值范围为 0～300 万元之间。

（4）设置图表主标题为“广告投入、销售额及投入产出比的关系”，副标题为“单位：万元”。

（5）设置图例标签为“TV”“radio”“newspaper”，位置自动设置。

知识储备

气泡图是一种多变量的图表，是散点图的变体，也可以认为是散点图和百分比区域图的组合。气泡图基本的用法是使用 3 个变量来确定每个数据序列。与散点图一样，气泡图将两个维度的数据值分别映射为笛卡儿坐标系上的坐标点，其中 *x* 轴和 *y* 轴分别代表两个不同维度的数据，不同于散点图的是每一个气泡的面积代表第三个维度的数据。通过气泡图上气泡的位置和面积大小，可分析数据之间的相关性。需要注意的是，圆圈状气泡的大小是映射到面积的，而不是通过半径或直径绘制的。

利用 scatter()函数可绘制气泡图，但是在运用 scatter()函数时，需要设置 s 参数，用于指定气泡的大小。本任务中 s 参数设置的是广告投入产出比。

任务实施

1. 准备工作和编程思路

首先将数据文件 Ad_sales.csv 复制到 d 盘下 dataset 目录下，导入数据后，先对数据进行转置处理，然后分别绘制不同媒体的广告投入、销售额及投入产出比的气泡图，并设置气泡的颜色、*x* 轴和 *y* 轴的标签及取值范围、图表标题和图例等。

2. 程序设计

（1）打开 Visualization 项目，新建 Python 文件，输入 Python 文件名为 task4-20.py。

（2）在 PyCharm 的代码编辑区输入 task4-20.py 程序代码，如下。

```
import numpy as np
import matplotlib.pyplot as plt
#导入数据
data = np.loadtxt('d:/dataset/Ad_sales.csv',skiprows=1,
                  usecols=[1,2,3,4],delimiter=',')

#对数据进行转置处理
data_T = data.T
print(data_T)

plt.rcParams['font.sans-serif']=['SimHei']    # 用黑体显示中文
```

```
plt.rcParams['axes.unicode_minus']=False     # 正常显示负号

#创建一个绘图对象，并设置对象的宽度和高度
plt.figure(figsize=(8, 4))

#绘制 TV 广告投入、销售额及投入产出比的气泡图
sizes0 = data_T[0]/data_T[3]*10                    #计算投入产出比、气泡大小
plt.scatter(data_T[3],data_T[0],c='r', s=sizes0)
#绘制 radio 广告投入、销售额及投入产出比的气泡图
sizes1 = data_T[1]/data_T[3]*10
plt.scatter(data_T[3],data_T[1],c='g', s=sizes1)
#绘制 newspaper 广告投入、销售额及投入产出比的气泡图
sizes2 = data_T[2]/data_T[3]*10
plt.scatter(data_T[3],data_T[2],c='b', s=sizes2)

plt.xlabel('销售额')                          # 显示 x 轴标签
plt.ylabel('广告投入')                        # 显示 y 轴标签
plt.ylim(0,300)                               # y 轴取值范围
plt.xlim(0,30)                                # x 轴取值范围

#添加主标题、副标题
plt.suptitle("广告投入、销售额及投入产出比的关系")
plt.title("单位：万元",fontsize=10,loc='right')
#添加图例
plt.legend({'TV':'r','radio':'g','newspaper':'b'})
plt.savefig('d:/image/task4-20.png')
plt.show()
```

（3）运行 task4-20.py，运行结果如图 4-19 所示。

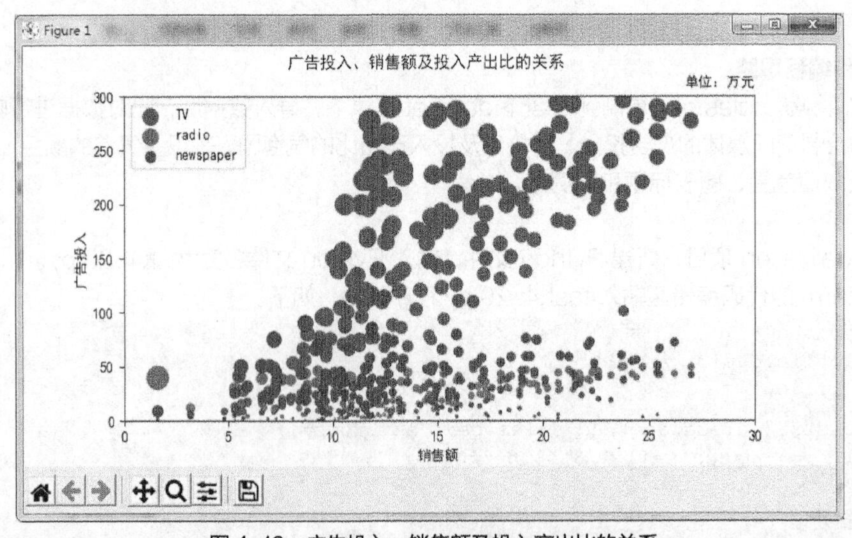

图 4-19　广告投入、销售额及投入产出比的关系

通过观察气泡图上气泡位置和面积大小，发现电视的广告投入与销售额之间是正相关关系，而广播和报纸的广告投入与销售额之间的相关性不强。

4.7 Matplotlib 数据分布型图表

【任务 4-21】 直方图——学生期末综合成绩分布情况

任务描述

在对学生成绩表中的期末综合成绩进行分析时，需要将 0～100 划分为 10 个分数段区间，然后分别统计出各分数段的人数，并将统计分析结果用直方图显示。要求设置直方图的参数、*x* 轴和 *y* 轴的标签、图表标题，具体如下。

（1）设置直方图的颜色为红色，边框颜色为黑色，条形宽度为 0.7，透明度为 0.7，直方图类型是条形直方图。

（2）设置 *x* 轴标签为“成绩区间”，*y* 轴标签为“人数”。

（3）设置图表标题为“期末综合成绩分布”。

知识储备

直方图（Histogram）也称为频数分布直方图，它的形状类似柱形图，却有着与柱形图完全不同的含义。直方图涉及统计学的概念，首先要从数据中找出它的最大值和最小值，然后确定一个区间，使其包含全部测量数据，将区间分成若干个小区间，统计测量结果出现在各个小区间的频数，以测量数据为横坐标、频数为纵坐标，划分出各个小区间并统计出其对应的频数。在平面直角坐标系的横轴上标出每个组的端点，纵轴表示频数，每个矩形的高度代表对应的频数。

直方图的基本参数有组数、组距和频数。在统计数据时，将数据按照不同的范围分成几个组，分成的组的个数称为组数。组距是指每一个组两个端点的差。用分组内数据元的数量除以组距得到的结果为频数。

直方图的主要作用包括：一是能够显示各组频数或数量分布的情况；二是易于显示各组之间频数或数量的差别，通过直方图还可以观察和估计哪些数据比较集中，并发现异常或孤立的数据分布在何处。

pyplot 中绘制直方图的函数为 hist()，其语法格式如下。

```
matplotlib.pyplot.hist(x,bins=None,range=None,density=None,weights=None,
cumulative=False,bottom=None,histtype='bar',align='mid',orientation=
'vertical',rwidth=None,log=False,color=None,label=None,stacked=False,
*,data=None,**kwargs)
```

该函数中的主要参数说明如下。

- x：array 类型，表示 *x* 轴的数据，无默认值。
- bins：int、Sequence 或 str 类型，划分测量数据间隔，如果取值为整数，则表示间隔的数量，可选项，默认值为 10。
- range：tuple 类型，可选项，默认值为 None，表示测量数据的范围，忽略较低和较高的异常值。如果未提供，则范围为(x.min(),x.max())。如果 bins 参数取值为序列，则 range 无效。
- histtype：取值为'bar'、'barstacked'、'step'、'stepfilled'，可选项，默认值为'bar'，表示要绘制的直方图的类型。其中，'bar'表示传统的条形直方图。如果给出多个数据，则条形直方图的条形并排排列；'barstacked'表示将多个数据堆叠在一起的条形直方图；'step'用于生成一个默认未填充的线图；'stepfilled'用于生成一个默认填充的线图。当 histtype 取值为'step'或'stepfilled'时，rwidth 设置失效，即条形之间无间隔，默认连接在一起。

- align：取值为'left'、'mid'、'right'，可选项，默认值为'mid'，表示直方图的绘制方式。'left'指条形的中心位于 bins 的左边缘，'mid'指条形的中心位于 bins 左右边缘之间，'right'指条形的中心位于 bins 的右边缘。
- rwidth：标量或无，可选项，默认值为 None，用于指定条形的宽度，如果为 None，则自动计算宽度。
- color：特定 string 类型或者包含颜色字符串的 array 类型，表示直方图颜色，默认值为 None。
- edgecolor：特定 string 类型或者包含颜色字符串的 array 类型，表示长条形边框的颜色。
- alpha：float 类型，取值范围为 0～1，表示长条形的透明度，默认值为 None。
- density：bool 类型，可选项，默认值为 False，表示直方图上显示频数，如果为 True，则表示直方图显示频率。

任务实施

1. 准备工作和编程思路

首先将数据文件 score.xls 复制到 d 盘下 dataset 目录下，导入数据后，先获取期末综合成绩数据，并将 0～100 划分为 10 个分数段区间，然后通过绘制学生期末综合成绩分布的直方图统计出每个分数段的人数，并设置直方图的颜色、边框颜色、长条形宽度、透明度、直方图类型、*x* 轴和 *y* 轴的标签、图表标题等。

2. 程序设计

（1）打开 Visualization 项目，新建 Python 文件，输入 Python 文件名为 task4-21.py。

（2）在 PyCharm 的代码编辑区输入 task4-21.py 程序代码，具体代码如下。

```
import pandas as pd
import xlrd
import matplotlib.pyplot as plt
#导入数据
df = pd.read_excel('d:/datasct/score.xls',header=0)
#获取数据
grades = df['期末综合成绩']
print(grades)
section = [0,10, 20, 30, 40, 50, 60, 70, 80, 90, 100]
# 设置 Matplotlib 正常显示中文和负号
# 用黑体显示中文
plt.rcParams['font.sans-serif']=['SimHei']
# 正常显示负号
plt.rcParams['axes.unicode_minus']=False

#创建一个绘图对象，并设置对象的宽度和高度
plt.figure(figsize=(8, 4))

#绘制直方图
plt.hist(grades, bins=section, histtype='bar', color="red",
         edgecolor="black", rwidth=0.7, alpha=0.7)

# 显示 x 轴标签
plt.xlabel("成绩区间")
# 显示 y 轴标签
plt.ylabel("人数")
```

```
# 添加图表标题
plt.suptitle("期末综合成绩分布")
plt.show()
```

（3）运行 task4-21.py，运行结果如图 4-20 所示，从中可见不同成绩区间的人数。

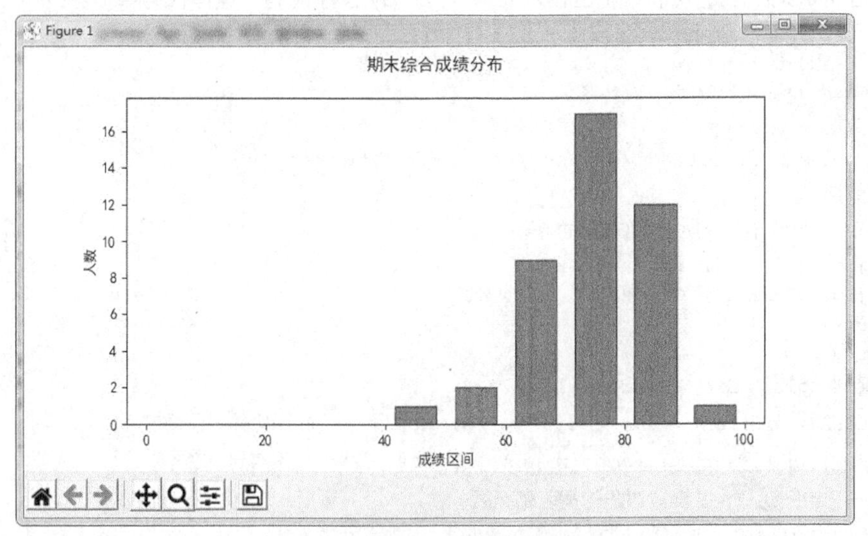

图 4-20 期末综合成绩分布直方图

【任务 4-22】 柱形图——学生期末考试成绩分布情况

任务描述

对学生期末考试成绩分布情况进行分析，要求采用柱形图展示期末考试成绩各分数值的统计人数。要求设置柱形图的颜色、边框颜色、条形宽度、x 轴和 y 轴的标签、图表标题，具体如下。

（1）设置柱形图的颜色为蓝色，边框颜色为白色，条形宽度为 1。

（2）设置 x 轴标签为“成绩”，y 轴标签为“人数”。

（3）设置图表标题为“期末考试成绩分布”。

知识储备

展示数据的分布规律除了采用直方图外，还可以使用柱形图。直方图用于展示各个小区间的各组频数或数量分布的情况，而柱形图则用于展示不同类别数量分布的情况。

用柱形图展示期末考试成绩各分数值的统计人数时，首先导入数据，给 df 变量赋值，利用 df.groupby('期末考试')进行分组统计，结果赋给 groups 变量。然后通过 groups.size().index 获取成绩分数值作为 x 轴上的数据，通过 groups.size().values 获取统计人数作为 y 轴上的数据。最后，通过 bar()函数绘制柱形图。

任务实施

1. 准备工作和编程思路

首先将数据文件 score.xls 复制到 d 盘下 dataset 目录下，导入数据后，先获取期末考试成绩的分组统计数据，再获取分组统计数据中的 index 和 values，然后通过绘制学生期末考试成绩分布的柱形图展示不同成绩的统计人数，并设置柱形图的颜色、边框颜色、条形宽度、*x* 轴和 *y* 轴的标签、图表标题等。

2. 程序设计

（1）打开 Visualization 项目，新建 Python 文件，输入 Python 文件名为 task4-22.py。

（2）在 PyCharm 的代码编辑区输入 task4-22.py 程序代码，具体代码如下。

```
import pandas as pd
import xlrd
import matplotlib.pyplot as plt
#导入数据
df = pd.read_excel('d:/dataset/score.xls',header=0)
#获取数据
groups = df.groupby('期末考试')
x = groups.size().index
y = groups.size().values
print(x)
print(y)
# 设置Matplotlib正常显示中文和负号
plt.rcParams['font.sans-serif']=['SimHei']      # 用黑体显示中文
plt.rcParams['axes.unicode_minus']=False        # 正常显示负号
#创建一个绘图对象，并设置对象的宽度和高度
plt.figure(figsize=(8, 4))

#绘制柱形图
plt.bar(x, y, width = 1, color = 'blue', edgecolor = 'white')
plt.xlabel("成绩")                                   # 显示x轴标签
plt.ylabel("人数")                                   # 显示y轴标签
plt.suptitle("期末考试成绩分布")                     # 添加图表标题
plt.show()
```

（3）运行 task4-22.py，运行结果如图 4-21 所示，从中可见每个分数值所对应的人数。

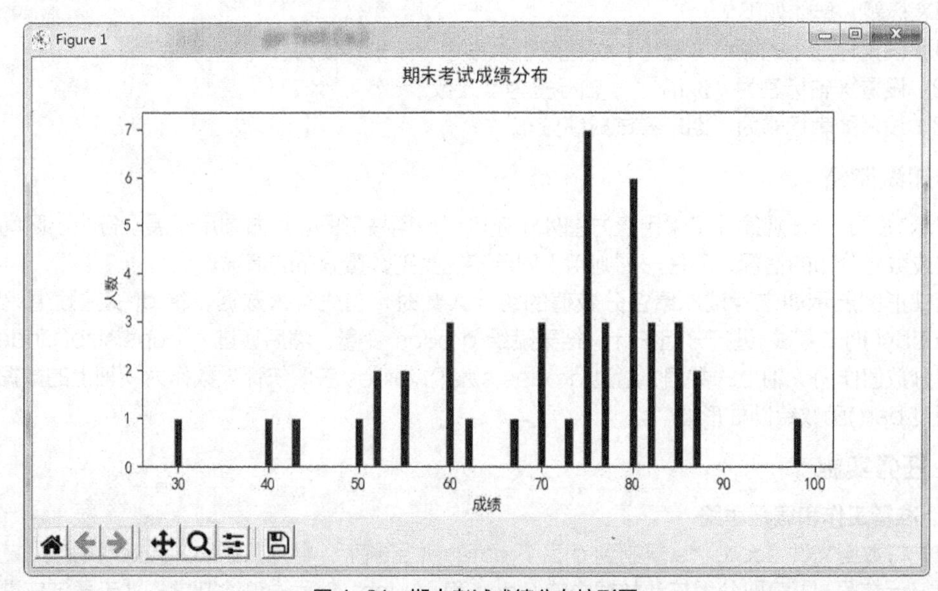

图 4-21　期末考试成绩分布柱形图

【任务 4-23】 箱形图——学生平时成绩、期末考试成绩和期末综合成绩的分布情况

任务描述

微课视频

对学生平时成绩、期末考试成绩和期末综合成绩的分布情况进行分析，要求采用箱形图进行数据可视化展示，并设置箱形图的标签、中间箱体是否有缺口和是否显示均线值、图表标题，具体如下。

（1）设置箱形图的标签为“平时成绩”“期末考试成绩”“期末综合成绩”，中间箱体有缺口并显示均线值。

（2）设置图表标题为“学生成绩分布情况”。

知识储备

箱形图（Box Plot）也被称为箱须图（Box-Whisker Plot）、箱线图、盒图，能显示出一组数据的最大值、最小值、中位数、上四分位数和下四分位数，可以用来反映一组或多组连续型定量数据分布的中心位置和散布范围，因形状如箱子而得名。图 4-22 标出了箱形图各部分表示的含义。四分位数是指在统计学中把所有数值由小到大排列并分成四等份后处于 3 个分割点位置的数值。四分位数有 3 个，第一个四分位数称为下四分位数，第二个四分位数就是中位数，第三个四分位数称为上四分位数，分别用 Q_1、Q_2、Q_3 表示。第三个四分位数与第一个四分位数的差距又称为四分位距（Interquartile Range，IQR），即 $IQR=Q_3-Q_1$。

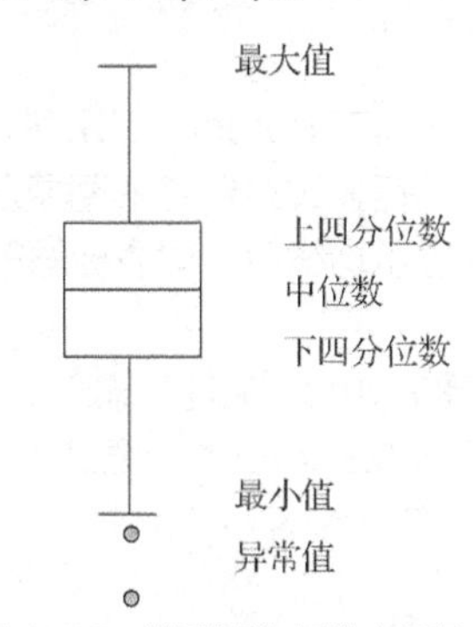

图 4-22　箱形图各部分表示的含义

箱形图利用数据中的 5 个统计量（最小值、下四分位数、中位数、上四分位数、最大值）来描述数据，从箱形图中可观察到的内容如下。

（1）关键数值，例如平均值、中位数、上四分位数、下四分位数等。

（2）任何异常值。

（3）数据分布是否对称。

（4）数据分组有多紧密。

（5）数据分布是否出现偏斜，如果为是，那么判断往什么方向偏斜。

箱形图通常用于描述性统计，是以图形方式快速查看一个或多个数据集的好方法。箱形图占用空间较少，当要比较很多组或数据集之间的分布情况时其相当有用。箱形图作为描述统计工具之一，它能够直观明了地表现批量数据中的异常值。在数据分析中，重视异常值的出现，分析其产生的原因，常常是发现问题进而改进决策的契机。箱形图提供了识别异常值的一种标准：异常值被定义为小于 $Q_1-1.5IQR$ 或大于 $Q_3+1.5IQR$ 的值。虽然这种标准有任意性，但它来源于经验判断，经验表明它在处理需要特别注意的数据方面表现不错。

注意 箱形图可以用于很好地观察数据的分布情况，但是无法适用于双峰及多峰分布的数据。

pyplot 中绘制箱形图的函数为 boxplot()，其语法格式如下。

```
matplotlib.pyplot.boxplot(x,notch=None,sym=None,vert=None,whis=None,
positions=None,widths=None,patch_artist=None,bootstrap=None,usermedians
=None,conf_intervals=None,meanline=None,showmeans=None,showcaps=None,
showbox=None,showfliers=None,boxprops=None,labels=None,flierprops=None,
medianprops=None,meanprops=None,capprops=None,whiskerprops=None,
manage_xticks=True,autorange=False,zorder=None,hold=None,data=None)
```

该函数中的主要参数说明如下。

- x：array 类型，表示用于绘制箱形图的数据，无默认值。
- notch：boolean 类型，表示中间箱体是否有缺口，默认值为 None。
- sym：特定 string 类型，用于指定异常点形状，默认值为 None。
- vert：boolean 类型，表示图形是纵向的还是横向的，默认值为 None。
- positions：array 类型，表示图形位置，默认值为 None。
- widths：scalar 或者 array 类型，表示每个箱体的宽度，默认值为 None。
- meanline：boolean 类型，表示是否显示均线值，默认值为 False。
- labels：array 类型，用于指定每一个箱形图的标签，默认值为 None。

任务实施

1. 准备工作和编程思路

首先将数据文件 score.xls 复制到 d 盘下 dataset 目录下，导入数据后，获取学生平时成绩、期末考试成绩和期末综合成绩的数据，然后通过绘制箱形图展示学生成绩的分布情况，并设置箱形图的标签、中间箱体是否有缺口和是否显示均线值、图表标题等。

2. 程序设计

（1）打开 Visualization 项目，新建 Python 文件，输入 Python 文件名为 task4-23.py。

（2）在 PyCharm 的代码编辑区输入 task4-23.py 程序代码，具体代码如下。

```
import pandas as pd
import xlrd
import matplotlib.pyplot as plt
df = pd.read_excel('d:/dataset/score.xls',header=0)  #导入数据
grades = df.iloc[:,[1,2,3]]    #获取数据
print(grades)
plt.rcParams['font.sans-serif']=['SimHei']     # 用黑体显示中文
plt.rcParams['axes.unicode_minus']=False      # 正常显示负号
#创建一个绘图对象
plt.figure(figsize=(8, 6))
#定义箱形图的标签，标签是列表
label = ['平时成绩','期末考试成绩','期末综合成绩']
#绘制箱形图
plt.boxplot(grades, notch=True, labels=label, meanline=True)
#添加标题
plt.suptitle("学生成绩分布情况")
plt.savefig('d:/image/task4-23.png')
plt.show()
```

（3）运行 task4-23.py，运行结果如图 4-23 所示，从中可观察到平时成绩、期末考试成绩和期末综合成绩的平均值、中位数、上四分位数、下四分位数，以及期末考试成绩中的一个异常值。

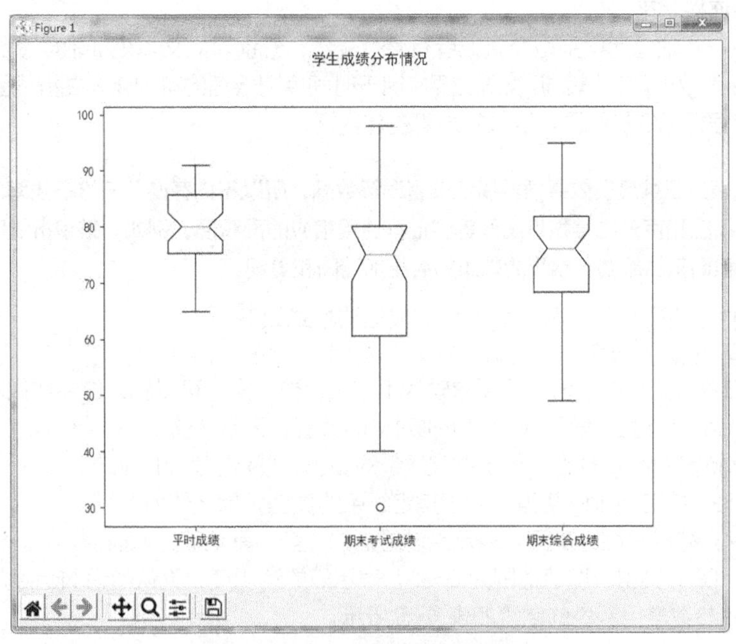

图 4-23　学生成绩分布情况箱形图

4.8 Matplotlib 时间序列型图表

【任务 4-24】 折线图——国内人均旅游花费情况

任务描述

自改革开放以来，我国人民的生活水平得到大幅度的提高。随着生活水平的提高，居民的旅游花费也在不断增长。现要求根据国家统计局发布的 2010—2019 年国内旅游情况统计表，使用不同颜色、不同线条样式的曲线，绘制 2010—2019 年的全国居民、城镇居民和农村居民的人均旅游花费折线图。其中，全国居民人均花费用红色的实线“-”表示，城镇居民人均花费用绿色的破折线“--”表示，农村居民人均花费用蓝色的点划线“-.”表示。要求设置 *x* 轴标签和刻度、*y* 轴标签和取值范围、图表标题、脚注、图例，具体如下。

（1）设置 *x* 轴标签为“年份”，*y* 轴标签为“人均花费”。

（2）设置 *x* 轴刻度范围是 2010 年至 2019 年，*y* 轴取值范围是 100～1200 元。

（3）设置图表主标题为“2010—2019 年全国、城镇和农村人均旅游花费情况”，副标题为“单位：元”。

（4）设置脚注为“数据来源：国家统计局”。

（5）设置图例标签为“全国居民”“城镇居民”“农村居民”，位置自动设置。

知识储备

折线图（Line Chart）用于在连续间隔或时间跨度上显示定量数值。它的主要功能是查看因变

量 y 随着自变量 x 改变的趋势，最适合用于显示随时间（根据常用比例设置）变化的连续数据，可以体现数量的差异、增长趋势的变化。要想绘制折线图，应先在笛卡儿坐标系上定出数据点，然后用直线把这些点连接起来。

在折线图中，x 轴包括类别型变量或者有序型变量，分别对应文本坐标轴或序数坐标轴（如日期坐标轴），y 轴为数值型变量。折线图主要应用于时间序列数据的可视化。在折线图系列中，标准的折线图和带数据标记的折线图可以很好地可视化数据。

注意　因为图表的三维透视效果很容易让读者误解数据，所以不推荐使用三维折线图。另外，对于堆积折线图和百分比堆积折线图等，推荐使用相应的面积图，例如，堆积折线图的数据可以使用堆积面积图绘制，展示的效果将会更加清晰和美观。

在 pyplot 中绘制折线图的函数为 plot()，其语法格式如下。

```
matplotlib.pyplot.plot(*args,**kwargs)
```

plot()函数在官方文档的语法中只要求输入不定长参数，实际可以输入的参数说明如下。

- x、y：array 类型，表示 x 轴和 y 轴对应的数据，无默认值。
- color：特定 string 类型，用于指定线条的颜色，默认值为 None。
- linestyle：特定 string 类型，用于指定线条的类型，默认值为“-”。
- marker：特定 string 类型，表示绘制的点的类型，默认值为 None。
- alpha：float 类型，取值范围为 0～1，表示点的透明度，默认值为 None。

其中，color 参数常用颜色的字符如表 4-5 所示。

任务实施

1. 准备工作和编程思路

首先将数据文件十年期间国内旅游情况.xls 复制到 d 盘下 dataset 目录下，导入数据后，获取年份、人均花费（元）、城镇居民人均和农村居民人均 4 列数据，然后分别绘制全国居民、城镇居民和农村居民的人均旅游花费折线图，并设置 x 轴标签和刻度、y 轴标签和取值范围、图表标题、脚注、图例等。

2. 程序设计

（1）打开 Visualization 项目，新建 Python 文件，输入 Python 文件名为 task4-24.py。

（2）在 PyCharm 的代码编辑区输入 task4-24.py 程序代码，如下。

```
import numpy as np
import pandas as pd
import xlrd
import matplotlib.pyplot as plt
#导入数据
df= pd.read_excel('d:/dataset/十年期间国内旅游情况.xls',header=1)
#获取数据
data1 = df['年份'].T
data2 = df['人均花费（元）'].T
data3 = df['城镇居民人均'].T
data4 = df['农村居民人均'].T

plt.rcParams['font.sans-serif']=['SimHei']    # 用黑体显示中文
plt.rcParams['axes.unicode_minus']=False      # 正常显示负号
#创建一个绘图对象
```

```
fig = plt.figure(figsize=(8, 6))
#绘制全国居民人均旅游花费折线图
plt.plot(data1,data2,"r-")
#绘制城镇居民人均旅游花费折线图
plt.plot(data1,data3,"g--")
#绘制农村居民人均旅游花费折线图
plt.plot(data1,data4,"b-.")

plt.xlabel('年份')                              #显示 x 轴标签
plt.ylabel('人均花费')                          #显示 y 轴标签
plt.ylim(100,1200)                              #y 轴取值范围
#x 轴刻度范围
new_tick = np.array([i for i in range(2010,2020)])
plt.xticks(new_tick)
#添加主标题、副标题
plt.suptitle("2010—2019 年全国、城镇和农村人均旅游花费情况")
plt.title("单位：元",fontsize=10,loc='right')
fig.text(0.1,0.02,s="数据来源：国家统计局")          #添加脚注
plt.legend({'全国居民':'r','城镇居民':'g','农村居民':'b'})
plt.savefig('d:/image/task4-24.png')
plt.show()
```

（3）运行 task4-24.py，运行结果如图 4-24 所示，从中可观察十年期间我国居民人均旅游花费变化趋势。

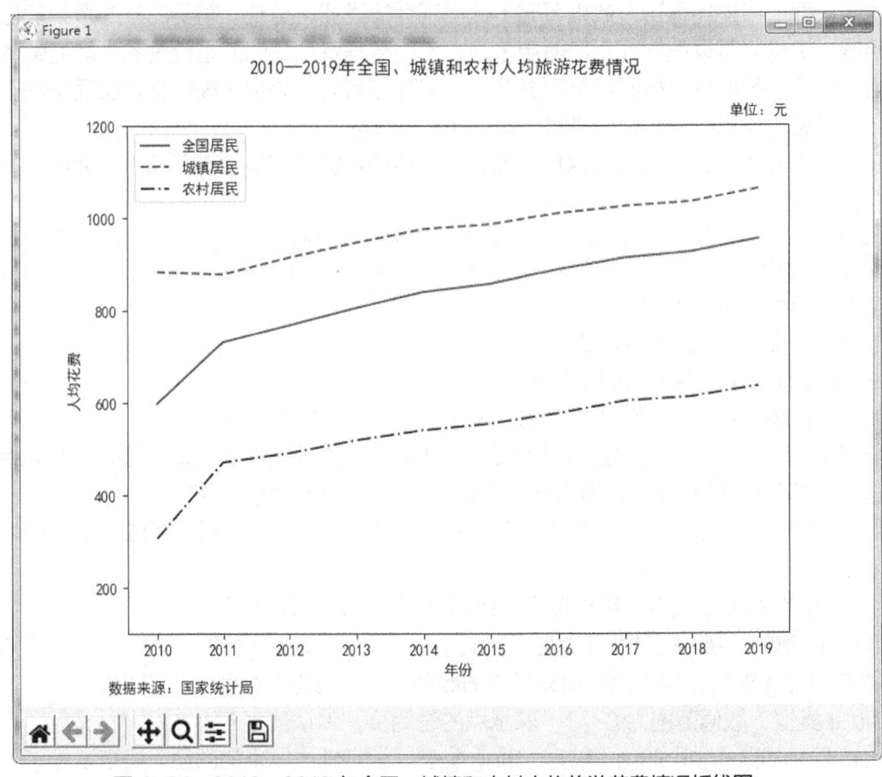

扫码看图

图 4-24　2010—2019 年全国、城镇和农村人均旅游花费情况折线图

【任务 4-25】 面积图——国内游客情况

任务描述

根据国家统计局发布的 2010—2019 年国内旅游情况统计表，绘制 2010—2019 年的全国游客总人次、城镇居民游客人次和农村居民游客人次的面积图。其中，全国游客总人次、城镇居民游客人次和农村居民游客人次分别用红色、绿色和蓝色表示，边缘线宽度为 2，颜色为黑色，并设置 *x* 轴标签和刻度、*y* 轴标签和取值范围、图表标题、脚注、图例，具体如下。

（1）设置 *x* 轴标签为“年份”，*y* 轴标签为“游客人次”。

（2）设置 *x* 轴刻度范围是 2010 年至 2019 年，*y* 轴取值范围是 800～6000。

（3）设置图表主标题为“2010—2019 年全国、城镇和农村游客人次情况”，副标题为“单位：百万人次”。

（4）设置脚注为“数据来源：国家统计局”。

（5）设置图例标签为“全国游客总人次”“城镇居民游客人次”“农村居民游客人次”，位置为左上。

知识储备

面积图（Area Graph）又叫作区域图，是在折线图的基础上形成的，它将折线与自变量坐标轴之间的区域用颜色或者纹理填充（填充区域称为“面积”），这样可以更好地突出趋势信息，同时能让图表更加美观。与折线图一样，面积图可显示某时间段内量化数值的变化和发展情况，常用来显示趋势，而非表示具体数值。

多数据系列的面积图如果使用得当，效果可比多数据系列折线图更美观。需要注意的是，颜色要带有一定的透明度，透明度可以很好地帮助使用者观察不同数据系列之间的重叠关系，能避免数据系列之间的遮挡。但是，数据系列最好不要超过 3 个，不然图表看起来会比较混乱，反而不利于数据信息的准确、美观表达。当数据系列较多时，建议使用折线图。

使用 pyplot 中的 fill_between()函数可以绘制面积图，该函数的作用是填充两条水平曲线之间的区域，其语法格式如下。

```
matplotlib.pyplot.fill_between(x, y1, y2=0, where=None,
      interpolate=False, step=None, *, data=None, **kwargs)
```

fill_between()函数主要参数说明如下。

- x：array 类型。定义曲线节点的横坐标。
- y1：array 类型或标量，第一条曲线节点的纵坐标。
- y2：array 类型或标量，第二条曲线节点的纵坐标，默认值为 0。
- where：布尔数组，可选项，用于定义从填充区域中排除某些水平区域的位置。例如，where=y1>=y2，其填充区域是第一条曲线纵坐标值大于等于第二条曲线纵坐标值的区域。
- interpolate：可选项，该选项仅在使用 where 且两条曲线相互交叉时才有效，默认值为 False。
- linestyle：特定的 string 类型，用于指定线条的类型，默认值为“-”。
- linewidth：int 类型，用于指定线条的宽度。
- color：特定 string 类型，用于指定填充区域的颜色，默认值为 None。
- alpha：float 类型，取值范围为 0～1，表示点的透明度，默认值为 None。
- edgecolor 或 ec 或 edgecolors：特定 string 类型，指定曲线线条的颜色，如未设置，则与填充区域的颜色相同。

- facecolor 或 facecolors 或 fccolor：特定 string 类型，指定填充区域的颜色，与 color 相同。
- label：string 类型，指定填充区域的标签。

其中，常用颜色的字符如表 4-5 所示。

任务实施

1. 准备工作和编程思路

首先将数据文件十年期间国内旅游情况.xls 复制到 d 盘下 dataset 目录下，导入数据后，获取年份、国内游客（百万人次）、城镇居民人次和农村居民人次 4 列数据，进行数据转置后，再分别绘制全国游客总人次、城镇居民游客人次和农村居民游客人次的面积图，并设置 *x* 轴标签和刻度、*y* 轴标签和取值范围、图表标题、脚注、图例等。

2. 程序设计

（1）打开 Visualization 项目，新建 Python 文件，输入 Python 文件名为 task4-25.py。

（2）在 PyCharm 的代码编辑区输入 task4-25.py 程序代码，具体代码如下。

```
import numpy as np
import pandas as pd
import xlrd
import matplotlib.pyplot as plt
#导入数据
df = pd.read_excel('d:/dataset/十年期间国内旅游情况.xls',header=1)
#获取数据，通过.T实现数据转置
data1 = df['年份'].T
data2 = df['国内游客（百万人次）'].T
data3 = df['城镇居民人次'].T
data4 = df['农村居民人次'].T
print(data2)
plt.rcParams['font.sans-serif']=['SimHei']     # 用黑体显示中文
plt.rcParams['axes.unicode_minus']=False       # 正常显示负号
#创建一个绘图对象
fig = plt.figure(figsize=(8, 6),dpi=100)
#设置颜色、标签列表
colors = ['r','g','b']
label =['全国游客总人次','城镇居民游客人次','农村居民游客人次']

#绘制全国游客总人次面积图
plt.fill_between(data1,y1=data2,y2=data3,
                 where=data2>=data3,
                 interpolate=True,
                 label=label[0],alpha=0.75,
                 facecolor=colors[0],linewidth=2,ec='k')

#绘制城镇居民游客人次面积图
plt.fill_between(data1,y1=data3,y2=0,
                 label=label[1],alpha=0.75,
                 facecolor=colors[1],linewidth=2,edgecolor='k')

#绘制农村居民游客人次面积图
plt.fill_between(data1,y1=data4,y2=0,
```

```
                    label=label[2],alpha=0.75,
                    facecolor=colors[2],linewidth=2,edgecolors='k')

#显示x轴标签、y轴标签
plt.xlabel('年份')
plt.ylabel('游客人次')
#y轴取值范围
plt.ylim(800,6000)
#x轴刻度范围
new_tick = np.array([i for i in range(2010,2020)])
plt.xticks(new_tick)

#添加主标题、副标题
plt.suptitle("2010—2019年全国、城镇和农村游客人次情况")
plt.title("单位：百万人次",fontsize=10,loc='right')
#添加脚注
fig.text(0.1,0.02,s="数据来源：国家统计局")

plt.legend(loc=2)                                   #设置图例
plt.savefig('d:/image/task4-25.png')                #保存图表
plt.show()
```

（3）运行 task4-25.py，运行结果如图 4-25 所示，从中可观察 10 年期间全国游客总人次的变化趋势。

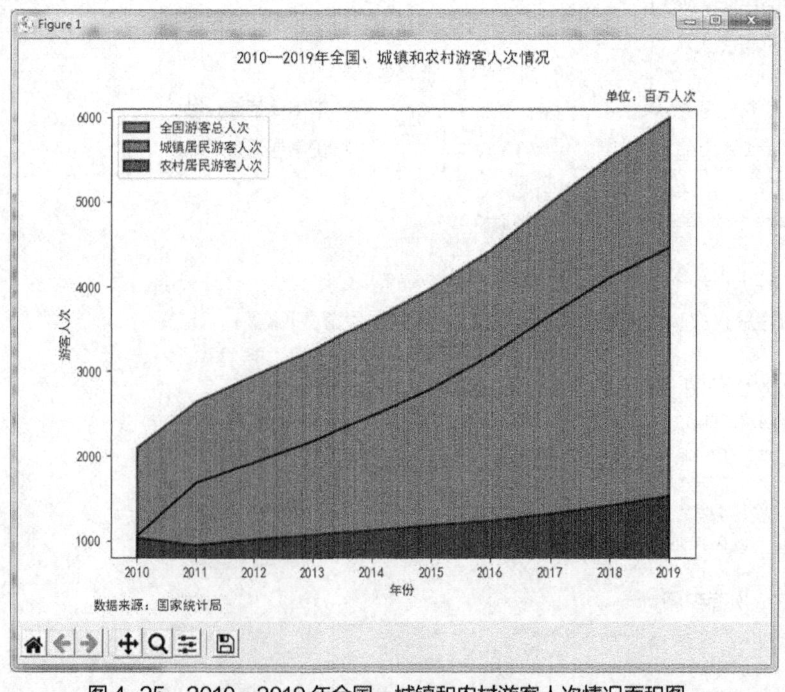

图 4-25　2010—2019 年全国、城镇和农村游客人次情况面积图

思考题：绘制全国游客总人次面积图时填充什么区域？与绘制城镇居民游客人次面积图和农村居民游客人次面积图时的填充区域有什么区别？

4.9 Matplotlib 局部整体型图表

【任务 4-26】 饼图——全国高等教育招生数占比情况

任务描述

微课视频

根据国家统计局发布的 2019 年各级各类学历教育学生情况表，使用饼图绘制 2019 年我国普通本专科、成人本专科、网络本专科和研究生的招生人数占比情况。要求设置饼图的参数、图表标题、脚注和图例，具体如下。

（1）设置饼图的标签为“普通本专科”“成人本专科”“网络本专科”“研究生”，数值显示为 2 位小数的浮点数（%），各项距离圆心的半径都为 0.01，饼图起始点从 *x* 轴顺时针旋转 90°。

（2）设置图表标题为“2019 年全国高等教育招生数占比情况”。

（3）设置脚注为“数据来源：国家统计局”。

（4）设置图例标签为“普通本专科”“成人本专科”“网络本专科”“研究生”，位置自动设置。

知识储备

饼图（Pie Chart）被广泛地应用在各个领域，用于表示不同分类的占比情况，通过弧度来对比各种分类。饼图是指将一个圆饼形按照分类的占比划分成多个区块，整个圆饼形代表数据的总量，每个区块（圆弧）表示该分类占总体的比例大小，饼图中的数据点显示为整个饼图的百分比，所有区块（圆弧）的数值和等于 100%。

饼图可以比较清楚地反映出部分与部分、部分与整体之间的比例关系，易于显示每组数据相对于总数的大小，而且显示方式直观。它的主要缺点如下。

（1）饼图不适用于多分类的数据，原则上一张饼图不可多于 9 个分类。因为随着分类增多，每个切片就会变得很小，从而使数据的对比意义不大。

（2）相比具备同样功能的其他图表（如百分比堆积柱形图、圆环图），饼图需要占据更大的画布空间，所以饼图不适合用于数据量大的场景。

（3）饼图不适用于多变量的连续数据（如多变量的时序数据）占比的可视化，此时，应该使用百分比堆积面积图展示数据。

在绘制饼图前一定要注意把多个类别按一定的规则排序，但不是简单地进行升序或者降序排列。人们阅读材料时一般都是按照从上往下、顺时针方向的顺序，所以千万不要把饼图的类别数据从小到大、按顺时针方向展示。

阅读饼图就如同看钟表一样，人们会自然地从 12 点位置开始顺时针往下阅读内容。因此，如果最大占比超过 50%，推荐将饼图的最大部分放置在 12 点位置的右边，以强调其重要性。再将第二大占比部分放置在 12 点位置的左边，剩余的类别则按逆时针方向设置。这样最小占比的类别就会放置在“最不重要的位置”，即靠近图表底部。

pyplot 中绘制饼图的函数为 pie()，其语法格式如下。

```
matplotlib.pyplot.pie(x,explode=None,labels=None,colors=None,autopct=None,
pctdistance=0.6,shadow=False,labeldistance=1.1,startangle=None,radius=None,
counterclock=True,wedgeprops=None,textprops=None,center=(0,0),frame=False,
rotatelabels=False,hold=None,data=None)
```

该函数中的主要参数说明如下。

- x：array 类型，表示用于绘制饼图的数据，无默认值。
- explode：array 类型，表示指定饼图各项距离饼图圆心的半径，默认值为 None。

- labels：array 类型，指定饼图各项的名称，即饼图的标签，默认值为 None。
- colors：特定 string 类型或者包含颜色字符串的 array 类型，表示饼图颜色，默认值为 None。
- autopct：特定 string 类型，指定饼图各项所占比例的标签，默认值为 None。
- pctdistance：float 类型，指定饼图各项的名称和距离圆心的半径，默认值为 0.6。
- labeldistance：float 类型，指定每一项的名称和距离圆心的半径，默认值为 1.1。
- startangle：float 类型，表示饼图起始点从 x 轴逆时针旋转的角度，默认值为 0。
- radius：float 类型，表示饼图的半径，默认值为 1。
- wedgeprops：dict 类型，用于传递绘制图表对象的参数字典，如要设置边框线的宽度等于 3，则 wedgeprops ={'linewidth': 3}，默认值为 None。

任务实施

1. 准备工作和编程思路

首先将数据文件全国受教育程度情况.xls 复制到 d 盘下 dataset 目录下，导入数据后，获取 2019 年全国普通本专科、成人本专科、网络本专科和研究生 4 个项目下的招生数，并按照招生数大小降序排列，再获取降序排列后的招生数的列表和项目的列表，然后绘制 2019 年全国普通本专科、成人本专科、网络本专科和研究生招生数占比的饼图，并设置饼图参数、图表标题、脚注和图例等。

2. 程序设计

（1）打开 Visualization 项目，新建 Python 文件，输入 Python 文件名为 task4-26.py。

（2）在 PyCharm 的代码编辑区输入 task4-26.py 程序代码，具体代码如下。

```
import pandas as pd
import xlrd
import matplotlib.pyplot as plt
#导入数据
df = pd.read_excel('d:/dataset/全国受教育程度情况.xls',header=1)
#获取数据
df1 = df.iloc[0:12:3]

#按招生数大小降序排列
data1 = df1.sort_values(by='招生数',ascending=False)
#获取招生数，转换成列表
data = list(data1['招生数'])

#获取项目，转换成列表，并定义为饼图的标签
label = list(data1['项目'])
print(data1)
print(label)
print(data)

# 设置 Matplotlib 正常显示中文和负号
plt.rcParams['font.sans-serif']=['SimHei']     # 用黑体显示中文
plt.rcParams['axes.unicode_minus']=False       # 正常显示负号
#创建一个绘图对象
fig = plt.figure(figsize=(8, 6),dpi=100)
# 设定各项距离圆心的半径
explode = [0.01,0.01,0.01,0.01]
```

```
#绘制饼图（数据、半径、标签、饼图起始点旋转的角度、百分数保留两位小数）
plt.pie(data,explode = explode, labels=label,
startangle=-90,autopct='%0.2f%%')

#添加标题
plt.suptitle("2019 年全国高等教育招生数占比情况")
#添加脚注
fig.text(0.1,0.02,s="数据来源：国家统计局")
#添加图例
plt.legend()
plt.savefig('d:/image/task4-26.png')
plt.show()
```

（3）运行 task4-26.py，运行结果如图 4-26 所示，从中可观察 2019 年各类高等教育招生数占比情况。

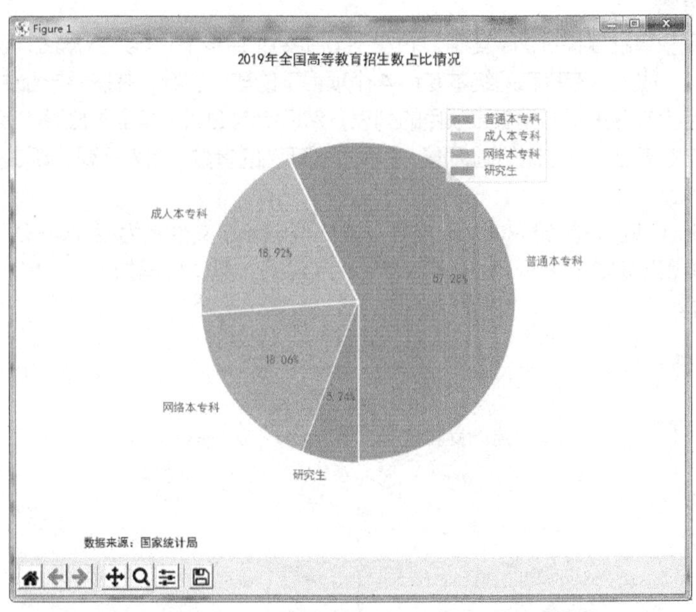

扫码看图

图 4-26　2019 年全国高等教育招生数占比情况饼图

【任务 4-27】 圆环图——全国高等教育毕业生人数占比情况

任务描述

微课视频

根据国家统计局发布的 2019 年各级各类学历教育学生情况表，使用圆环图绘制 2019 年我国普通本专科、成人本专科、网络本专科和研究生的毕业生人数占比情况。要求设置圆环图的参数、图表标题、脚注和图例，具体如下。

（1）设置圆环图的标签为“普通本专科”“成人本专科”“网络本专科”“研究生”，数值显示为 2 位小数的浮点数（%），各项距离圆心的半径都为 0.01，圆环图起始点从 x 轴顺时针旋转 90°，设置圆环内部圆的半径为 0.3，圆环边框线的颜色为白色。

（2）设置图表标题为“2019 年全国高等教育毕业生数占比情况”。

（3）设置脚注为“数据来源：国家统计局”。

（4）设置图例标签为“普通本专科”“成人本专科”“网络本专科”“研究生”，位置自动设置。

知识储备

圆环图（Donut Chart）又称为甜甜圈图，其实质就是将饼图的中间区域挖空。饼图的整体性太强，会让人们将注意力集中在比较饼图内各个扇区占整体比例上。但如果人们将两个饼图放在一起，则很难同时对比两个图。圆环图在解决这个问题时，采用了让人们更加关注长度而不是面积的做法。这样人们就能相对简单地对比不同的圆环图。同时圆环图相对于饼图，其空间的利用率更高，人们可以使用圆环图的空心区域显示文本信息，例如标题。

利用 pyplot 中的 pie()函数也可以绘制圆环图，只需要设定 pie()函数中的 wedgeprops 参数。wedgeprops 参数是 dict，通过设置 dict 中 width 键的值可指定内部圆的半径，通过设置 edgecolor 键的值可指定圆环边框线的颜色。

任务实施

1. 准备工作和编程思路

首先将数据文件全国受教育程度情况.xls 复制到 d 盘下 dataset 目录下，导入数据后，获取 2019 年全国研究生、普通本专科、成人本专科和网络本专科 4 个项目下的毕业生数，并按照毕业生数大小降序排列，再获取降序排列后的毕业生数的列表和项目的列表，然后绘制 2019 年全国普通本专科、成人本专科、网络本专科和研究生毕业生数占比的圆环图，并设置圆环图的参数、图表标题、脚注和图例等。

2. 程序设计

（1）打开 Visualization 项目，新建 Python 文件，输入 Python 文件名为 task4-27.py。

（2）在 PyCharm 的代码编辑区输入 task4-27.py 程序代码，具体代码如下。

```
import pandas as pd
import xlrd
import matplotlib.pyplot as plt
#导入数据
df = pd.read_excel('d:/dataset/全国受教育程度情况.xls',header=1)
#获取数值
df1 = df.iloc[0:12:3]
#按毕业生数大小降序排列
data1 = df1.sort_values(by='毕业生数',ascending=False)
#获取毕业生数，转换成列表
data = list(data1['毕业生数'])
#获取项目，转换成列表，并定义为圆环图的标签
label = list(data1['项目'])
print(data1)

plt.rcParams['font.sans-serif']=['SimHei']      # 用黑体显示中文
plt.rcParams['axes.unicode_minus']=False        # 正常显示负号
#创建一个绘图对象
fig = plt.figure(figsize=(8, 6),dpi=100)
#设定各项距离圆心的半径
explode = [0.01,0.01,0.01,0.01]

#绘制圆环图
plt.pie(data,explode = explode, labels=label,
        startangle=-90,autopct='%0.2f%%',
```

```
        wedgeprops=dict(width=0.3, edgecolor='w'))
#添加主标题
plt.suptitle("2019 年全国高等教育毕业生数占比情况")
#添加脚注
fig.text(0.1,0.02,s="数据来源：国家统计局")
#添加图例
plt.legend()
plt.savefig('d:/image/task4-27.png')
plt.show()
```

（3）运行 task4-27.py，运行结果如图 4-27 所示，从中可观察 2019 年全国高等教育毕业生数占比情况。

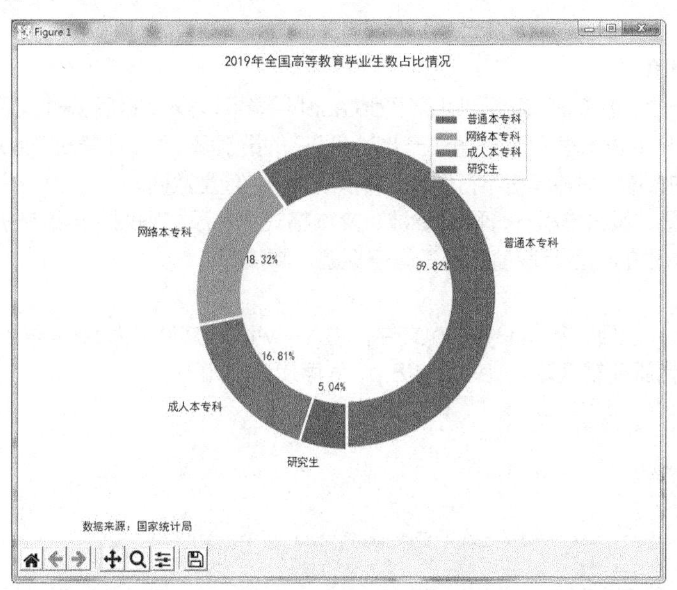

图 4-27　2019 年全国高等教育毕业生数占比情况圆环图

拓展训练

【拓展任务 4】 三次产业贡献率情况

任务描述

根据国家统计局发布的 20 年期间三次产业贡献率（即各产业增加值增量与 GDP 增量之比）情况表，分别绘制 2016—2020 年第一产业对 GDP 的贡献率、第二产业对 GDP 的贡献率和第三产业对 GDP 的贡献率的堆积柱形图和折线图。要求设置堆积柱形图和折线图的参数、文本显示格式、*x* 轴和 *y* 轴的标签及取值范围、图表标题、脚注、图例，具体如下。

（1）设置第三产业、第二产业和第一产业对 GDP 的贡献率在堆积柱形图中的颜色分别为蓝色、红色和黄色，堆积柱形图上文本显示格式是 1 位小数的浮点数，水平居中，垂直底部。

（2）设置第三产业、第二产业和第一产业对 GDP 的贡献率在折线图中的颜色分别为蓝色、红色和黄色，线型分别为破折线、实线和点划线。

（3）设置 *x* 轴标签为“年份”，*y* 轴标签为“三次产业贡献率”。

（4）设置 *x* 轴取值范围是 2015 年至 2021 年，*y* 轴取值范围是 0～110%。

（5）设置图表标题为“2016—2020 年我国三次产业贡献率”，副标题为“单位：%”。

（6）设置脚注为“数据来源：国家统计局”。

（7）设置图例标签为“第三产业对 GDP 的贡献率”“第二产业对 GDP 的贡献率”“第一产业对 GDP 的贡献率”，位置为底部中间，1 列展示。

知识储备

堆积柱形图和折线图的绘制方法可分别参见【任务 4-15】和【任务 4-24】。本任务要求在同一张图中绘制两种类型的图表，方法是先绘制堆积柱形图，再绘制折线图。

任务实施

1. 准备工作和编程思路

首先将数据文件三次产业贡献率.xls 复制到 d 盘下 dataset 目录下，导入数据后，获取 2016—2020 年的年份、第一产业对 GDP 的贡献率（%）、第二产业对 GDP 的贡献率（%）和第三产业对 GDP 的贡献率（%）这 4 个项目的数据，并将年份字符型数据转换成年份数值型数据。

然后，绘制堆积柱形图，设置堆积柱形图的参数、文本格式，并添加图例。再绘制折线图，设置折线图的参数、*x* 轴和 *y* 轴的标签及取值范围、图表标题、脚注等。

2. 程序设计

（1）打开 Visualization 项目，新建 Python 文件，输入 Python 文件名为 task4-28.py。

（2）在 PyCharm 的代码编辑区输入 task4-28.py 程序代码，如下。

```
import pandas as pd
import xlrd
import matplotlib.pyplot as plt
#导入数据
df = pd.read_excel('d:/dataset/三次产业贡献率.xls',header=1)
#获取数值
contribution_rate = df.iloc[0:5,1:6]
x1 = contribution_rate.iloc[0]          #获取年份数据
x = [int(x2[0:4]) for x2 in x1]         #将年份字符型数据转换成年份数值型数据
y1 = contribution_rate.iloc[4]
y2 = contribution_rate.iloc[3]
y3 = contribution_rate.iloc[2]
b1 = list(contribution_rate[3:5].sum(axis = 0))
# 设置 Matplotlib 正常显示中文和负号
plt.rcParams['font.sans-serif']=['SimHei']     # 用黑体显示中文
plt.rcParams['axes.unicode_minus']=False       # 正常显示负号
#创建一个绘图对象，并设置对象的宽度和高度
fig = plt.figure(figsize=(6, 4))
#绘制我国三次产业贡献率堆积柱形图
p1 = plt.bar(x, y1, width=0.6, bottom=0,color='b')
p2 = plt.bar(x, y2, width=0.6, bottom=y1,color='r')
p3 = plt.bar(x, y3, width=0.6, bottom=b1,color='y')

#在堆积柱形图上设置文本数据
for x_text,y_text in zip(x,y1):
    plt.text(x_text,y_text,'%.1f' % y_text,
```

```
              ha='center',va='bottom')

    for x_text, y_text,z_text in zip(x, y2, y1):
        plt.text(x_text, y_text - 4 + z_text, '%.1f' % y_text,
                 ha='center', va='bottom')

    for x_text, y_text,z_text in zip(x, y3,b1):
        plt.text(x_text, y_text + z_text, '%.1f' % y_text,
                 ha='center', va='bottom')
    #添加图例
    plt.legend({'第三产业对 GDP 的贡献率':'b',
                '第二产业对 GDP 的贡献率':'r',
                '第一产业对 GDP 的贡献率':'y'},
                loc='lower center',ncol=1)

    #绘制我国三次产业贡献率折线图
    plt.plot(x,y1,"b--")
    plt.plot(x,y2,"r-")
    plt.plot(x,y3,"y-.")
    plt.xlabel('年份')                    #显示 x 轴标签
    plt.ylabel('三次产业贡献率')          #显示 y 轴标签
    plt.ylim(0,110)                       #y 轴取值范围
    plt.xlim(2015,2021)                   #x 轴取值范围
    #添加主标题、副标题
    plt.suptitle("2016—2020 年我国三次产业贡献率")
    plt.title("单位：%",fontsize=10,loc='right')
    #添加脚注
    fig.text(0.1,0.02,s="数据来源：国家统计局")
    plt.savefig('d:/image/task4-28.png')
    plt.show()
```

（3）运行 task4-28.py，运行结果如图 4-28 所示。

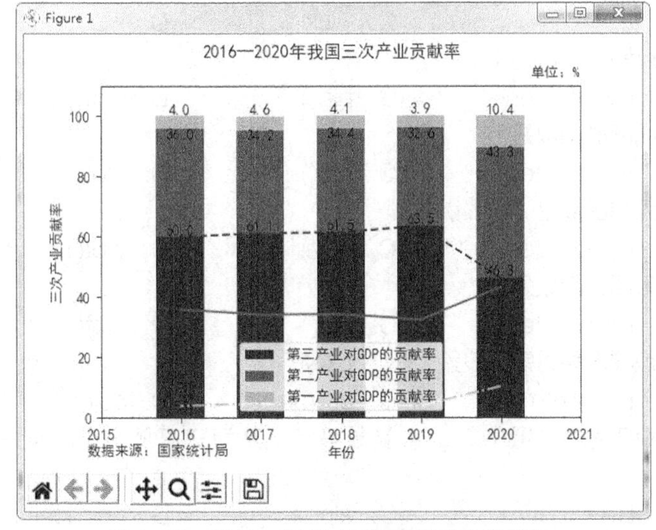

图 4-28　2016—2020 年我国三次产业贡献率

从图 4-28 可观察到三次产业贡献率从大到小依次为第三产业对 GDP 的贡献率、第二产业对 GDP 的贡献率、第一产业对 GDP 的贡献率。2020 年第二产业对 GDP 的贡献率、第一产业对 GDP 的贡献率呈现增长趋势，而第三产业对 GDP 的贡献率呈现下降趋势。

单元小结

本单元介绍了 Matplotlib 的作用、绘图的基础知识、使用 pyplot 创建图表及参数配置的方法。本单元分别介绍了类别比较型图表的绘制方法，包括单数据系列柱形图、多数据系列柱形图、堆积柱形图、百分比堆积柱形图、条形图和雷达图的绘制方法；数据关系型图表的绘制方法，包括散点图和气泡图的绘制方法；数据分布型图表的绘制方法，包括直方图、柱形图和箱形图的绘制方法；时间序列型图表的绘制方法，包括折线图和面积图的绘制方法；局部整体型图表的绘制方法，包括饼图和圆环图的绘制方法。结合数据可视化的具体案例，本单元不仅介绍了各类图表的绘制方法，而且展示了近年来我国国民经济发展的成果。

思考练习

1. 填空题

（1）Matplotlib 的绘图接口是________，图表的元素可分为________和________。

（2）Matplotlib 的坐标轴属于________元素，图例属于________元素。

（3）格式化字符串是指定________、________样式和________样式的一种简洁方式。

（4）Matplotlib 设置文本的函数是________、设置标注的函数是________、设置网格线的函数是________。

（5）Matplotlib 设置图例的函数是________、设置图表标题的函数是________、设置显示图表的函数是________。

2. 选择题

（1）Matplotlib 设置坐标轴，需要在图形中创建（　　）对象。

A. Axes　　B. Axis　　C. Tick　　D. Figure

（2）Matplotlib 绘制散点图的函数是（　　）。

A. bar()　　B. scatter()　　C. pie()　　D. plot()

（3）Matplotlib 绘制折线图的函数是(　　)。

A. bar()　　B. scatter()　　C. pie()　　D. plot()

（4）Matplotlib 绘制饼图的函数是（　　）。

A. bar()　　B. scatter()　　C. pie()　　D. plot()

（5）Matplotlib 绘制柱形图的函数是（　　）。

A. bar()　　B. scatter()　　C. pie()　　D. plot()

（6）Matplotlib 绘制堆积柱形图时需要设置（　　）参数。

A. x、y　　B. width　　C. bottom　　D. color

（7）Matplotlib 绘制面积图时设置（　　）参数可定义从填充区域中排除某些水平区域的位置。

A. where　　B. linestyle　　C. alpha　　D. edgecolor

（8）Matplotlib 绘制饼图时设置（　　）参数可改变显示数据的起始点位置。

A. labels　　B. startangle　　C. explode　　D. autopct

3. 编程题

（1）根据国家统计局发布的我国私人汽车拥有量.xls，使用 Matplotlib 分别绘制 2015—2019 年我国私人载客汽车拥有量、私人载货汽车拥有量和私人其他汽车拥有量的柱形图。

（2）根据国家统计局发布的我国私人汽车拥有量.xls，使用 Matplotlib 分别绘制 2019 年我国私人大型、中型、小型和微型载客汽车拥有量在我国私人载客汽车拥有量中所占比例的饼图。

（3）根据国家统计局发布的我国私人汽车拥有量.xls，使用 Matplotlib 分别绘制 2015—2019 年我国私人载客汽车拥有量、私人载货汽车拥有量和私人其他汽车拥有量的折线图。

单元5 Seaborn数据可视化

学习目标

- ■ 了解 Seaborn 的作用。
- ■ 掌握 Seaborn 的安装和导入方法。
- ■ 掌握 Seaborn 绘图的基础知识。
- ■ 掌握 Seaborn 常见图表的绘制方法。

Seaborn 与 Matplotlib 一样，也是 Python 进行数据可视化分析的重要的第三方库。但与 Matplotlib 不同，它是构建在 Matplotlib 之上的，同时还解决了使用 Matplotlib 的一些主要难点问题。如使用 Matplotlib 处理 DataFrame 数据集时会增加一些“不方便的开销”，但 Seaborn 具有能够将 pandas 库中的 DataFrame 集成的特征，从而简化了数据集的相关操作过程，并在内部执行必要的语义映射和统计聚合以生成包含丰富信息的图表。本单元将对 Seaborn 的安装、绘图常识和常见图表的绘制方法进行详细介绍。

5.1 认识 Seaborn

【任务 5-1】 Seaborn 简介、测试、安装与导入

任务描述

了解 Seaborn 库的基本功能，完成 Seaborn 测试、安装与导入。

知识储备

Seaborn 是 Python 的数据可视化工具之一，它其实是在 Matplotlib 的基础上进行了更高级的 API 封装。Seaborn 可视为 Matplotlib 的补充，而不是替代，使用 Seaborn 可以更轻松地画出更漂亮的图形。Seaborn 的特点如下。

- ❑ 内置数种经过优化的样式效果。
- ❑ 增加调色板工具，可以很方便地为数据搭配颜色。
- ❑ 单变量和双变量分布绘图更简单，可用于对数据子集进行相互比较。
- ❑ 对独立变量和相关变量进行回归拟合和可视化更加便捷。
- ❑ 可对数据矩阵进行可视化，并使用聚类算法进行分析。
- ❑ 具有基于时间序列的绘制和统计功能，可更加灵活地进行不确定度估计。
- ❑ 可基于网格绘制出更加复杂的图像集合。

除此之外，Seaborn 能够高度兼容 Matplotlib 和 pandas 的数据结构，非常适合作为数据挖掘

过程中的可视化工具。

任务实施

Seaborn 依赖于 Matplotlib、NumPy、SciPy 和 pandas，它与这些库一样是需要单独安装的，下面介绍 Seaborn 的测试、安装与导入。

1. 测试 Python 环境中是否安装了 Seaborn

当 Python 安装完成后，在 Windows 操作系统下，按“Windows”+“R”键，打开“运行”对话框，在“打开”栏中输入“python”命令，按“Enter”键，进入 Python 命令窗口。在 Python 命令窗口中运行“import seaborn”，导入 Seaborn 模块，如果窗口中出现“ModuleNotFoundError: No module named 'seaborn '”的错误提示，则需要安装 Seaborn，否则表明已安装了 Seaborn。

2. 在 Windows 操作系统下安装 Seaborn

（1）按“Windows”+“R”键，打开“运行”对话框，在“打开”栏中输入“cmd”命令，按“Enter”键。

（2）在计算机连接互联网的情况下，在 cmd 命令窗口中输入“pip install seaborn”命令，按“Enter”键，进行 Seaborn 模块安装，安装界面如图 5-1 所示。

（3）安装成功就会提示“Successfully installed seaborn-0.11.1”。

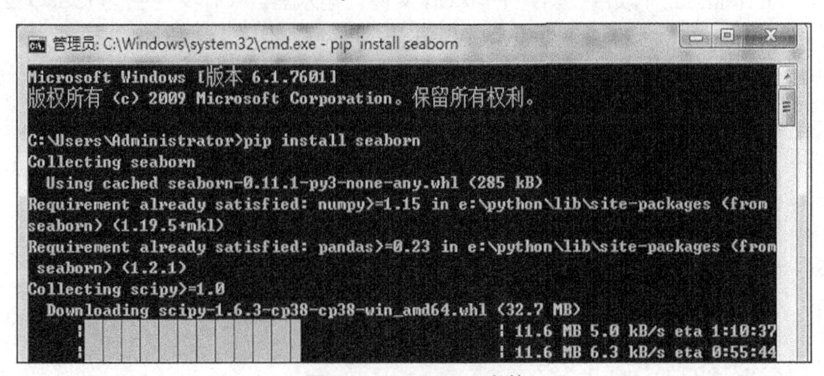

图 5-1 Seaborn 安装

3. Seaborn 的导入

Seaborn 安装测试成功后，在编写代码时，首先需要导入 Seaborn，导入方法是使用 Python 语句中的导入模块语句，具体代码如下：

```
import seaborn as sns或 from seaborn import *
```

5.2 Seaborn 图表风格

如前所述，利用 Matplotlib 可实现高度可定制化的图表，但是存在一些问题，如难以了解需要哪些设置方可实现具有吸引力的图表。相比之下，Seaborn 则提供了多种定制主题和高层接口，进而可控制图表的外观。

【任务 5-2】 设置图表样式

任务描述

分别使用 Matplotlib 和 Seaborn 绘制两组曲线 $y = 10x$ 和 $z = x^2 + 2x + 1$，并比较两种绘图方式下图表的外观。然后创建子图，分别绘制 y 曲线和 z 曲线，并设置绘制不同曲线时的图表样式。

知识储备

Seaborn 将 Matplotlib 图表的参数划分为两个分组。其中，第一个分组中包含图表的外观参数；第二个分组则用于缩放各种图形元素，以使其可以嵌入不同的背景环境。

如果需要将图表样式重置到默认状态，则可以使用 seaborn.set()。

Seaborn 提供了下列两个函数，可实现对图表样式的控制，其语法格式如下。

```
seaborn.set_style(style,[rc]) 和 seaborn.axes_style(style,[rc])
```

其中，seaborn.set_style(style,[rc])函数用于设置图表的样式，参数如下。

- style：表示图表样式，值为'white'、'dark'、'whitegrid'、'darkgrid'、'ticks'，默认值为'darkgrid'。
- rc：参数映射以覆盖预设的 Seaborn 参数字典中的值，可选项。

seaborn.axes_style(style,[rc])函数针对图表样式返回一个参数字典，该函数可用于 with 语句中并临时修改 style 参数，常用于设置子图的图表样式，其参数定义同上。

任务实施

1. 使用 Matplotlib 绘制两组曲线

（1）打开 Visualization 项目，新建 Python 文件，输入 Python 文件名为 task5-2-1.py。

（2）在 PyCharm 的代码编辑区输入 task5-2-1.py 程序代码，如下。

```
import numpy as np
import matplotlib.pyplot as plt
plt.figure(1, figsize=(6,4))
# 在[0,10]区间等距取 100 个数作为 x 的值
x = np.linspace(0, 10, 100)
y = 10*x                          # 定义 y 轴坐标
z = x*x + 2*x + 1                 # 定义 z 轴坐标

#绘制曲线
plt.plot(x,y,label='Group A')
plt.plot(x,z,label='Group B')

#图例和显示图表
plt.legend()
plt.show()
```

（3）运行 task5-2-1.py，运行结果如图 5-2 所示。

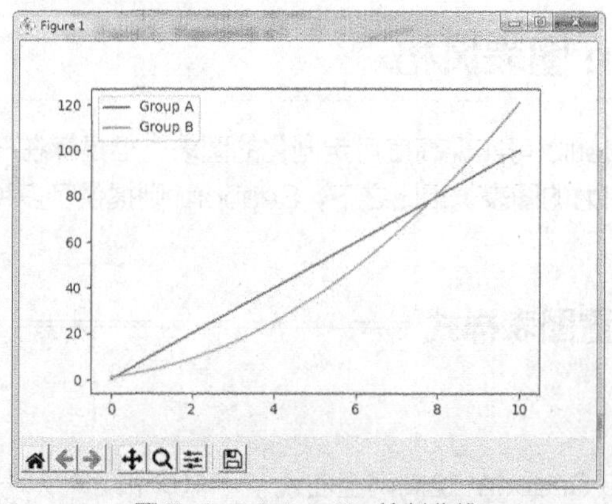

图 5-2 Matplotlib 绘制曲线

2. 使用 Seaborn 绘制两组曲线

（1）打开 Visualization 项目，新建 Python 文件，输入 Python 文件名为 task5-2-2.py。

（2）在 PyCharm 的代码编辑区输入 task5-2-2.py 程序代码，如下。

```
import numpy as np
import matplotlib.pyplot as plt
import seaborn as sns
#设置 Seaborn 默认样式
sns.set()
#绘图
plt.figure(1, figsize=(6,4))
# 在[0,10]区间等距取 100 个数作为 x 的值
x = np.linspace(0, 10, 100)
y = 10*x                        #定义 y 轴坐标
z = x*x + 2*x + 1               #定义 z 轴坐标

#绘制曲线
plt.plot(x,y,label='Group A')
plt.plot(x,z,label='Group B')
#图例和显示图表
plt.legend()
plt.show()
```

（3）运行 task5-2-2.py，运行结果如图 5-3 所示。

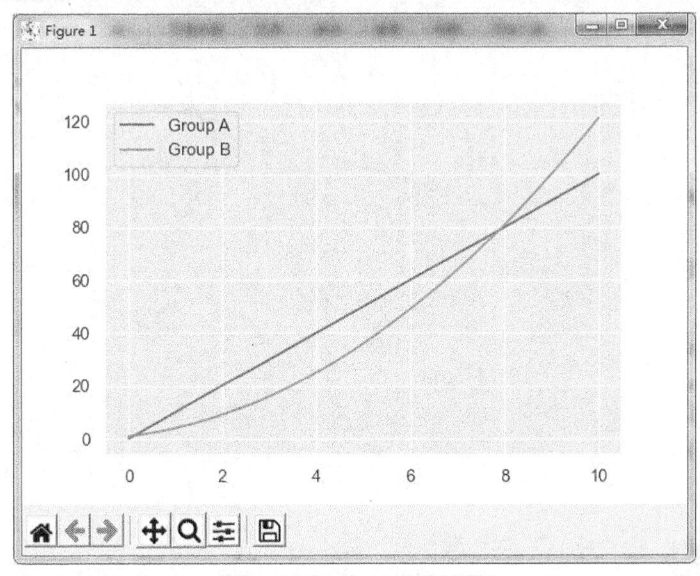

图 5-3　Seaborn 绘制曲线

比较两种绘图方式下图表的外观可知，Matplotlib 绘制曲线默认状态下是无网格线的，背景为白色；Seaborn 绘制曲线默认状态下是有网格线的。

3. 设置图表样式及创建子图

使用 sns.set_style("whitegrid") 设置整个图表样式为有网格线，背景为白色。创建子图后，再使用 sns.axes_style('dark')设置子图图表样式为无网格线，其示例代码 task5-2-3.py 如下。

```
import numpy as np
import matplotlib.pyplot as plt
import seaborn as sns
#绘图
fig = plt.figure(1, figsize=(6,4))
# 在[0,10]区间等距取100个数作为x的值
x = np.linspace(0, 10, 100)
y = 10*x                                        #定义y轴坐标
z = x*x + 2*x + 1                               #定义z轴坐标
sns.set_style("whitegrid")                      #设置整个图表的样式
ax1 = fig.add_subplot(2,1,1)                    #创建子图
plt.plot(x, y, label='Group A')                 #绘制y曲线
plt.legend()
#设置with代码块内的子图图表样式
with sns.axes_style('dark'):
    ax2 = fig.add_subplot(2, 1, 2)              #创建子图
    #绘制z曲线
    plt.plot(x,z, label='Group B')
plt.legend()
plt.show()
```

运行 task5-2-3.py，运行结果如图 5-4 所示。

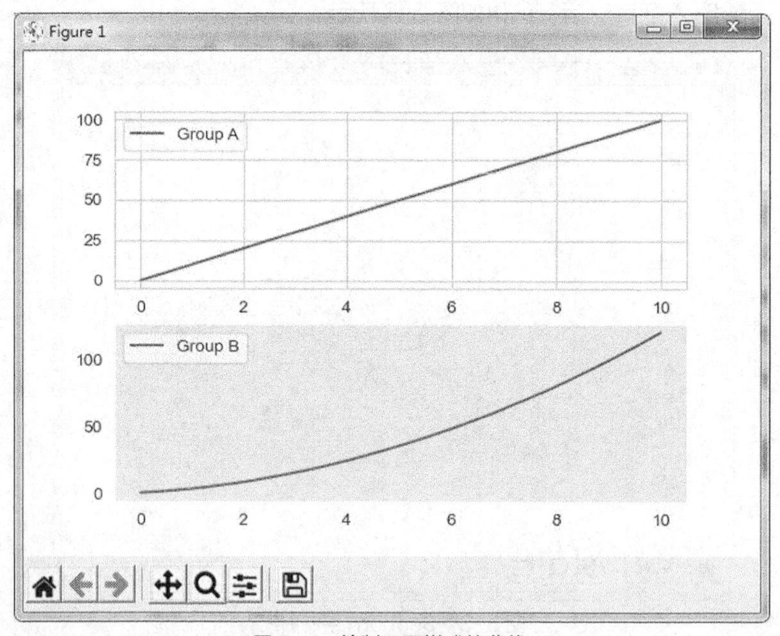

图 5-4　绘制不同样式的曲线

【任务 5-3】 设置元素的缩放比例和中文显示

任务描述

了解 Seaborn 设置元素的缩放比例的函数，以及设置中文显示的方法，并完成下列程序

设计。

（1）在同一图表对象中，绘制 A 组曲线 $y=10x$ 和 B 组曲线 $y=x^2+2x+1$，要求设置上下文参数字典为 poster、缩放因子为 0.8，并设置中文显示和默认图表样式。

（2）创建子图，在第 1 个子图中绘制 A 组曲线 $y=10x$，缩放因子为 0.8。在第 2 个子图中绘制 B 组曲线 $y=x^2+2x+1$，并修改第 2 个子图元素的缩放因子为 0.5。

知识储备

1. 设置元素的缩放比例

一组独立的参数可控制图表元素的尺度，当使用相同的代码创建图表时，可通过设置参数以适用于图表大小不一时图表标记、直线等的尺寸。

Seaborn 提供了负责设置元素的缩放比例的函数，其语法格式如下。

```
seaborn.set_context(context,[font_scale],[rc])
```

该函数的参数如下。

- context：参数字典或预置集合的名称，例如 paper、notebook、talk 或 poster。
- font_scale：缩放因子，可单独缩放字体元素，可选项。
- rc：参数映射以覆写预设的 Seaborn 参数字典的值，可选项。

另外，Seaborn 还提供了可返回一个参数字典并可缩放 Figure 元素的函数，该函数可用于 with 语句中临时修改参数字典，其语法格式如下。

```
seaborn.plotting_context(context,[font_scale],[rc])
```

该函数的参数定义同上。

2. 设置中文显示

在 Seaborn 中，可通过 seaborn.set()函数中的 font 参数来指定中文字体，另外，还可以通过 font_scale 参数来指定缩放字体元素大小。

例如，设置中文字体为黑体，缩放字体元素大小为 0.8，则可通过下列函数实现。

```
seaborn.set(font='SimHei',font_scale=0.8)
```

任务实施

1. 在同一图表对象中绘制两组曲线

（1）打开 Visualization 项目，新建 Python 文件，输入 Python 文件名为 task5-3-1.py。

（2）在 PyCharm 的代码编辑区输入 task5-3-1.py 程序代码，如下。

```
import numpy as np
import matplotlib.pyplot as plt
import seaborn as sns

#设置 Seaborn 中文显示和默认图表样式
sns.set(font='SimHei')

#设置元素的缩放比例
sns.set_context("poster",0.8)
#绘图
plt.figure(1, figsize=(6,4))
# 在[0,10]之间等距取 100 个数作为 x 的值
x = np.linspace(0, 10, 100)
y = 10*x                    #定义 y 轴坐标
z = x*x + 2*x + 1           #定义 z 轴坐标
```

```
plt.plot(x,y,label='A 组曲线')
plt.plot(x,z,label='B 组曲线')
plt.title('A 组曲线和 B 组曲线')
plt.legend()
plt.show()
```

（3）运行 task5-3-1.py，运行结果如图 5-5 所示。

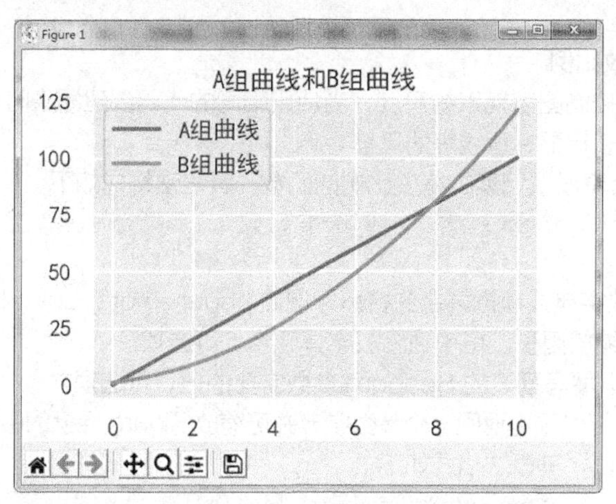

图 5-5　设置元素的缩放比例和中文显示的图表

2. 在子图中绘制两组曲线

（1）打开 Visualization 项目，新建 Python 文件，输入 Python 文件名为 task5-3-2.py。

（2）在 PyCharm 的代码编辑区输入 task5-3-2.py 程序代码，如下。

```
import numpy as np
import matplotlib.pyplot as plt
import seaborn as sns

#设置元素的缩放比例
sns.set_context("paper",0.8)
#绘图
fig = plt.figure(1, figsize=(6,4))
x = np.linspace(0, 10, 100)           #在[0,10]区间等距取 100 个数作为 x 的值
y = 10*x                              #定义 y 轴坐标
z = x*x + 2*x + 1                     #定义 z 轴坐标

ax1 = fig.add_subplot(2,1,1)          #创建子图
plt.plot(x,y,label='Group A')         #绘制 Group A
plt.legend()

#设置 with 代码块内元素的缩放比例
with sns.plotting_context('poster',0.5):
    ax2 = fig.add_subplot(2, 1, 2)    #创建子图
    plt.plot(x,z,label='Group B')     #绘制 Group B
    plt.legend()
plt.show()
```

（3）运行 task5-3-2.py，运行结果如图 5-6 所示。

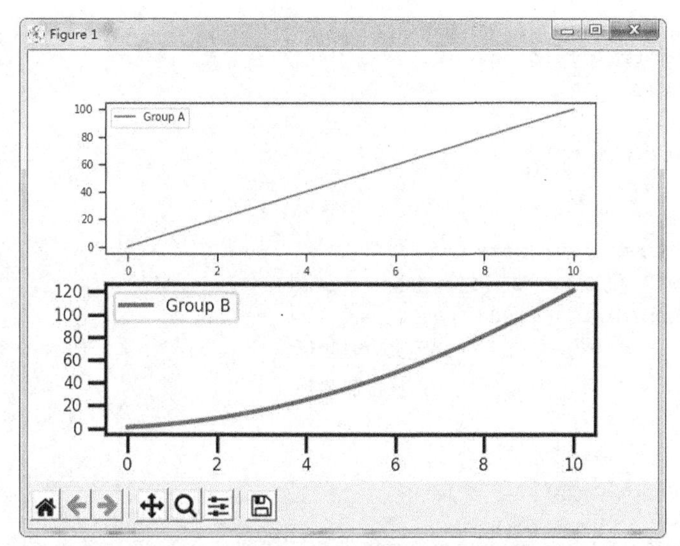

图 5-6　设置不同子图元素的缩放比例的图表

【任务 5-4】 移除轴

任务描述

了解 Seaborn 移除（不显示）顶部轴和右侧轴的方法。然后，使用 Seaborn 绘制两组曲线的子图，设置移除所有子图中顶部和右侧的轴，并设置第 2 个子图的底部坐标轴偏移 5、左侧坐标轴偏移 10。

知识储备

有些时候，可能希望移除顶部轴和右侧轴。Seaborn 提供了可从图表中移除顶部轴和右侧轴的函数，其语法格式如下。

```
seaborn.despine(fig=None,ax=None,top=True,right=True,left=False,bottom=
False,offset=None,trim=False)
```

该函数的参数如下。

- fig：图形，可选项。
- ax：轴，可选项。
- top：顶部轴，默认值为 True，表示不显示轴，可选项。
- right：右侧轴，默认值为 True，表示不显示轴，可选项。
- left：左侧轴，默认值为 False，表示显示轴，可选项。
- bottom：底部轴，默认值为 False，表示显示轴，可选项。
- offset：int 或 dict 类型，可选项。表示坐标轴是否分开偏移，正值表示向外侧移动，负值表示向内侧移动，可用字典单独对每个轴进行设置。
- trim：bool 类型，默认值为 False，可选项。如果为 True，坐标轴两端分别限制在数据的最大值、最小值处。

任务实施

（1）打开 Visualization 项目，新建 Python 文件，输入 Python 文件名为 task5-4.py。

（2）在 PyCharm 的代码编辑区输入 task5-4.py 程序代码，如下。

```
import numpy as np
import matplotlib.pyplot as plt
import seaborn as sns
#设置图表样式
sns.set_style("white")

#绘图
fig = plt.figure(1, figsize=(6,4))
# 在[0,10]区间等距取100个数作为x的值
x = np.linspace(0, 10, 100)
y = 10*x                              #定义y轴坐标
z = x*x + 2*x + 1                     #定义z轴坐标

#创建子图
ax1 = fig.add_subplot(2,1,1)

#设置移除顶部轴和右侧轴
sns.despine()
#绘制y曲线
plt.plot(x,y,label='Group A')
plt.legend()

#创建子图
ax2 = fig.add_subplot(2, 1, 2)

#设置移除顶部轴和右侧轴，设置坐标轴偏移
sns.despine(ax=ax2,offset={'bottom':5,'left':10})
#绘制z曲线
plt.plot(x,z,label='Group B')
plt.legend()
plt.show()
```

（3）运行 task5-4.py，运行结果如图 5-7 所示。

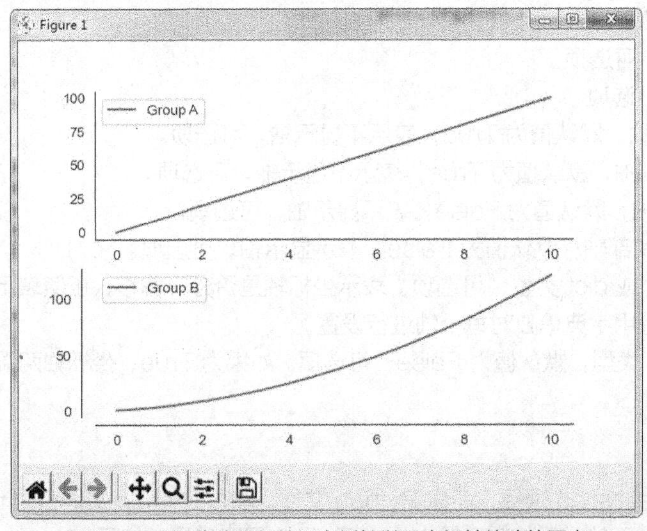

图 5-7　设置移除顶部轴和右侧轴以及坐标轴偏移的图表

5.3 Seaborn 的颜色主题

【任务 5-5】 设置图表调色板

任务描述

颜色是可视化内容中非常重要的因素，如果有效地使用，颜色可以显示数据中的模式；如果使用不当，颜色则会隐藏数据中的模式。在 Seaborn 中可方便地选择和使用调色板以适应当前任务。本任务将介绍 Seaborn 中分类调色板、连续调色板和离散调色板的设置。

知识储备

利用 Seaborn 提供的 color_palette()函数可返回一个颜色列表，因而可定义调色板。该函数的语法格式如下。

```
seaborn.color_palette([palette],[n_colors],[desat])
```

该函数的参数如下。

- palette：主题名称（或 None），用于返回主题名称对应的调色板，可选项。
- n_colors：调色板中颜色的数量。如果指定颜色数量大于调色板中颜色数量，那么颜色将循环显示，可选项。
- desat：每种颜色的饱和度降低的比例，可选项。

下面将通过分类调色板、连续调色板和离散调色板这 3 类调色板来介绍 color_palette()函数的使用。

任务实施

1. 分类调色板

分类调色板适合区分没有固有顺序的离散数据。Seaborn 中包含 6 种默认的主题，即 deep（深色）、muted（哑色）、bright（亮色）、pastel（浅色）、dark（暗色系）和 colorblind（色盲）。

当 color_palette()函数不带参数时，将返回当前默认调色板中的所有颜色，其代码如下。

```
import matplotlib.pyplot as plt
import seaborn as sns
palette1 = sns.color_palette()
sns.palplot(palette1)
plt.show()
```

代码的输出结果如图 5-8 所示。

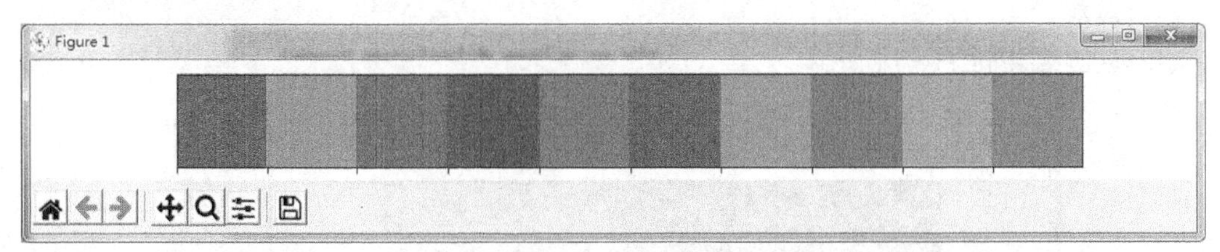

图 5-8 默认调色板

当 color_palette()函数中的参数为 deep 时，将返回深色调色板，其代码如下。

```
import matplotlib.pyplot as plt
import seaborn as sns
palette2 = sns.color_palette("deep")
```

```
sns.palplot(palette2)
plt.show()
```

代码的输出结果如图 5-9 所示。

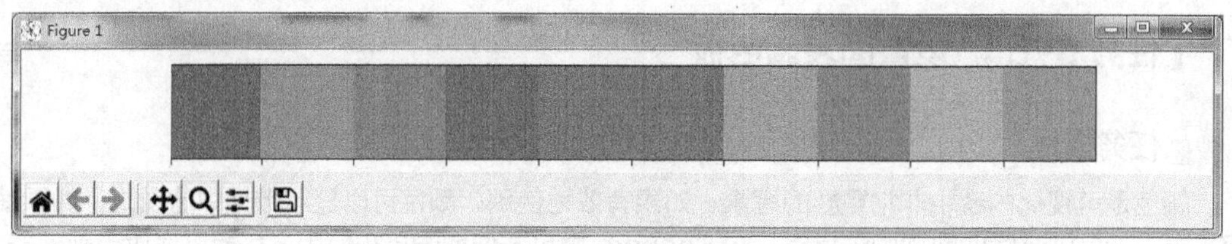

图 5-9　深色调色板

因此，只要将 color_palette()函数中 palette 参数设置为不同主题的名称就可获得不同主题的调色板。

2. 连续调色板

当数据按照较低值或无关值到较高值或关注值排列时，较好的方式是使用连续调色板。下列代码展示了连续调色板。

```
import matplotlib.pyplot as plt
import  seaborn as sns
custom_palette2 = sns.light_palette("brown")
sns.palplot(custom_palette2)
plt.show()
```

代码输出结果如图 5-10 所示。

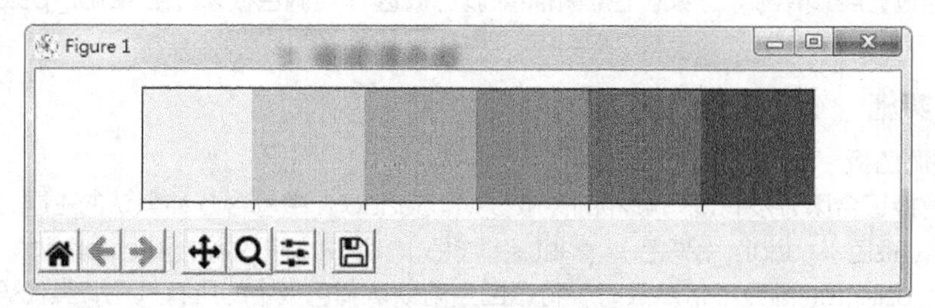

图 5-10　定制的褐色调色板

通过将 reverse 参数设置为 True，还可逆置上述调色板，其对应代码如下。

```
import matplotlib.pyplot as plt
import  seaborn as sns
custom_palette3 = sns.light_palette("brown",reverse=True)
sns.palplot(custom_palette3)
plt.show()
```

代码输出结果如图 5-11 所示。

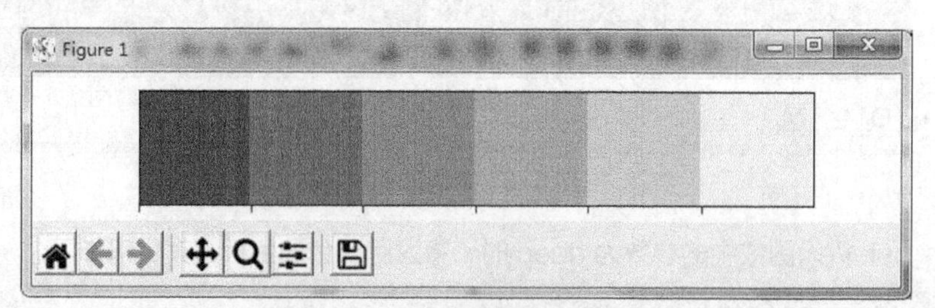

图 5-11　定制的逆置褐色调色板

3. 离散调色板

如果数据需要呈现从最低值到最高值的变化情况，且数据中通常有一个明确的中点，可使用离散调色板。其中，关注点位于较高值、较低值上。例如根据基线人口针对特定区域绘制人口变化图表，较好的方法是采用离散颜色图表现人口的相对增长和减少。

下列代码显示了离散调色板，其中使用了 Matplotlib 中的 coolwarm 模板。

```
import matplotlib.pyplot as plt
import  seaborn as sns
custom_palette4 = sns.color_palette("coolwarm",7)
sns.palplot(custom_palette4)
plt.show()
```

代码输出结果如图 5-12 所示。

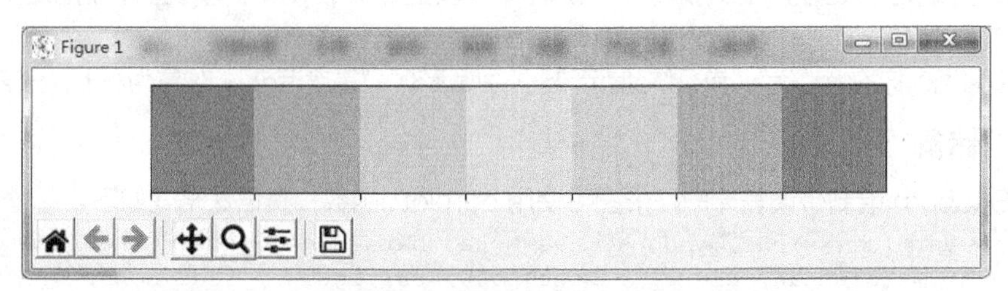

图 5-12　coolwarm 调色板

此外，还可使用 diverging_palette()函数创建定制的离散调色板，在函数中传递两个 hue（色调度数）和颜色个数的参数，代码如下。

```
import matplotlib.pyplot as plt
import  seaborn as sns
custom_palette5 = sns.diverging_palette(440,40,n=7)
sns.palplot(custom_palette5)
plt.show()
```

代码输出结果如图 5-13 所示。

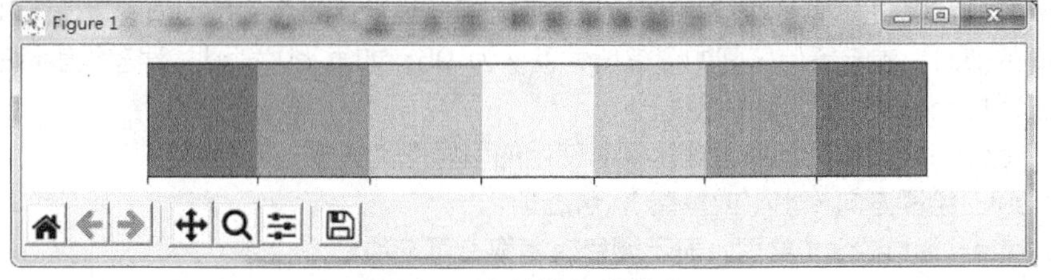

图 5-13　定制的离散调色板

5.4 Seaborn 常见图表

Seaborn 在 Matplotlib 的基础上，侧重数据统计分析图表的绘制，包括带误差棒的柱形图和散点图、箱形图、小提琴图、一维和二维的统计直方图和核密度估计图等。另外，它还可以将多数据系列直接映射到色调（hue）、大小（size）、数据标记（style）等。相较于 Matplotlib 绘图，这样可以很好地简化代码。Seaborn 常见的图表类型主要包括数据分布型（一维和二维的统计直方图、核密度估计图等）、类别比较型（抖动散点图、蜂巢图、带误差棒的散点图、带误差棒的柱形图、箱形图、小提琴图等）、数据关系型（折线图、散点图以及带拟合线的散点图、热力图等）等。下面将介绍 Seaborn 的几个常用图表。

【任务 5-6】 带误差棒的柱形图——不同空气质量等级的 $PM_{2.5}$ 平均值

任务描述

现有 2019 年 1—12 月某地区的空气质量数据文件 Weatherquality.csv，该数据集中包括日期、AQI（Air Quality Index，空气质量指数）、质量等级、$PM_{2.5}$、PM_{10}、SO_2、CO、NO_2和 O_3_8h 等空气质量数据。要求根据该空气质量数据绘制 2019 年 1—12 月不同空气质量等级的 $PM_{2.5}$ 平均值的带误差棒的柱形图。要求设置 *x* 轴和 *y* 轴的标签、图表标题、图例如下。

（1）设置 *x* 轴标签为“月份”，*y* 轴标签为“$PM_{2.5}$”。

（2）设置图表主标题为“2019 年 1—12 月不同质量等级的 $PM_{2.5}$ 平均值”，副标题为“单位：$\mu g/m^3$”，字号为 10。

（3）设置图例标签为“优”“良”“轻度污染”“中度污染”“重度污染”，位置为左上，分 2 列展示。

知识储备

利用 Seaborn 绘制带误差棒的柱形图可使用 barplot()函数，其语法格式如下。

```
seaborn.barplot(x=None, y=None, hue=None, data=None, order=None, hue_order=
None, estimator=mean, ci=95, n_boot=1000, units=None, seed=None, orient=None,
color=None, palette=None, saturation=0.75, errcolor='.26', errwidth=None,
capsize=None, dodge=True, ax=None, **kwargs)
```

该函数中的主要参数说明如下。

- x、y：string 类型，DataFrame 中的列名，可选项。
- hue：DataFrame 的列名，用于指定分类变量，按照列名的值分类形成的柱形图，可选项。
- data：DataFrame 或数组，可选项。
- order、hue_order：字符串列表，表示 *x* 轴数据的显示顺序，可选项。
- estimator：设置对每类变量计算的函数，默认值为 mean，可修改为 max、median、min 等，可选项。
- ci：float 类型或“sd”或 None，可选项。误差线默认表示的是均值的置信区间。当 ci 为(0,100)区间的值时，表示置信区间的置信度，默认为 95；如果 ci 为'sd'，误差线表示的是标准误差；如果 ci 为 None，不会绘制误差线。
- n_boot：int 类型，计算置信区间时使用的引导迭代次数，可选项。
- orient：绘图方向（水平或垂直），可选项。
- palette：list 或 dict 类型，表示调色板名称，可选项。
- saturation：float 类型，绘制颜色的原始饱和度的比例，可选项。
- errcolor：代表置信区间的线条的颜色，默认为黑色，可选项。
- errwidth：float 类型，设置误差条线（和上限）的粗细，可选项。
- capsize：float 类型，设置误差条上“上限”的宽度，可选项。
- dodge：bool 类型，当使用分类参数 hue 时，如果 dodge 为 True，则每个类用不同柱形显示；如果 dodge 为 False，则用相同柱形的不同颜色显示。可选项。
- ax：选择绘制图的 Axes 对象，否则使用当前 Axes 对象。

任务实施

1. 准备工作和编程思路

首先将数据文件 Weatherquality.csv 复制到 d 盘 dataset 目录下，该文件列出了 2019 年 1—12 月某地区的空气质量数据，部分数据如表 5-1 所示。

表 5-1　部分空气质量数据

日期	AQI	质量等级	$PM_{2.5}$ (μg/m³)	PM_{10} (μg/m³)	SO_2(μg/m³)	CO(mg/m³)	NO_2(μg/m³)	O_3_8h(μg/m³)
2019-01-01	64	良	46	37	5	0.7	24	37
2019-01-02	100	良	75	0	6	1	33	41
2019-01-03	98	良	73	72	5	1	46	12
2019-01-04	63	良	45	25	4	1	31	23
2019-01-05	188	中度污染	141	0	5	1.2	35	42
2019-01-06	212	重度污染	162	0	5	1.2	39	21
2019-01-07	222	重度污染	172	144	5	1.5	39	37
2019-01-08	219	重度污染	169	44	6	1.4	37	40

导入数据后，可获取 2019 年 1—12 月某地区的空气质量数据，包括日期、AQI、质量等级、$PM_{2.5}$、PM_{10}、SO_2、CO、NO_2和 O_3_8h 等。然后进行数据处理，获取数据集中日期、质量等级和 $PM_{2.5}$这 3 列数据，并从日期数据列中获取月份，添加月份数据列。最后，运用 barplot()函数绘制带误差棒的柱形图，设置 *x* 轴数据为月份、*y* 轴数据为 $PM_{2.5}$，按质量等级分类，计算每个分类项的 $PM_{2.5}$平均值，同时，设置 *x* 轴和 *y* 轴的标签、图表标题、图例等。

2. 程序设计

（1）打开 Visualization 项目，新建 Python 文件，输入 Python 文件名为 task5-6.py。

（2）在 PyCharm 的代码编辑区输入 task5-6.py 程序代码，如下。

```
import pandas as pd
import matplotlib.pyplot as plt
import seaborn as sns
#导入数据
df = pd.read_csv('d:/dataset/Weatherquality.csv',encoding='GBK')
#数据处理
df1 = df.iloc[0:,[0,2,3]]
df_dt = pd.to_datetime(df1.日期,format="%Y/%m/%d")
s_M = df_dt.dt.month
print(df_dt)
print(s_M)
df1['月份'] = s_M
print(df1)
#设置 Seaborn 样式
sns.set_style("whitegrid")
#设置正常显示中文和负号
plt.rcParams['font.sans-serif'] = ['SimHei']  # 用黑体显示中文
plt.rcParams['axes.unicode_minus'] = False    # 正常显示负号

#创建一个绘图对象
plt.figure(figsize=(9, 6),dpi=100)
#绘图
sns.barplot(x='月份',y='PM$\mathrm{_{2.5}}$',hue='质量等级',data=df1,
```

```
                hue_order=['优','良','轻度污染','中度污染','重度污染'])

    #添加主标题、副标题
    plt.suptitle("2019年1—12月不同质量等级的PM$\mathrm{_{2.5}}$平均值")
    plt.title("单位：μg/$\mathrm{m^3}$",fontsize=10,loc='right')

    # 设置图例
    plt.legend(loc = 'upper left', ncol = 2)
    plt.savefig('d:/image/task5-6.png')
    plt.show()
```

（3）运行 task5-6.py，运行结果如图 5-14 所示。从图 5-14 中可观察到全年空气质量等级变化，其中 1—2 月和 11—12 月 $PM_{2.5}$的平均值比较高，空气质量较差，4 月和 6—8 月 $PM_{2.5}$的平均值比较低，空气质量较好。

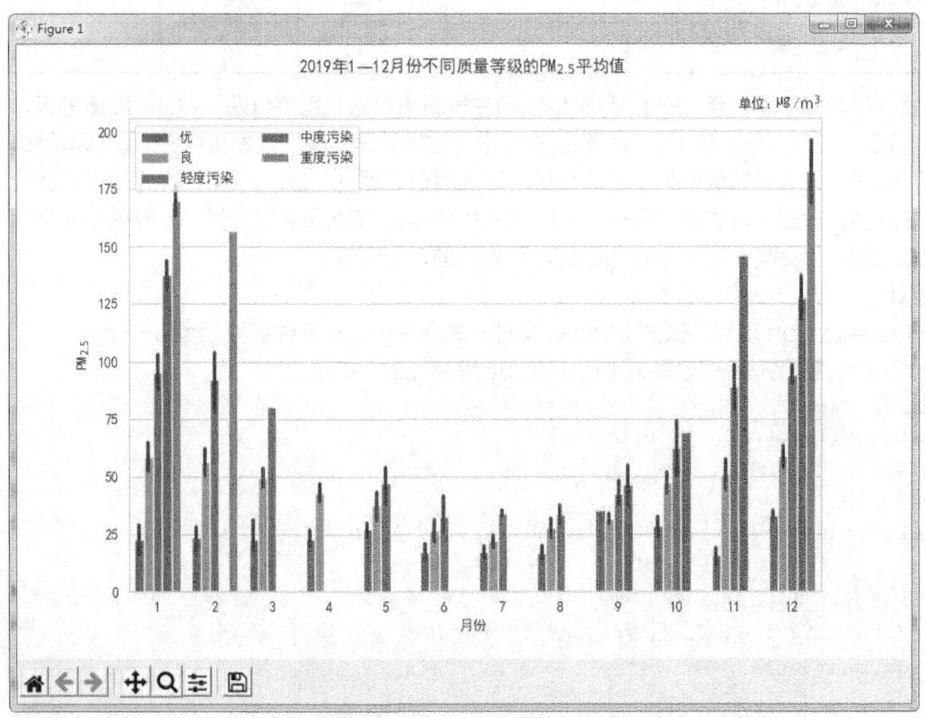

图 5-14　2019 年 1—12 月不同质量等级的 $PM_{2.5}$平均值柱形图

【任务 5-7】 统计直方图与核密度估计图——全年 AQI 分布图

任务描述

根据【任务 5-6】中的空气质量数据文件 Weatherquality.csv，绘制 2019 年 AQI 分布的统计直方图与核密度估计图。

知识储备

1. 统计直方图

统计直方图也称直方图，有关直方图的内容在第 4 章的【任务 4-21】中已介绍。

2. 核密度估计图

核密度估计图（Kernel Density Estimation Plot）用于显示数据在 *x* 轴连续数据段内的分布状况，是一种用于估计概率密度函数的非参数方法。这种图表是统计直方图的变种，使用平滑曲线来表现数值水平，从而得出更平滑的分布。核密度估计图相较统计直方图的优势在于它不受所使用分组数量的影响，所以能更好地界定分布状况。

利用 Seaborn 绘制统计直方图与核密度估计图可使用 displot()函数，displot()集合了 hist()和 kdeplot()的功能，其语法格式如下。

```
seaborn.distplot(a, bins=None, hist=True, kde=True, rug=False, fit=None,
hist_kws=None, kde_kws=None, rug_kws=None, fit_kws=None, color=None,
vertical=False, norm_hist=False, axlabel=None, label=None, ax=None)
```

该函数中的主要参数说明如下。

- a：表示数据来源，可为 Series、一维数组或 list。
- bins：表示矩形图数量。
- hist：表示是否显示统计直方图。
- kde：表示是否显示核密度估计图。
- rug：表示是否显示观测实例竖线。
- fit：表示控制拟合的参数分布图形。
- hist_kws：表示 matplotlib.axes.Axes.hist()的关键字参数。
- kde_kws：表示 kdeplot()的关键字参数。
- rug_kws：表示 rugplot()的关键字参数。
- color：颜色，绘制除拟合曲线以外的所有内容的颜色。
- vertical：如果为 True，则观测值位于 *y* 轴上。
- norm_hist：如果为 True，则直方图高度表示密度而不是计数。
- axlabel：string 类型、False 或 None，可选项，支撑轴标签的名称。如果为 None，将尝试从数据的名称中获取它；如果为 False，则不设置标签。
- label：string 类型，可选项，用于设置图的相关组件的图例标签。
- ax：选择绘制图的 Axes 对象，否则使用当前 Axes 对象，可选项。

任务实施

1. 准备工作和编程思路

首先将数据文件 Weatherquality.csv 复制到 d 盘 dataset 目录下，导入数据后，可获取 2019 年 1—12 月某地区的空气质量数据；然后进行数据处理，获取数据集中全年的 AQI 数据；最后运用 displot()函数绘制统计直方图与核密度估计图。

2. 程序设计

（1）打开 Visualization 项目，新建 Python 文件，输入 Python 文件名为 task5-7.py。

（2）在 PyCharm 的代码编辑区输入 task5-7.py 程序代码，如下。

```
import pandas as pd
import matplotlib.pyplot as plt
import seaborn as sns
#导入数据
df = pd.read_csv('d:/dataset/Weatherquality.csv',encoding='GBK')
#数据处理
x = df.iloc[0:,[1]]
print(x.info)
sns.set_style("whitegrid")                              #设置 Seaborn 样式
```

```
plt.rcParams['font.sans-serif'] = ['SimHei']  # 用黑体显示中文
plt.rcParams['axes.unicode_minus'] = False    # 正常显示负号
#绘制统计直方图与核密度估计图
sns.distplot(x)
plt.suptitle("2019年AQI分布")              #添加标题
plt.savefig('d:/image/task5-7.png')        #保存图表
plt.show()                                 #显示图表
```

（3）运行 task5-7.py，运行结果如图 5-15 所示，从中可观察到全年 AQI 的分布情况。

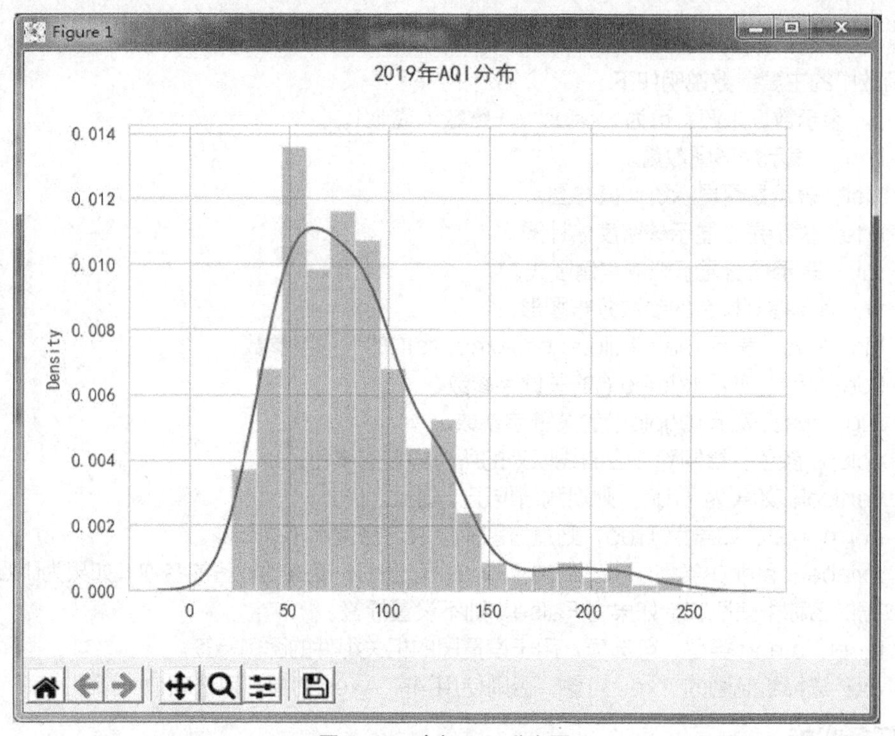

图 5-15　全年 AQI 分布图

【任务 5-8】 矩阵散点图——AQI、$PM_{2.5}$、SO_2、NO_2之间的关系

任务描述

根据【任务 5-6】中的空气质量数据文件 Weatherquality.csv，绘制 2019 年全年 AQI、$PM_{2.5}$、SO_2、NO_2之间的矩阵散点图。

知识储备

矩阵散点图（Matrix Scatter Plot）是散点图的高维扩展，它是一种常用的高维度数据可视化技术。它将高维度数据的每两个变量组成一个散点图，再将它们按照一定的顺序组成矩阵散点图。通过这样的可视化方式，能够将高维度数据中所有变量两两之间的关系展示出来。

在 Seaborn 中 pairplot()函数主要展现的是变量两两之间的关系（即线性或非线性）有无较为明显的相关性。使用 pairplot()函数可以绘制 *x* 的每一维度与对应 *y* 的散点图。通过设置 aspect 和 size 参数可调节显示的比例和大小，其语法格式如下。

```
seaborn.pairplot(data,*,hue=None,hue_order=None,palette=None,vars=None,
x_vars=None,y_vars=None,kind='scatter',diag_kind='auto',markers=None,
height=2.5,aspect=1,corner=False,dropna=False,plot_kws=None, diag_kws=
None, grid_kws=None, size=None)
```

该函数中的主要参数说明如下。

- data：DataFrame 类型，表示输入的数据集。
- hue：string 类型，表示色调。
- hue_order：字符串列表，表示调色板中色调变量的级别顺序。
- palette：表示调色板颜色。
- vars：变量名列表。
- x_vars、y_vars：变量名列表，表示数据中的变量分别用于图形的行和列，即制作非方形图。
- kind：用于控制非对角线上的图的类型，其参数值可选择'scatter'或'reg'。如果选择'scatter'，则图的类型为散点图；如果选择'reg'，则会为非对角线上的散点图拟合出一条回归直线，使其能更直观地显示变量之间的关系。
- diag_kind：用于控制对角线上的图的类型，其参数值可选择'hist'或'kde'。如果选择'hist'，则图的类型为直方图；如果选择'kde'，则图的类型为核密度估计图。
- markers：可选项，使用不同的形状表示散点的图标。
- size：numeric 类型，表示图（正方形）的尺度大小，默认值为 6。

任务实施

1. 准备工作和编程思路

首先将数据文件 Weatherquality.csv 复制到 d 盘 dataset 目录下，导入数据后，可获取 2019 年 1—12 月某地区的空气质量数据；然后进行数据处理，获取数据集中全年的 AQI、$PM_{2.5}$、SO_2、NO_2 数据；最后运用 pairplot()函数绘制 AQI、$PM_{2.5}$、SO_2、NO_2 之间的关系图。

2. 程序设计

（1）打开 Visualization 项目，新建 Python 文件，输入 Python 文件名为 task5-8.py。

（2）在 PyCharm 的代码编辑区输入 task5-8.py 程序代码，具体代码如下。

```
import matplotlib.pyplot as plt
import seaborn as sns
import pandas as pd
#导入数据
df = pd.read_csv('d:/dataset/Weatherquality.csv',encoding='GBK')
#数据处理
data = df.iloc[0:,1:8:2]
#设置 Seaborn 样式
sns.set_style("whitegrid")
#设置正常显示中文和负号
plt.rcParams['font.sans-serif'] = ['SimHei']  # 用黑体显示中文
plt.rcParams['axes.unicode_minus'] = False    # 正常显示负号

#绘图
sns.pairplot(data,kind="reg",diag_kind="kde")
plt.savefig('d:/image/task5-8.png')
plt.show()
```

（3）运行 task5-8.py，运行结果如图 5-16 所示，从中可观察到全年 AQI、$PM_{2.5}$、SO_2、NO_2 之间的关系。

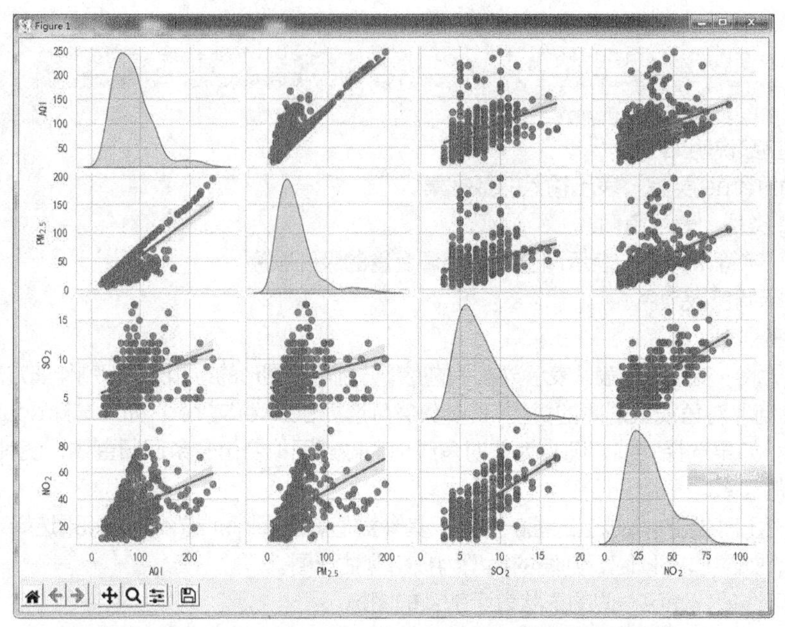

图 5-16　全年 AQI、$PM_{2.5}$、SO_2、NO_2之间的矩阵散点图

【任务 5-9】 小提琴图——全年不同空气质量等级的 $PM_{2.5}$ 情况

任务描述

根据【任务 5-6】中的空气质量数据文件 Weatherquality.csv，绘制 2019 年不同空气质量等级的 $PM_{2.5}$的小提琴图。要求设置 *x* 轴的标签、*y* 轴的标签和图表标题如下。

（1）设置 *x* 轴标签为“质量等级”，*y* 轴标签为“$PM_{2.5}$”。

（2）设置图表主标题为“全年不同空气质量等级的 $PM_{2.5}$ 情况”，副标题为“单位：μg/m^3”，字号为 10。

知识储备

小提琴图（Violin Plot）用于表现数据分布及其概率密度，这种图表结合了箱形图和密度图的特征，主要用于显示数据的分布形状。

在 Seaborn 中使用 violinplot()函数可绘制小提琴图，其语法格式如下。

```
seaborn.violinplot(*,x=None,y=None,hue=None,data=None,order=None,hue_order
=None,bw='scott',cut=2,scale='area',scale_hue=True,gridsize=100,width=0.8,
inner='box',split=False, dodge=True, orient=None,linewidth=None,color=None,
palette=None,saturation=0.75,ax=None, **kwargs)
```

该函数中的主要参数说明如下。

- x：*x* 轴的数据。
- y：*y* 轴的数据。
- hue：分组类别，可选项。
- data：DataFrame 类型、数组或数组列表，可选项，用于绘图的数据集。
- order：字符串列表，可选项，设置 *x* 轴刻度标签的顺序。
- hue_order：字符串列表，可选项，按顺序绘制分类级别。

- bw：控制拟合程度，其参数可取值为'scott'、'silverman'、float，可选项。
- scale：指定小提琴图的宽度，参数取值为'area'表示面积相同，'count'表示按照样本数量决定宽度，'width'表示宽度一样，可选项。
- gridsize：int 类型，可选项，用于设置小提琴图的平滑度，值越高越平滑。
- width：float 类型，可选项，用于指定箱之间的间隔比例。
- inner：设置内部显示类型，其参数取值为'box'、'quartile'、'point'、'stick'、None，可选项。
- split：bool 类型，可选项，如果设置 hue 为分组类别，则 split 设置为 True。
- linewidth：float 类型，可选项，用于指定线宽。
- color：颜色，可选项，用于设置所有元素的颜色。
- palette：列表或字典，用于设置调色板名称。

任务实施

1. 准备工作和编程思路

首先将数据文件 Weatherquality.csv 复制到 d 盘 dataset 目录下，导入数据后，可获取 2019 年 1—12 月某地区的空气质量数据，然后运用 violinplot()函数绘制不同空气质量等级的 $PM_{2.5}$的小提琴图，并设置 *x* 轴的标签、*y* 轴的标签和图表标题。

2. 程序设计

（1）打开 Visualization 项目，新建 Python 文件，输入 Python 文件名为 task5-9.py。

（2）在 PyCharm 的代码编辑区输入 task5-9.py 程序代码，具体代码如下。

```
import pandas as pd
import matplotlib.pyplot as plt
import seaborn as sns
#导入数据
df = pd.read_csv('d:/dataset/Weatherquality.csv',encoding='GBK')
print(df)

#设置绘图风格
plt.style.use('ggplot')
#中文和坐标轴负号的处理
plt.rcParams['font.sans-serif'] = ['Microsoft YaHei']
plt.rcParams['axes.unicode_minus']=False

# 绘制小提琴图
sns.violinplot(x = "质量等级",                # x 轴的数据
               y = "PM$\mathrm{_{2.5}}$", # y 轴的数据
               data = df,                 # 绘图的数据集
               # x 轴刻度标签的顺序
               order = ['优','良','轻度污染','中度污染','重度污染'],
               scale = 'count',           # 小提琴图的宽度
               palette = 'RdGy'           # 设置调色板
               )
# 添加主标题、副标题
plt.suptitle('全年不同空气质量等级的 PM$\mathrm{_{2.5}}$情况')
plt.title("单位: μg/$\mathrm{m^3}$",fontsize=10,loc='right')
plt.show()
```

（3）运行 task5-9.py，运行结果如图 5-17 所示。从图 5-17 中可观察到全年不同空气质量等级的 $PM_{2.5}$ 的情况，小提琴形状中间的黑色粗条表示四分位数范围，从其中延伸的幼细黑线代表 95% 置信区间，而白色点则代表中位数。

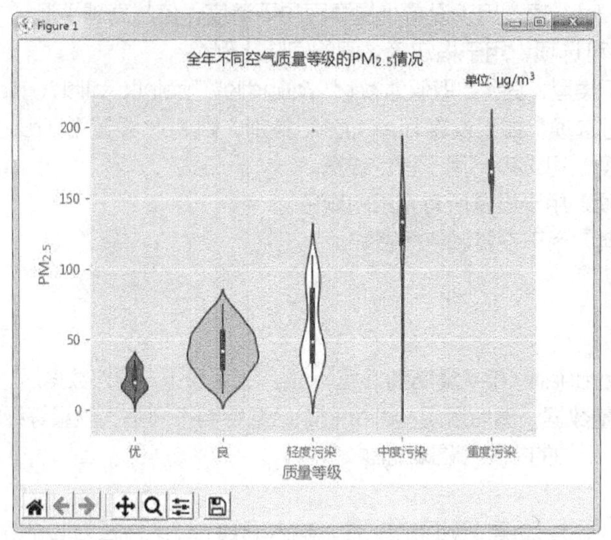

图 5-17　全年不同空气质量等级的 $PM_{2.5}$ 的小提琴图

拓展训练

【拓展任务 5】 AQI 的变化趋势

任务描述

现有 2019 年 1—12 月某地区的空气质量数据文件 Weatherquality.csv，该数据集中包括日期、AQI、质量等级、$PM_{2.5}$、PM_{10}、SO_2、CO、NO_2 和 O_3_8h 等空气质量数据。要求根据该空气质量数据绘制 2019 年 1—12 月 AQI 的变化趋势折线图。要求设置 *x* 轴的标签、*y* 轴的标签和图表标题如下。

（1）设置 *x* 轴标签为“月份”，*y* 轴标签为“AQI”。

（2）设置图表标题为“1—12 月 AQI 的变化趋势”。

知识储备

运用 Seaborn 的折线图可以很直观地描述出 AQI 的变化趋势，Seaborn 绘制折线图的 lineplot() 函数的语法格式如下。

```
seaborn.lineplot(x=None,y=None,hue=None,size=None,style=None,data=None,
palette=None,hue_order=None,hue_norm=None,sizes=None,size_order=None,
size_norm=None,dashes=True,markers=None,style_order=None,units=None,
estimator='mean',ci=95,n_boot=1000,seed=None,sort=True,err_style='band',
err_kws=None,legend='auto',ax=None,**kwargs)
```

该函数中的主要参数说明如下。

- ❑ x：*x* 轴的数据。
- ❑ y：*y* 轴的数据。

- hue：将产生不同颜色的线条的分组变量，可选项。
- size：将产生不同宽度的线条的分组变量，可选项。
- style：分组变量将产生具有破折号或其他标记的线条，可选项。
- data：DataFrame 类型、数组或数组列表，可选项，用于绘图的数据集。
- palette：调色板名称，列表或字典类型，可设置 hue 指定的变量的不同级别颜色。
- hue_order：列表类型，表示 hue 数据的显示顺序，可选项。
- estimator：设置对每类变量计算的函数，默认值为 mean，可修改为 max、median、min 等，可选项。

任务实施

1. 准备工作和编程思路

首先将数据文件 Weatherquality.csv 复制到 d 盘 dataset 目录下，导入数据后，可获取 2019 年 1—12 月某地区的空气质量数据，通过数据处理，获取日期和 AQI 数据，并根据日期创建“月份”的数据列。然后，运用 lineplot()函数绘制 1—12 月的 AQI 的变化趋势折线图，并设置 *x* 轴的标签、*y* 轴的标签和图表标题。

2. 程序设计

（1）打开 Visualization 项目，新建 Python 文件，输入 Python 文件名为 task5-10.py。

（2）在 PyCharm 的代码编辑区输入 task5-10.py 程序代码，如下。

```
import pandas as pd
import matplotlib.pyplot as plt
import seaborn as sns
#导入数据
df = pd.read_csv('d:/dataset/Weatherquality.csv',encoding='GBK')
#数据处理
df1 = df.iloc[0:,[0,1]]
df_dt=pd.to_datetime(df1.日期,format="%Y/%m/%d")
s_M = df_dt.dt.month
print(df_dt)
print(s_M)
df1['月份'] = s_M
print(df1)
#设置绘图风格
plt.style.use('ggplot')
#中文和坐标轴负号的处理
plt.rcParams['font.sans-serif'] = ['Microsoft YaHei']
plt.rcParams['axes.unicode_minus']=False

# 绘制折线图
sns.lineplot(x = "月份",        # x 轴的数据
             y = "AQI",         # y 轴的数据
             data = df1         # 绘图的数据集
             #注意 estimator 参数默认值为 mean，计算的是 AQI 每月平均值
             )
#添加图表标题
plt.title('1—12 月 AQI 的变化趋势')
plt.show()      #显示图表
```

（3）运行 task5-10.py，运行结果如图 5-18 所示，从中可观察到 1—12 月 AQI（平均值）的变化趋势。

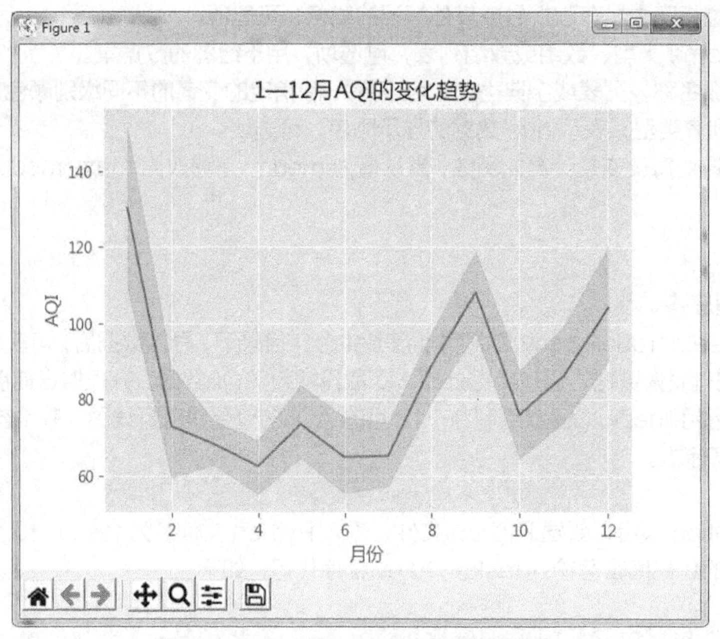

图 5-18　1—12 月 AQI 的变化趋势折线图

单元小结

本单元介绍了 Seaborn 的作用和绘图的基础知识，例如图表样式、元素的缩放比例、移除轴和图表调色板等。本单元重点介绍了 Seaborn 常见图表的绘制方法，并通过 2019 年 1—12 月某地区的空气质量数据案例，介绍了带误差棒的柱形图、统计直方图与核密度估计图、矩阵散点图、小提琴图、折线图的绘制方法。

思考练习

1. 填空题

（1）Seaborn 是在 Matplotlib 的基础上进行更高级的______封装，Seaborn 可视为 Matplotlib 的补充，而不是替代。

（2）Seaborn 增加了________工具，可以很方便地为数据搭配颜色。

（3）Seaborn 提供了___________和___________函数，可实现对图表样式的控制。

（4）Seaborn 提供了___________函数，可负责设置元素的缩放比例。

（5）Seaborn 提供了___________函数，可从图中移除顶部轴和右侧轴。

2. 选择题

（1）Seaborn 提供的（　　）函数可返回一个颜色列表，因而可定义调色板。

A. despine()　　B. color_palette()　C. set_style()　　D. set_context()

（2）Seaborn 绘制折线图的函数是（　　）。
A．lineplot()　　B．barplot()　　C．violinplot()
D．pairplot()　　E．displot()

（3）Seaborn 绘制统计直方图与核密度估计图的函数是(　　)。
A．lineplot()　　B．barplot()　　C．violinplot()
D．pairplot()　　E．displot()

（4）Seaborn 绘制小提琴图的函数是（　　）。
A．lineplot()　　B．barplot()　　C．violinplot()
D．pairplot()　　E．displot()

（5）Seaborn 绘制带误差棒的柱形图的函数是（　　）。
A．lineplot()　　B．barplot()　　C．violinplot()
D．pairplot()　　E．displot()

（6）Seaborn 绘制矩阵散点图的函数是（　　）。
A．lineplot()　　B．barplot()　　C．violinplot()
D．pairplot()　　E．displot()

单元6 pyecharts数据可视化

📖学习目标

- ■ 了解 pyecharts 的作用。
- ■ 掌握 pyecharts 的安装和导入方法。
- ■ 掌握 pyecharts 绘图的基础知识。
- ■ 掌握 pyecharts 常见图表的绘制方法。

实现数据可视化的工具有许多种，除了前面介绍的 Matplotlib 和 Seaborn，还可以通过 JavaScript 的数据可视化工具（如 ECharts）来处理大量数据并绘制 3D 图形，以实现在互联网上展示交互式数据。而 pyecharts 就是一个用于生成 ECharts 图表的类库。本单元将对 pyecharts 的安装、图表配置项和常见图表的绘制方法进行详细介绍。

6.1 认识 pyecharts

【任务 6-1】 pyecharts 简介、测试、安装与导入

任务描述

了解 pyecharts 库的作用及特点，完成 pyecharts 的测试、安装与导入。

知识储备

ECharts 是“Enterprise Charts”的简称，它是由百度数据可视化团队开发，用 JavaScript 实现数据可视化的图表库。ECharts 凭借着良好的交互性、丰富和精巧的图表设计得到了众多开发者的认可。而 Python 是一门富有表达力的语言，很适合用于数据处理。当数据分析遇上数据可视化时，pyecharts 诞生了。pyecharts 就是一个用于生成 ECharts 图表的类库。

pyecharts 的特点如下。

- ❑ 简洁的 API 设计，使用流畅，支持链式调用。
- ❑ 囊括 30 多种常见图表。
- ❑ 支持主流 Notebook 环境，例如 Jupyter Notebook 和 JupyterLab。
- ❑ 可轻松集成入 Flask、Django 等主流 Web 框架。
- ❑ 高度灵活的配置项，可轻松搭配出精美的图表。
- ❑ 详细的文档和示例，可帮助开发者更快地上手项目。
- ❑ 多达 400 多份地图文件和原生的百度地图，为地理数据可视化提供了强有力的支持。

pyecharts 有 v0.5.x 和 v1 两个大版本，但两个版本不兼容。其中，v0.5.x 版本支持 Python 2.7

或 Python 3.4，v1 版本仅支持 Python 3.6，新版本系列将从 v1.0.0 开始。本书采用 1.9.0 版本。

任务实施

1. 测试 Python 环境中是否安装了 pyecharts

当 Python 安装完成后，在 Windows 操作系统下，按“Windows”+“R”键，打开“运行”对话框，在“打开”栏中输入“python”命令，按“Enter”键，进入 Python 命令窗口。在 Python 命令窗口中运行“import pyecharts”，导入 pyecharts 模块，如果窗口中出现“ModuleNotFoundError: No module named 'pyecharts '”的错误提示，则需要安装 pyecharts 库，否则表明已安装了 pyecharts 库。

2. 在 Windows 操作系统下安装 pyecharts 库

（1）按“Windows”+“R”组合键，打开“运行”对话框，在“打开”栏中输入“cmd”命令，按“Enter”键。

（2）在计算机连接互联网的情况下，在 cmd 命令窗口中输入“pip install pyecharts”命令（该命令将安装最新版本的 pyecharts 软件，为了确保安装 pyecharts 的版本为 1.9.0，请输入“pip install pyecharts==1.9.0”命令），按“Enter”键，进行 pyecharts 模块安装，安装界面如图 6-1 所示。

（3）安装成功就会提示“Successfully installed MarkupSafe-1.1.1 jinja2-2,11,3 prettytable-2.1.0 pyecharts-1.9.0 simplejson-3.17.2 wcwidth-0.2.5”。

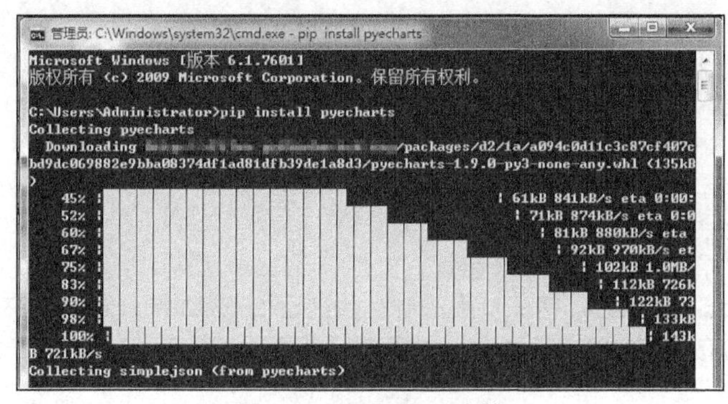

图 6-1 pyecharts 安装

3. pyecharts 的导入

pyecharts 安装测试成功后，在编写代码时，首先需要导入 pyecharts 库，导入方法是使用 Python 语句中的导入模块的语句，具体如下。

```
import pyecharts 或 from pyecharts import *
```

6.2 pyecharts 绘制图表流程

【任务 6-2】 绘制简单图表

任务描述

使用 pyecharts 绘制成绩分布状况的简单柱形图，该柱形图的 x 轴用于表示成绩分数的分段区域为“[90～100]”“[80～90)”“[70～80)”“[60～70)”“[0～60)”5 个区间，y 轴用于表示每个分段区域所对应的人数分别为 1、14、14、5、8，图表的图例的列表项为“成绩-人数”。

成绩分数的分段区域标记可参见【任务 1-1】中的任务描述。

知识储备

pyecharts 绘制柱形图的流程：首先从 pyecharts 图表库中导入柱形图模块 Bar，设置 *x* 轴和 *y* 轴的数据范围；然后通过 bar().add_xaxis()和 bar().add_yaxis()函数分别添加柱形图 *x* 轴的数据、*y* 轴的数据及类别；最后利用 bar().render()函数在当前目录下生成 render.html 文件，或者传入路径参数“d:/html/task6-2.html”，就可以在指定目录下创建指定的 HTML 文件。

任务实施

（1）打开 Visualization 项目，新建 Python 文件，输入 Python 文件名为 task6-2.py。

（2）在 PyCharm 的代码编辑区输入 task6-2.py 程序代码，如下。

```
#导入柱形图模块 Bar
from pyecharts.charts import Bar
#设置 x 轴数据
x_data = ["[90～100]", "[80～90)", "[70～80)", "[60～70)", "[0～60)"]
#设置 y 轴数据
y_data = [1, 14, 14, 5, 8]

#绘制柱形图
bar = Bar()
#添加 x 轴
bar.add_xaxis(x_data)
#添加 y 轴，第一个元素是图例项，第二个是 y 轴数据列表
bar.add_yaxis("成绩-人数", y_data)
# 利用 bar.render()在当前目录下生成 render.html 文件
# 或传入路径参数在指定目录下生成 HTML 文件
bar.render("d:/html/task6-2.html")
```

（3）运行 task6-2.py 程序，将在 d 盘的 html 目录下生成 task6-2.html 文件。打开该 HTML 文件，可看到成绩分布状况的简单柱形图，如图 6-2 所示。

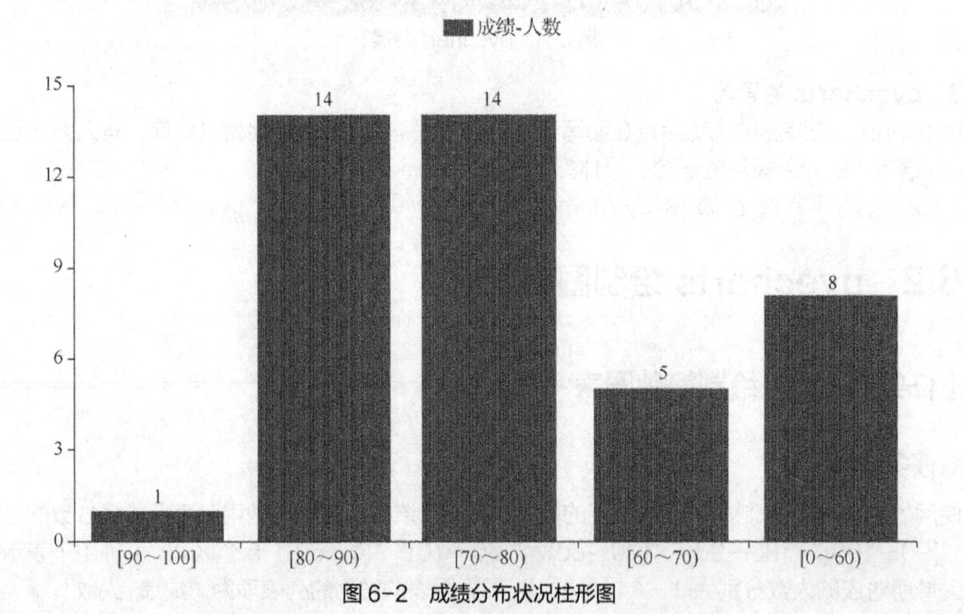

图 6-2　成绩分布状况柱形图

观察图 6-2 可知，所绘制的柱形图中只包含 x 轴上成绩分段的刻度范围、y 轴上每个成绩分段的人数和图例，没有工具栏和标题等全局配置项，有关全局配置项的设置将在后续的任务中介绍。

6.3 图表的全局配置项

利用 pyecharts 绘制图表时，通过全局配置项，可以更好地设置个性化图表。全局配置项可通过 set_global_opts()方法设置。下面重点介绍初始化配置项、标题配置项、图例配置项、工具箱配置项、视觉映射配置项、提示框配置项、区域缩放配置项和坐标轴配置项等的设置。

【任务 6-3】 初始化配置项

任务描述

了解初始化配置项（InitOpts）的参数和设置方法。

知识储备

pyecharts 的初始化配置项的参数如表 6-1 所示。

表 6-1 初始化配置项的参数

参数名	说明
width	图表画布宽度，CSS 长度单位，string 类型，默认值为 900px
height	图表画布高度，CSS 长度单位，string 类型，默认值为 500px
chart_id	图表 ID，图表唯一标识，用于多图表区分，string 类型，默认值为 None
renderer	渲染风格，可选'canvas'、'svg'、字符串
page_title	网页标题，string 类型，默认值为'Awesome-pyecharts'
theme	图表主题，string 类型，默认值为'white'
bg_color	图表背景颜色，string 类型，默认值为 None
js_host	远程 js_ host，默认为'https://assets.pyecharts.org/assets/'
animation_opts	画图动画初始化配置

初始化配置项的设置方法：首先通过 from pyecharts import options as opts 导入 options 模块，然后通过 opts.InitOpts()设置初始化配置项中的参数。例如，绘制柱形图，设置柱形图的画布宽度为 1000px、高度为 800px 的关键代码如下。

```
from pyecharts.charts import Bar
from pyecharts import options as opts
#绘制柱形图时设置初始化配置项
bar = Bar(opts.InitOpts(width="1000px", height="800px"))
```

【任务 6-4】 标题配置项

任务描述

了解标题配置项（TitleOpts）的参数和设置方法。设置【任务 6-2】柱形图中的主标题为“成绩分布状况”，副标题为“网络 1 班学生成绩”，标题距离左侧 20%，主标题与副标题之间的间距为 20px。

知识储备

pyecharts 的标题配置项的参数如表 6-2 所示。

表 6-2　标题配置项的参数

参数名	说明
title	主标题文本，支持使用“\n”换行，string 类型，默认值为 None
title_link	主标题跳转 url，string 类型，默认值为 None
title_target	主标题跳转链接方式，可选参数为'self'、'blank'。'self'表示当前窗口打开，'blank'表示新窗口打开，默认值为'blank'
subtitle	副标题文本，支持使用“\n”换行，string 类型，默认值为 None
subtitle_link	副标题跳转 url，string 类型，默认值为 None
subtitle_target	副标题跳转链接方式，可选参数为'self'、'blank'。'self'表示当前窗口打开，'blank'表示新窗口打开，默认值为'blank'
pos_left	title 组件离容器左侧的距离。值是像素值或相对于容器高度与宽度的百分比。如果值为'left'、'center'、'right'，组件会根据相应的位置自动对齐，默认值为 None
pos_right	title 组件离容器右侧的距离。值是像素值或相对于容器高度与宽度的百分比，默认值为 None
pos_top	title 组件离容器上侧的距离。值是像素值或相对于容器高度与宽度的百分比。如果值为'top'、'middle'、'bottom'，组件会根据相应的位置自动对齐，默认值为 None
pos_bottom	title 组件离容器下侧的距离。值是像素值或相对于容器高度与宽度的百分比，默认值为 None
padding	标题内边距，单位为 px，默认各方向内边距值为 5，可用数组分别设定上、右、下、左边距
item_gap	主副标题之间的间距
title_textstyle_opts	主标题字体样式配置项
subtitle_textstyle_opts	副标题字体样式配置项

标题配置项的设置方法：首先通过 from pyecharts import options as opts 导入 options 模块，然后通过 set_global_opts()方法设置 opts.TitleOpts()中的参数。

任务实施

（1）打开 Visualization 项目，新建 Python 文件，输入 Python 文件名为 task6-4.py。

（2）在 PyCharm 的代码编辑区输入 task6-4.py 程序代码，如下。

```
from pyecharts.charts import Bar
from pyecharts import options as opts
x_data = ["[90～100]", "[80～90)", "[70～80)", "[60～70)", "[0～60)"]
y_data = [1, 14, 14, 5, 8]

#绘制柱形图
bar = (
    Bar()
    .add_xaxis(x_data)
    .add_yaxis("成绩-人数",y_data)
    .set_global_opts(
        #标题配置项
        title_opts=opts.TitleOpts(
           title="成绩分布状况", pos_left='20%',
           subtitle='网络 1 班学生成绩', item_gap=20 )
    )
)
bar.render("d:/html/task6-4.html")
```

（3）运行 task6-4.py 程序，将在 d 盘的 html 目录下生成 task6-4.html 文件，打开该 HTML 文件，效果如图 6-3 所示，图表上显示的“成绩-人数”为图例，默认为显示图例。

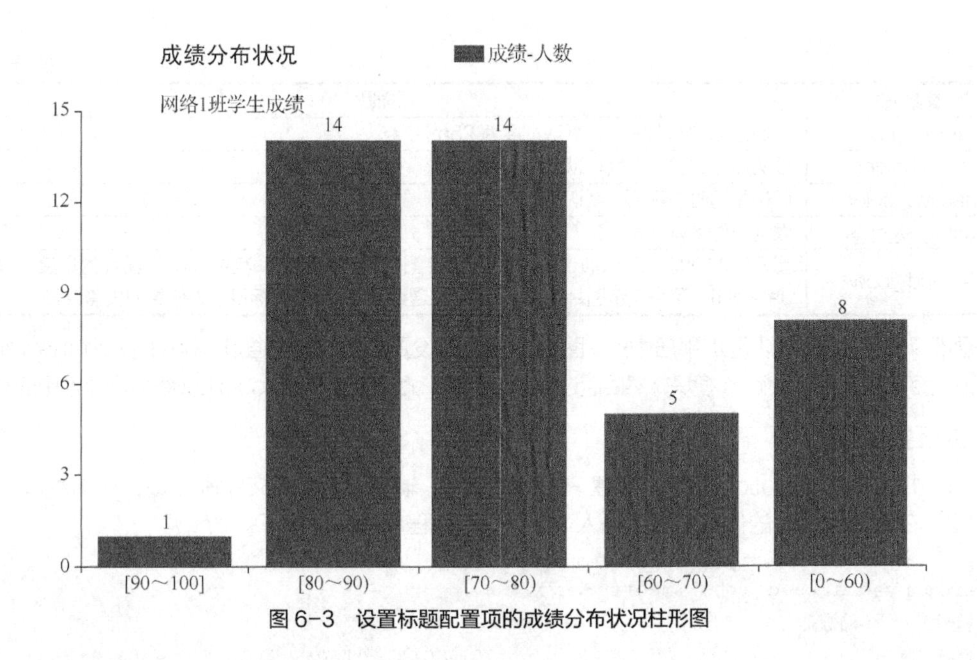

图 6-3　设置标题配置项的成绩分布状况柱形图

【任务 6-5】 图例配置项

任务描述

了解图例配置项（LegendOpts）的参数和设置方法。绘制成绩分布状况的柱形图并设置柱形图的图例距离右侧 120px，图例列表为水平布局。

知识储备

pyecharts 的图例配置项的参数如表 6-3 所示。

表 6-3　图例配置项的参数

参数名	说明
type_	图例的类型。可选值为'plain'（普通图例）、'scroll'（可滚动翻页的图例），缺省是普通图例
selected_mode	图例选择的模式，控制是否可以通过单击图例改变系列的显示状态。默认开启图例选择，可以设成 False 以关闭图例选择。此外，也可以设成'single'或者'multiple'以使用单选模式或者多选模式
is_show	是否显示图例组件。布尔类型，默认值为 True
pos_left	图例组件离容器左侧的距离。值是像素值或相对于容器高度与宽度的百分比，如果值为'left'、'center'、'right'，组件会根据相应的位置自动对齐，默认值为 None
pos_right	图例组件离容器右侧的距离。值是像素值或相对于容器高度与宽度的百分比，默认值为 None
pos_top	图例组件离容器上侧的距离。值是像素值或相对于容器高度与宽度的百分比，如果值为'top'、'middle'、'bottom'，组件会根据相应的位置自动对齐，默认值为 None
pos_bottom	图例组件离容器下侧的距离。值是像素值或相对于容器高度与宽度的百分比，默认值为 None
orient	图例列表的布局方向，可选值为'horizontal'、'vertical'，默认值为 None
align	图例标记和文本的对齐方式。可选参数为'auto'、'left'、'right'，默认参数为'auto'
padding	图例内边距，单位为 px，默认各方向内边距为 5px
item_gap	图例各项之间的间隔。横向布局时为水平间隔，纵向布局时为纵向间隔，默认间隔为 10px

续表

参数名	说明
item_width	图例标记的图形宽度，默认宽度为 25px
item_height	图例标记的图形高度，默认高度为 14px
inactive_color	图例关闭时的颜色，默认值为#ccc
textstyle_opts	图例组件字体样式
legend_icon	图例项的图标。可以通过'image://url'将图标设置为图片，其中 url 为图片的链接，或者 dataURI（用来表示图片数据）。也可以通过'path:// '将图标设置为任意的矢量路径

图例列表的布局默认是水平居中的。图例配置项的设置方法：首先通过 from pyecharts import options as opts 导入 options 模块，然后通过 set_global_opts()方法设置 opts.LegendOpts()中的参数。

任务实施

（1）打开 Visualization 项目，新建 Python 文件，输入 Python 文件名为 task6-5.py。

（2）在 PyCharm 的代码编辑区输入 task6-5.py 程序代码，如下。

```
from pyecharts import options as opts
from pyecharts.charts import Bar
#设置 x、y 轴数据
x_data = ["[90～100]", "[80～90)", "[70～80)", "[60～70)", "[0～60)"]
y_data = [1, 14, 14, 5, 8]
#绘制柱形图
bar = (
    Bar()
    .add_xaxis(x_data)
    .add_yaxis("成绩-人数", y_data)
    .set_global_opts(#图例配置项
                legend_opts=
                    opts.LegendOpts(pos_right=120,
                                    orient='horizontal')
    )
)
bar.render("d:/html/task6-5.html")
```

（3）运行 task6-5.py 程序，在 d 盘的 html 目录下生成 task6-5.html 文件，打开该 HTML 文件，效果如图 6-4 所示。

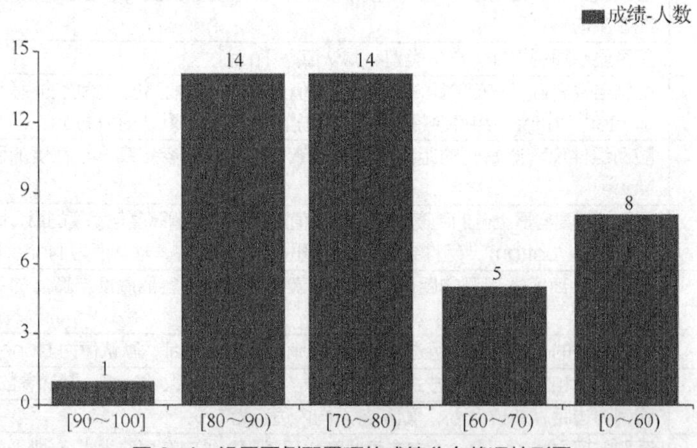

图 6-4　设置图例配置项的成绩分布状况柱形图

【任务 6-6】 工具箱配置项

任务描述

了解工具箱配置项（ToolboxOpts）的参数和设置方法。绘制成绩分布状况的柱形图，并设置显示工具箱配置项组件。

知识储备

pyecharts 的工具箱配置项的参数如表 6-4 所示。

表 6-4 工具箱配置项的参数

参数名	说明
is_show	是否显示工具栏组件。布尔类型，默认值为 True
orient	工具栏图标的布局方向。可选值为'horizontal'、'vertical'，默认值为'horizontal'
pos_left	工具栏组件离容器左侧的距离，值是像素值或相对于容器高度与宽度的百分比，如果值为'left'、'center'、'right'，组件会根据相应的位置自动对齐，默认值为 80%
pos_right	工具栏组件离容器右侧的距离，值是像素值或相对于容器高度与宽度的百分比，默认值为 None
pos_top	工具栏组件离容器上侧的距离，值是像素值或相对于容器高度与宽度的百分比。如果值为'top'、'middle'、'bottom'，组件会根据相应的位置自动对齐，默认值为 None
pos_bottom	工具栏组件离容器下侧的距离，值是像素值或相对于容器高度与宽度的百分比，默认值为 None
feature	各工具配置项

工具箱配置项的设置方法：首先通过 from pyecharts import options as opts 导入 options 模块，然后通过 set_global_opts()方法设置 opts.ToolboxOpts()中的参数。

任务实施

（1）打开 Visualization 项目，新建 Python 文件，输入 Python 文件名为 task6-6.py。

（2）在 PyCharm 的代码编辑区输入 task6-6.py 程序代码，如下。

```
from pyecharts import options as opts
from pyecharts.charts import Bar
#设置 x、y 轴数据
x_data = ["[90～100]", "[80～90)", "[70～80)", "[60～70)", "[0～60)"]
y_data = [1, 14, 14, 5, 8]
#绘制柱形图
bar = (
    Bar()
    .add_xaxis(x_data)
    .add_yaxis("成绩-人数", y_data)
    .set_global_opts(
        #工具箱配置项
        toolbox_opts=opts.ToolboxOpts()
    )
)
bar.render("d:/html/task6-6.html")
```

（3）运行 task6-6.py 程序，在 d 盘的 html 目录下生成 task6-6.html 文件，打开该 HTML 文件，效果如图 6-5 所示。

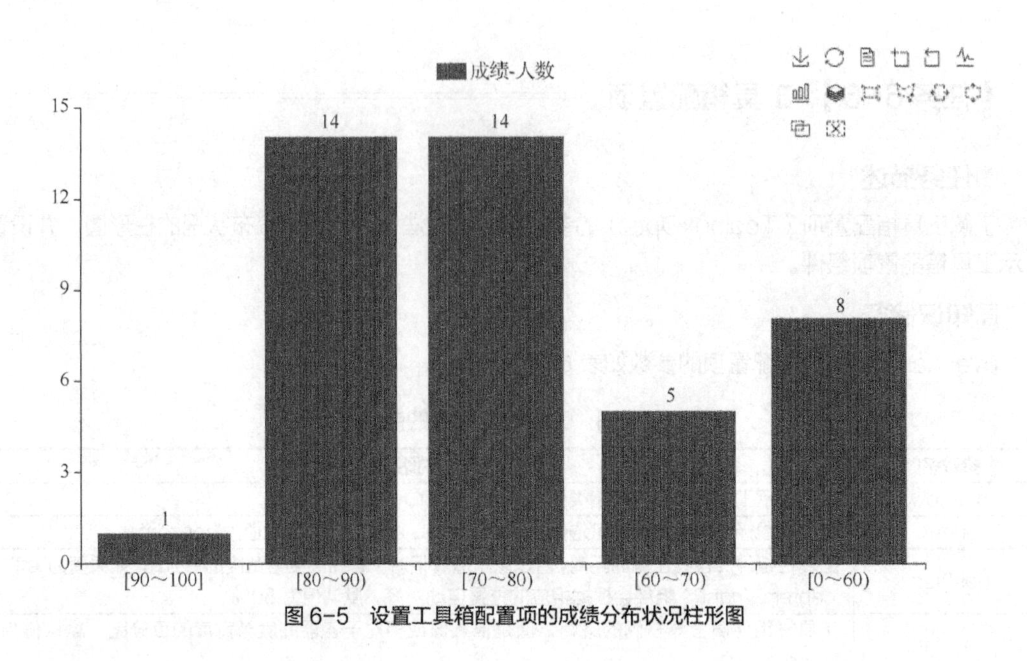

图 6-5　设置工具箱配置项的成绩分布状况柱形图

【任务 6-7】 视觉映射配置项

任务描述

了解视觉映射配置项（VisualMapOpts）的参数和设置方法。绘制成绩分布状况的柱形图，并设置显示视觉映射配置项组件。

知识储备

pyecharts 的视觉映射配置项的参数如表 6-5 所示。

表 6-5　视觉映射配置项的参数

参数名	说明
is_show	是否显示视觉映射配置项组件。布尔类型，默认值为 True
type_	映射过渡类型，可选值为'color'、'size'，默认值为'color'
min_	指定 visualMapPiecewise 组件的最小值，默认值为 0
max_	指定 visualMapPiecewise 组件的最大值，默认值为 100
range_text	两端的文本，如['High', 'Low']，默认值为 None
range_color	visualMap 组件过渡颜色，默认值为 None
range_size	visualMap 组件过渡图元大小，默认值为 None
range_opacity	visualMap 图元以及其附属物（如文字标签）的透明度，默认值为 None
orient	放置 visualMap 组件的方式，可为水平（'horizontal'）或竖直（'vertical'），默认值为'vertical'
pos_left	visualMap 组件离容器左侧的距离，值是像素值或相对于容器高度与宽度的百分比。如果值为'left'、'center'、'right'，组件会根据相应的位置自动对齐，默认值为 None
pos_right	visualMap 组件离容器右侧的距离，值是像素值或相对于容器高度与宽度的百分比，默认值为 None
pos_top	visualMap 组件离容器上侧的距离，值是像素值或相对于容器高度与宽度的百分比。如果值为'top'、'middle'、'bottom'，组件会根据相应的位置自动对齐，默认值为 None

续表

参数名	说明
pos_bottom	visualMap 组件离容器下侧的距离，值是像素值或相对于容器高度与宽度的百分比，默认值为 None
split_number	对于连续数据，自动平均切分成几段，默认值为 5。连续数据的范围需要用 max 和 min 来指定
series_index	指定取哪个系列的数据，默认取所有系列
dimension	组件映射维度，默认值为 None
is_calculable	是否显示拖曳用的手柄，布尔类型，默认值为 True
is_piecewise	是否为分段型，布尔类型，默认值为 False
is_inverse	visualMap 组件是否反转，布尔类型，默认值为 True
precision	数据展示的小数精度，连续数据平均分段，精度根据数据自动适应，精度默认为 0
pieces	自定义的每一段的范围、每一段的文字，以及每一段的特别样式。例如 pieces: {'min': 900, 'max': 1500}，默认值为 None
out_of_range	定义在选中范围外的视觉元素，默认值为 None，可选的视觉元素如下。 • symbol：图元的图形类别； • symbolSize：图元的大小； • color：图元的颜色； • colorAlpha：图元的颜色的透明度； • opacity：图元以及其附属物（如文字标签）的透明度； • colorLightness：颜色的明暗度； • colorSaturation：颜色的饱和度； • colorHue：颜色的色调
item_width	图形的宽度，即长条的宽度，默认值为 0
item_height	图形的高度，即长条的高度，默认值为 0
background_color	visualMap 组件的背景色，默认值为 None
border_color	visualMap 组件的边框颜色，默认值为 None
border_width	visualMap 组件的边框线宽，单位为 px，默认值为 0
textstyle_opts	文字样式配置项，默认值为 None

视觉映射配置项的设置方法：首先通过 from pyecharts import options as opts 导入 options 模块，然后通过 set_global_opts()方法设置 opts.VisualMapOpts()中的参数。

任务实施

（1）打开 Visualization 项目，新建 Python 文件，输入 Python 文件名为 task6-7.py。

（2）在 PyCharm 的代码编辑区输入 task6-7.py 程序代码，如下。

```
from pyecharts import options as opts
from pyecharts.charts import Bar
x_data = ["[90～100]", "[80～90)", "[70～80)", "[60～70)", "[0～60)"]
y_data = [1, 14, 14, 5, 8]
bar = (
    Bar()
    .add_xaxis(x_data)
    .add_yaxis("成绩-人数", y_data)
    .set_global_opts(#视觉映射配置项
        visualmap_opts=opts.VisualMapOpts()))
bar.render("d:/html/task6-7.html")
```

（3）运行 task6-7.py 程序，在 d 盘的 html 目录下生成 task6-7.html 文件，打开该 HTML 文件，效果如图 6-6 所示。

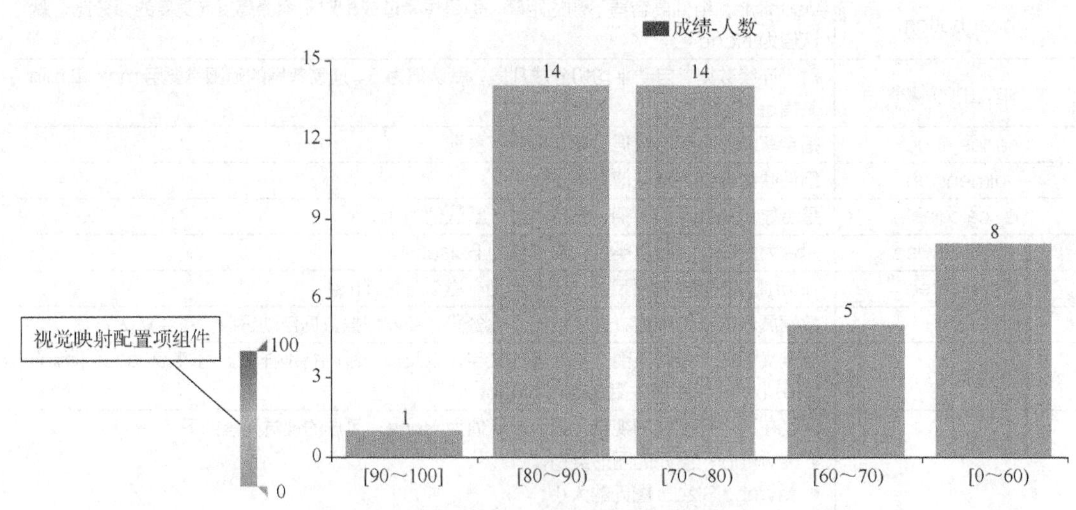

图 6-6　设置视觉映射配置项的成绩分布状况柱形图

【任务 6-8】 提示框配置项

任务描述

了解提示框配置项（TooltipOpts）的参数和设置方法。绘制成绩分布状况的柱形图，并设置显示提示框配置项组件。

知识储备

pyecharts 的提示框配置项的参数如表 6-6 所示。

表 6-6　提示框配置项的参数

参数名	说明
is_show	是否显示提示框组件，包括提示框浮层和 axisPointer。布尔类型，默认值为 True
trigger	触发类型，可选值如下。 • 'item'：数据项图形触发，为默认值，主要在散点图、饼图等无类目轴的图表中使用； • 'axis'：坐标轴触发，主要在柱形图、折线图等会使用类目轴的图表中使用； • 'none'：什么都不触发
trigger_on	提示框触发的条件，可选值如下。 • 'mousemove'：鼠标移动时触发； • 'click'：单击鼠标时触发； • 'mousemove|click'：同时进行鼠标移动和单击鼠标时触发，为默认值； • 'none'：不触发

续表

参数名	说明
axis_pointer_type	指示器类型，可选值如下。 • 'line'：直线指示器，为默认值； • 'shadow'：阴影指示器； • 'none'：无指示器； • 'cross'：十字准星指示器
is_show_content	是否显示提示框浮层，布尔类型，默认值为 True
is_always_show_content	是否永远显示提示框内容，默认情况下在鼠标指针移出可触发提示框区域一定时间后隐藏该内容，设置为 True 可以保证一直显示提示框内容
show_delay	浮层显示的延迟，单位为 ms，默认没有延迟，不建议设置
hide_delay	浮层隐藏的延迟，单位为 ms，在 is_always_show_content 为 True 的时候无效，默认为 100ms
position	提示框浮层的位置，默认不设置时位置会跟随鼠标指针移动，设置方法如下。 ① 通过数组配置。 • 绝对位置：例如相对于容器左侧为 10px、上侧为 10px，则 position 为[10,10]； • 相对位置：例如放置在容器正中间，则 position 为['50%', '50%']。 ② 通过回调函数配置。 ③ 通过固定参数配置：'inside'、'top'、'left'、'right'、'bottom'
background_color	提示框浮层的背景颜色，默认值为 None
border_color	提示框浮层的边框颜色，默认值为 None
border_width	提示框浮层的边框宽度，默认值为 0
textstyle_opts	文字样式配置项，例如：textstyle_opts = TextStyleOpts(font_size=14)

提示框配置项的设置方法：首先通过 from pyecharts import options as opts 导入 options 模块，然后通过 set_global_opts()方法设置 opts.TooltipOpts()中的参数。

任务实施

（1）打开 Visualization 项目，新建 Python 文件，输入 Python 文件名为 task6-8.py。

（2）在 PyCharm 的代码编辑区输入 task6-8.py 程序代码，如下。

```
from pyecharts import options as opts
from pyecharts.charts import Bar
x_data = ["[90～100]", "[80～90)", "[70～80)", "[60～70)", "[0～60)"]
y_data = [1, 14, 14, 5, 8]
bar = (
    Bar()
    .add_xaxis(x_data)
    .add_yaxis("成绩-人数", y_data)
    .set_global_opts(
        #提示框配置项
        tooltip_opts=opts.TooltipOpts() # 显示提示框组件
    )
)
bar.render("d:/html/task6-8.html")
```

（3）运行 task6-8.py 程序，在 d 盘的 html 目录下生成 task6-8.html 文件。打开该 HTML 文件，当将鼠标指针移动到柱形图上时，就会显示出提示框组件，效果如图 6-7 所示。

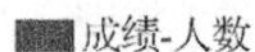
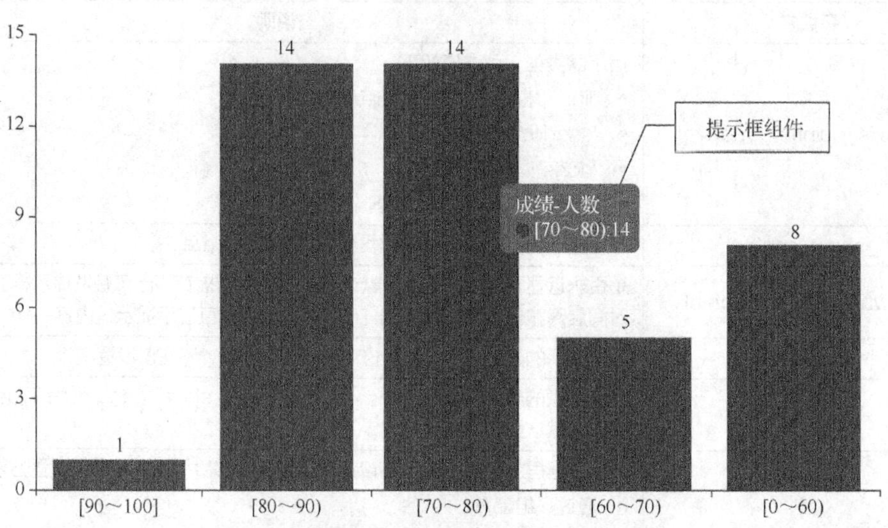

图 6-7　设置提示框配置项的成绩分布状况柱形图

【任务 6-9】 区域缩放配置项

任务描述

了解区域缩放配置项（DataZoomOpts）的参数和设置方法。绘制成绩分布状况的柱形图并设置显示区域缩放配置项组件，组件的类型为“slider”，并且在拖曳结束后更新系列的视图。

知识储备

pyecharts 的区域缩放配置项的参数如表 6-7 所示。

表 6-7　区域缩放配置项的参数

参数名	说明
is_show	是否显示组件。如果设置为 False，不会显示，但是数据过滤的功能还存在。布尔类型，默认值为 True
type_	组件类型，可选值为'slider'、'inside'，默认值为'slider'
is_realtime	拖曳时是否实时更新系列的视图。如果设置为 False，则只在拖曳结束的时候更新。布尔类型，默认值为 True
range_start	数据窗口范围的起始百分比。值范围是 0～100，表示 0～100%
range_end	数据窗口范围的结束百分比。值范围是 0～100
start_value	数据窗口范围的起始数值。如果该参数设置为'start'，则 startValue 失效
end_value	数据窗口范围的结束数值。如果该参数设置为'end'，则 endValue 失效
orient	布局方式是横向的还是竖向的。可选值为'horizontal'、'vertical'
xaxis_index	设置 dataZoom-inside 组件控制的 *x* 轴（即 xAxis）。 • 不指定时，当 dataZoom-inside.orient 为'horizontal'时，默认控制与区域缩放组件平行的第一个 xAxis。 • 如果是数字，表示控制一个轴；如果是数组，表示控制多个轴

续表

参数名	说明
yaxis_index	设置 dataZoom-inside 组件控制的 y 轴（即 yAxis）。 • 不指定时，当 dataZoom-inside.orient 为'horizontal'时，默认控制与 dataZoom 平行的第一个 yAxis。 • 如果是数字，表示控制一个轴；如果是数组，表示控制多个轴
is_zoom_lock	是否锁定数据窗口的大小。如果设置为 True，则锁定数据窗口的大小，即只能平移不能缩放。布尔类型，默认值为 False
pos_left	dataZoom-slider 组件离容器左侧的距离。值可以是具体像素值，也可以是相对于容器高度与宽度的百分比，如果值为'left'、'center'、'right'，组件会根据相应的位置自动对齐
pos_top	dataZoom-slider 组件离容器上侧的距离。值可以是具体像素值，也可以是相对于容器高度与宽度的百分比，如果值为'top'、'middle'、'bottom'，组件会根据相应的位置自动对齐
pos_right	dataZoom-slider 组件离容器右侧的距离。值可以是具体像素值，也可以是相对于容器高度与宽度的百分比。默认自适应
pos_bottom	dataZoom-slider 组件离容器下侧的距离。值可以是具体像素值，也可以是相对于容器高度与宽度的百分比。默认自适应
filter_mode	dataZoom 是通过数据过滤以及在内部设置轴的显示窗口来达到数据窗口缩放的效果。可选值如下。 • 'filter'：每个数据项，只要有一个维度在数据窗口外，整个数据项就会被过滤掉； • 'weakFilter'：每个数据项，只有当全部维度都在数据窗口同侧外部，整个数据项才会被过滤掉； • 'empty'：当前数据窗口外的数据被设置为空的，即不会影响其他轴的数据范围； • 'none'：不过滤数据，只改变轴范围

区域缩放配置项的设置方法：首先通过 from pyecharts import options as opts 导入 options 模块，然后通过 set_global_opts()方法设置 opts.DataZoomOpts()中的参数。

任务实施

（1）打开 Visualization 项目，新建 Python 文件，输入 Python 文件名为 task6-9.py。

（2）在 PyCharm 的代码编辑区输入 task6-9.py 程序代码，如下。

```
from pyecharts import options as opts
from pyecharts.charts import Bar
#设置 x、y 轴数据
x_data = ["[90～100]", "[80～90)", "[70～80)", "[60～70)", "[0～60)"]
y_data = [1, 14, 14, 5, 8]
bar = (
    Bar()
    .add_xaxis(x_data)
    .add_yaxis("成绩-人数", y_data,bar_width=80)
    .set_global_opts( #提示框配置项
        tooltip_opts=opts.TooltipOpts(), # 显示提示框组件
        # 区域缩放配置项
        datazoom_opts=opts.DataZoomOpts(type_='slider', #组件类型
```

```
                                                #更新视图区域的方式
                                                is_realtime=False)))
bar.render("d:/html/task6-9.html")
```

（3）运行 task6-9.py 程序，在 d 盘的 html 目录下生成 task6-9.html 文件，打开该 HTML 文件，观察到图表底部有滑动条，用鼠标拖曳滑动条两端结束后，会更新图表两端的区域，效果如图 6-8 所示。

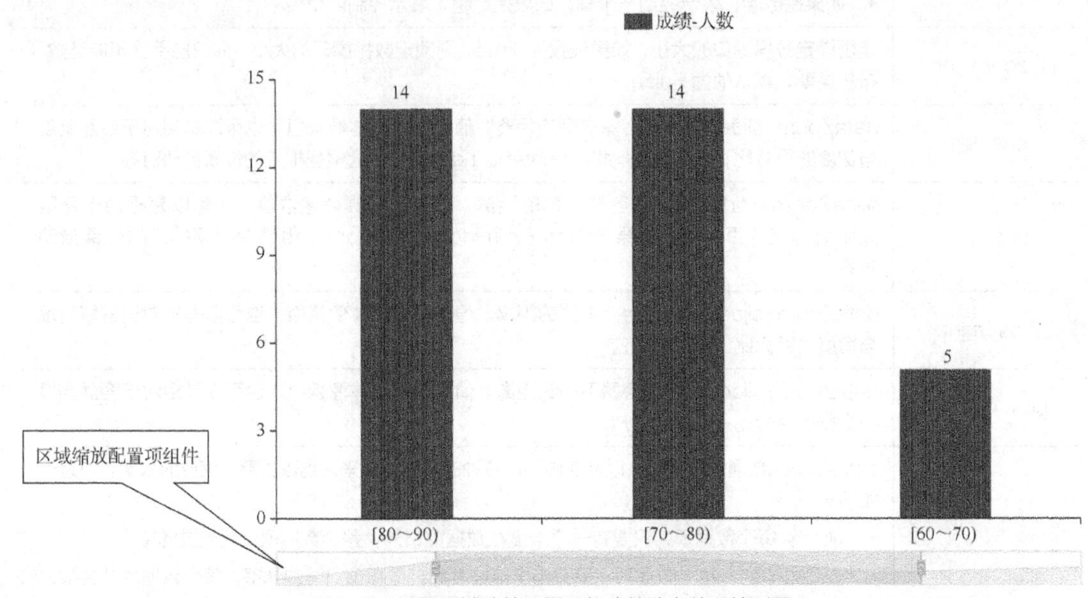

图 6-8　设置区域缩放配置项的成绩分布状况柱形图

【任务 6-10】 坐标轴配置项

任务描述

了解坐标轴配置项（AxisOpts）的参数和设置方法。在【任务 6-8】的基础上设置 x 轴的名称为“成绩”、显示位置为“middle”，y 轴的名称为“人数”、显示位置为“end”。x 轴和 y 轴的轴名称与轴线之间的距离为 30px，坐标轴名称旋转 45°。

知识储备

pyecharts 的坐标轴配置项的参数如表 6-8 所示。

表 6-8　坐标轴配置项的参数

参数名	说明
type_	坐标轴类型，可选值如下。 ● 'value'：数值轴，适用于连续数据； ● 'category'：类目轴，适用于离散的类目数据，为该类型时必须通过 data 设置类目数据； ● 'time'：时间轴，适用于连续的时序数据，与数值轴相比，时间轴上显示的时间是格式化后的时间，在刻度计算上也有所不同，例如会根据跨度的范围来决定使用月、星期、日还是小时数据作为刻度； ● 'log'对数轴：适用于对数数据
name	坐标轴名称，string 类型，默认值为 None

续表

参数名	说明
is_show	是否显示 x 轴。布尔类型，默认值为 True
is_scale	是否取消强制包含坐标的零刻度，只在数值轴中有效，布尔类型，默认值为 False。设置成 True 后坐标刻度不会强制包含零刻度。在双数值轴的散点图中比较有用。在设置 min 和 max 之后该配置项无效
is_inverse	是否使坐标轴反向，布尔类型，默认值为 False
name_location	坐标轴名称显示位置，可选值为'start'、'middle'、'center'或'end'，默认值为'end'
name_gap	坐标轴名称与轴线之间的距离，默认值为 15px
name_rotate	坐标轴名称旋转的角度值，默认值为 None
grid_index	x 轴所在的网格的索引，默认位于第一个网格
position	x 轴的位置，可选值为'top'、'bottom'。默认第一个 x 轴在网格的下方（'bottom'）；对于第二个 x 轴，视第一个 x 轴的位置被放在另一侧
offset	y 轴相对于默认位置的偏移量，默认值为 0。需要注意的是，其在相同的位置上有多个 y 轴的时候有用
split_number	坐标轴的分割段数。需要注意的是，这个分割段数只是预估值，最后实际显示的段数会在这一基础上根据分割后坐标轴刻度的易读程度进行调整，默认值是 5
boundary_gap	坐标轴两边留白策略，类目轴和非类目轴的设置和表现不一样。 • 类目轴中该参数可以配置为 True 和 False，默认值为 True，这时候刻度只是作为分隔线，标签和数据点都会在两个刻度之间； • 非类目轴，包括时间轴、对数轴，该参数是一个有两个值的数组，分别表示数据最小值和最大值的延伸范围，可以直接设置数值或者相对的百分比，在设置 min_和 max_参数后，该参数无效，示例：boundary_gap=(0.2)
min_	坐标轴刻度最小值。可以设置成特殊值'dataMin'，此时取数据在该轴上的最小值作为最小刻度。不设置时会自动计算最小值以保证坐标轴刻度的均匀分布。 在类目轴中，其也可以设置为类目的序数，例如类目轴 data=[' 类 A', '类 B', '类 C']，序数 2 表示'类 C'，还可以设置为负数，例如-3
max_	坐标轴刻度最大值。可以设置成特殊值'dataMax'，此时取数据在该轴上的最大值作为最大刻度。不设置时会自动计算最大值以保证坐标轴刻度的均匀分布。 在类目轴中，其也可以设置为类目的序数，例如类目轴 data=[' 类 A', '类 B', '类 C'] 中，序数 2 表示'类 C'，还可以设置为负数，例如-3
min_interval	自动计算的坐标轴最小间隔大小。例如，可以设置成 1 以保证坐标轴分割刻度显示成整数，默认值是 0
max_interval	自动计算的坐标轴最大间隔大小
axisline_opts	坐标轴刻度线配置项，默认值为 None
axistick_opts	坐标轴刻度配置项，默认值为 None
axislabel_opts	坐标轴标签配置项，默认值为 None
axispointer_opts	坐标轴指示器配置项，默认值为 None
name_textstyle_opts	坐标轴名称的文字样式，默认值为 None
splitarea_opts	分割区域配置项，默认值为 None
splitline_opts	分割线配置项
minor_tick_opts	坐标轴次刻度线相关设置，默认值为 None
minor_split_line_opts	坐标轴在网格区域中的次分割线，次分割线会对齐次刻度线 minorTick，默认值为 None

坐标轴配置项的设置方法：首先通过 from pyecharts import options as opts 导入 options 模块，然后通过 set_global_opts()方法设置 opts.AxisOpts()中的参数。

任务实施

（1）打开 Visualization 项目，新建 Python 文件，输入 Python 文件名为 task6-10.py。

（2）在 PyCharm 的代码编辑区输入 task6-10.py 程序代码，如下。

```
from pyecharts import options as opts
from pyecharts.charts import Bar
#设置 x 轴数据
x_data = ["[90～100]", "[80～90)", "[70～80)", "[60～70)", "[0～60)"]
#设置 y 轴数据
y_data = [1, 14, 14, 5, 8]

#绘制柱形图
bar = (
    Bar()
    .add_xaxis(x_data)
    .add_yaxis("成绩-人数", y_data)
    .set_global_opts(
        #提示框配置项
        # 显示提示框组件
        tooltip_opts=opts.TooltipOpts(),

        # x 轴配置项
        xaxis_opts=opts.AxisOpts(name='成绩',
                                 name_location='middle',
                                 name_gap=30,
                                 name_rotate=45),


       # y 轴配置项
       yaxis_opts=opts.AxisOpts(name='人数',
                                name_gap=30,
                                name_rotate=45)
    )
)
bar.render("d:/html/task6-10.html")
```

（3）运行 task6-10.py 程序，在 d 盘的 html 目录下生成 task6-10.html 文件，打开该 HTML 文件，效果如图 6-9 所示。

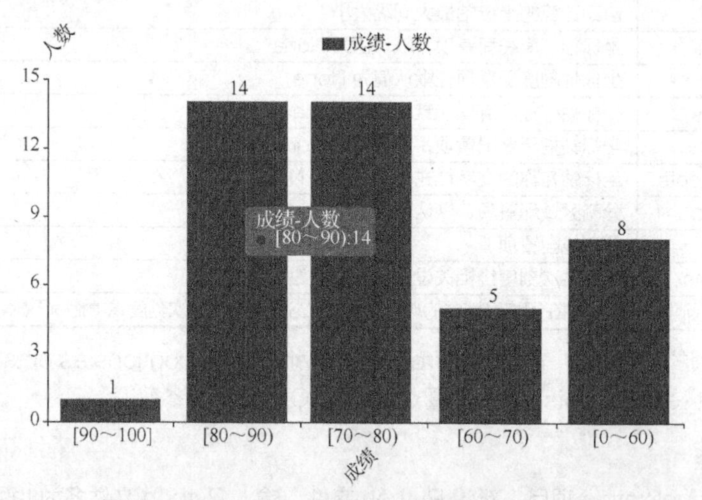

图 6-9　设置 x 轴、y 轴配置项的成绩分布状况柱形图

【任务 6-11】原生图形元素组件

任务描述

了解原生图形元素组件（GraphicGroup）的参数和设置方法，以及如何运用原生图形元素组件在图表中设置脚注和在图表的任意位置设置文本说明。绘制成绩分布状况的柱形图并设置脚注为“数据来源：学生成绩表”，字体大小为 16px，黑体。

知识储备

pyecharts 的原生图形元素组件的参数如表 6-9 所示，原生图形文本配置项的参数如表 6-10 所示，原生图形文本样式配置项的参数如表 6-11 所示。

表 6-9　原生图形元素组件的参数

参数名	说明
graphic_item	图形的配置项，可选值为 GraphicItem、dict、None，默认值为 None
is_diff_children_by_name	根据其 children 中每个图形元素的 name 属性进行重绘，布尔类型，默认值为 False
children	子节点列表，列表中的各项都是一个图形元素定义，可以选择 GraphicText、GraphicImage、GraphicRect

表 6-10　原生图形文本配置项（GraphicText）的参数

参数名	说明
graphic_item	图形的配置项，可选值为 GraphicItem、dict、None，默认值为 None
graphic_textstyle_opts	图形文本样式的配置项，可选值为 GraphicTextStyleOpts、dict、None，默认值为 None

表 6-11　原生图形文本样式配置项（GraphicTextStyleOpts）的参数

参数名	说明
text	文本块文字，可以使用“\n”来换行
pos_x	图形元素的左上角在父节点坐标系（以父节点左上角为原点）中的横坐标值，数值类型，默认值为 0
pos_y	图形元素的左上角在父节点坐标系（以父节点左上角为原点）中的纵坐标值，数值类型，默认值为 0
font	字体大小、字体类型、粗细、字体样式。例如： （1）size | family font: '2em "STHeiti", sans-serif' （2）style | weight | size | family font: 'italic bolder 16px cursive' （3）weight | size | family font: 'bolder 2em "Microsoft YaHei", sans-serif'
text_align	水平对齐方式，取值为'left'、'center'、'right'，默认值为'left'
text_vertical_align	垂直对齐方式，取值为'top'、'middle'、'bottom'，默认值为 None
graphic_basicstyle_opts	图形基本配置项，可选值为 GraphicBasicStyleOpts、dict、None，默认值为 None

原生图形元素组件的设置方法：首先通过 from pyecharts import options as opts 导入 options 模块，然后通过 set_global_opts()方法设置 opts.GraphicItem()中的参数。

任务实施

（1）打开 Visualization 项目，新建 Python 文件，输入 Python 文件名为 task6-11.py。

（2）在 PyCharm 的代码编辑区输入 task6-11.py 程序代码，如下。

```
from pyecharts import options as opts
from pyecharts.charts import Bar
#设置x、y轴数据
x_data = ["[90～100]", "[80～90)", "[70～80)", "[60～70)", "[0～60)"]
y_data = [1, 14, 14, 5, 8]
#绘制柱形图
bar = (
    Bar()
    .add_xaxis(x_data)
    .add_yaxis("成绩-人数", y_data)
    .set_global_opts(
        # 添加脚注
        graphic_opts=opts.GraphicGroup(
            graphic_item=opts.GraphicItem(left='12%', bottom='0%'),
            children=[
                opts.GraphicText(graphic_textstyle_opts=
                opts.GraphicTextStyleOpts(
                    text='数据来源：学生成绩表',
                    font="16px SimHei"))]
        )
    )
)
bar.render("d:/html/task6-11.html")
```

（3）运行 task6-11.py 程序，在 d 盘的 html 目录下生成 task6-11.html 文件，打开该 HTML 文件，效果如图 6-10 所示。

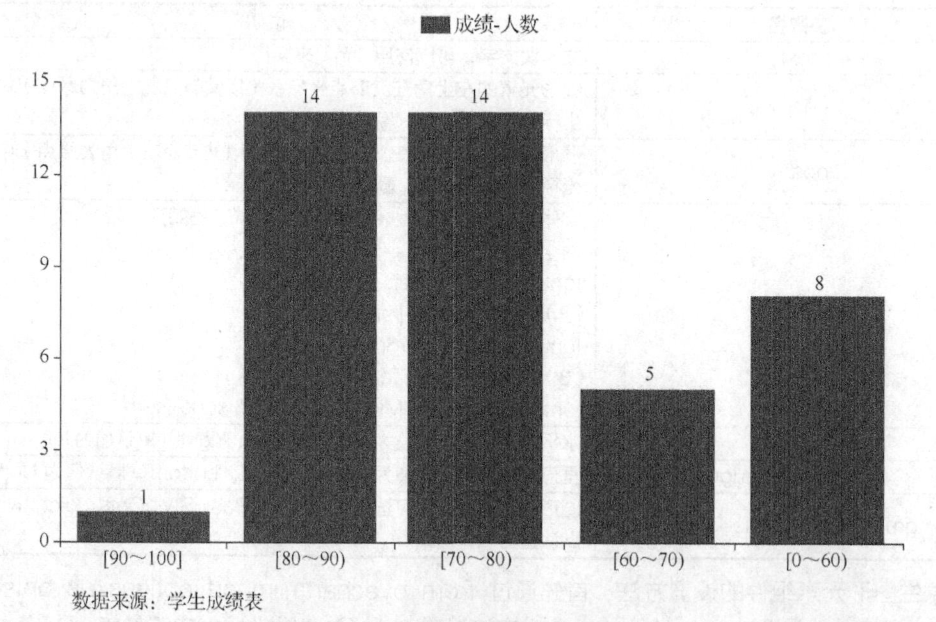

图 6-10　设置脚注的成绩分布状况柱形图

6.4 图表的系列配置项

pyecharts 除了全局配置项外，还有系列配置项，本节将介绍常用的文字样式配置项、标签配置项、线样式配置项和分割线配置项的使用方法。

【任务 6-12】 文字样式配置项

任务描述

了解文字样式配置项（TextStyleOpts）的参数和设置方法。在【任务 6-8】的基础上设置提示框组件中字体大小为 20，加粗，倾斜。

知识储备

pyecharts 的文字样式配置项的参数如表 6-12 所示。

表 6-12　文字样式配置项的参数

参数名	说明
color	文字颜色，string 类型，默认值为 None
font_style	文字字体的风格，可选值为'normal'、'italic'、'oblique'，string 类型，默认值为 None
font_weight	主标题文字字体的粗细，可选值为'normal'、'bold'、'bolder'、'lighter'，string 类型，默认值为 None
font_family	文字的字体系列，值可以是'serif'、'monospace'、'Arial'、'Courier New'、'Microsoft YaHei'等，string 类型，默认值为 None
font_size	文字的字体大小，数值类型，默认值为 None
align	文字水平对齐方式，默认自动
vertical_align	文字垂直对齐方式，默认自动
line_height	行高
background_color	文字块背景色，可以是颜色值，例如'#123234'、'red'或'rgba(0,23,11,0.3) '
border_color	文字块边框颜色，string 类型，默认值为 None
border_width	文字块边框宽度，数值类型，默认值为 None
border_radius	文字块的圆角，默认值为 None
padding	文字块的内边距，设置示例如下。 • padding=[3, 4, 5, 6]：表示[上，右，下，左]的边距； • padding=4：表示[4, 4, 4, 4]； • padding=[3, 4]：表示[3, 4, 3, 4]
shadow_color	文字块的背景阴影颜色，string 类型，默认值为 None
shadow_blur	文字块的背景阴影长度，数值类型，默认值为 None
border_color	文字块边框颜色，string 类型，默认值为 None
width	文字块的宽度，string 类型，默认值为 None
height	文字块的高度，string 类型，默认值为 None
rich	自定义富文本样式，dict 类型，默认值为 None

文字样式配置项的设置方法：首先通过 from pyecharts import options as opts 导入 options 模块，然后在图例配置项或提示框配置项中设置 opts.TextStyleOpts()中的参数。

任务实施

（1）打开 Visualization 项目，新建 Python 文件，输入 Python 文件名为 task6-12.py。
（2）在 PyCharm 的代码编辑区输入 task6-12.py 程序代码，如下。

```
from pyecharts import options as opts
from pyecharts.charts import Bar
#设置x、y轴数据
x_data = ["[90～100]", "[80～90)", "[70～80)", "[60～70)", "[0～60)"]
y_data = [1, 14, 14, 5, 8]

#绘制柱形图
bar = (
    Bar()
    .add_xaxis(x_data)
    .add_yaxis("成绩-人数", y_data)
    .set_global_opts(
        #提示框配置项
        tooltip_opts=opts.TooltipOpts(#文字样式配置项
                                    textstyle_opts=
                                    opts.TextStyleOpts(
                                        font_size=20,
                                        font_weight='bold',
                                        font_style='italic')
        )
    )
)
bar.render("d:/html/task6-12.html")
```

（3）运行 task6-12.py 程序，在 d 盘的 html 目录下生成 task6-12.html 文件。打开该 HTML 文件，可观察提示框组件中的字体样式，效果如图 6-11 所示。

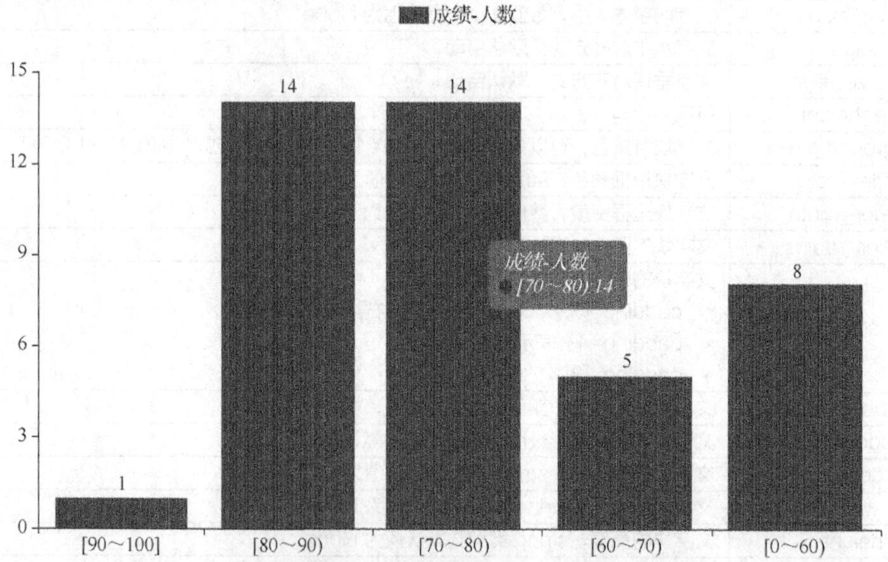

图 6-11 设置文字样式配置项的成绩分布状况柱形图

【任务 6-13】 标签配置项

任务描述

了解标签配置项（LabelOpts）的参数和设置方法。在【任务 6-8】的基础上设置显示标签，标签字体大小为 20，加粗，倾斜。

知识储备

pyecharts 的标签配置项的参数如表 6-13 所示。

表 6-13 标签配置项的参数

参数名	说明
is_show	是否显示标签，布尔类型，默认值为 True
position	标签的位置，可选值为'top'、'left'、'right'、'bottom'、'inside'、'insideLeft'、'insideRight'、'insideTop'、'insideBottom'、'insideTopLeft'、'insideBottomLeft'、'insideTopRight'、'insideBottomRight'、'outside'，string 类型，默认值为'top'
color	文字的颜色，如果设置为'auto'，则为视觉映射得到的颜色（如系列色），string 类型，默认值为 None
distance	距离图形元素的距离，当 position 为字符描述值（如'top'、'insideRight'）时有效，string 类型，默认值为 None
font_size	文字的字体大小，默认值为 12
font_style	文字字体的风格，可选值为'normal'、'italic'、'oblique'，string 类型，默认值为 None
font_weight	文字字体的粗细，可选值为'normal'、'bold'、'bolder'、'lighter'，string 类型，默认值为 None
font_family	文字的字体系列，值可以是'serif'、' monospace'、'Arial'、'Courier New'、'Microsoft YaHei'等，string 类型，默认值为 None
rotate	标签旋转，从-90°～90°，正值表示逆时针旋转，数值类型，默认值为 None
margin	刻度标签与轴线之间的距离，数值类型，默认值为 8
interval	坐标轴刻度标签的间隔显示方式，在类目轴中有效。默认会采用标签不重叠的策略间隔显示标签，设置说明如下。 • 0 表示强制显示所有标签； • 1 表示隔一个标签显示一个标签； • 2 表示隔两个标签显示一个标签，以此类推； • 用数值表示间隔的数据； • 通过回调函数控制，回调函数格式如下。 (index:number, value: string) => boolean 其中第一个参数表示类目的索引，第二个参数表示类目名称，如果跳过则返回 False
horizontal_align	文字水平对齐方式，默认为自动，可选值为'left'、'center'、' right'
vertical_align	文字垂直对齐方式，默认为自动，可选值为'top'、'middle'、'bottom'
formatter	标签内容格式器
rich	自定义富文本样式，利用富文本样式可以在标签中实现非常丰富的效果

标签内容格式器，支持字符串模板和回调函数两种形式。字符串模板与回调函数返回的字符串均支持用“\n”换行。

（1）模板变量有{a}、{b}、{c}、{d}、{e}，分别表示系列名称、数据名、数据值等。在 trigger 为“axis”的时候，会有多个系列的数据，此时可以采用{a0}、{a1}、{a2}这种后面加索引的方式表示系列的索引。

不同图表类型下的{a}、{b}、{c}、{d}含义不一样。变量{a}、{b}、{c}、{d}在不同图表类型下代表的数据的含义如下。

① 折线（区域）图、柱状（条形）图、K 线图：{a}（系列名称）、{b}（类目值）、{c}（数值）、{d}（无）。

② 散点（气泡）图：{a}（系列名称）、{b}（数据名称）、{c}（数值数组）、{d}（无）。

③ 地图：{a}（系列名称）、{b}（区域名称）、{c}（合并数值）、{d}（无）。

④ 饼图、仪表盘、漏斗图：{a}（系列名称）、{b}（数据项名称）、{c}（数值）、{d}（百分比）。示例：formatter=“{b}:{@score}”。

（2）回调函数，回调函数格式为(params: Object|Array) => string，参数 params 是 formatter 需要的单个数据集。格式如下：

```
{
    componentType: 'series',
    // 系列类型
    seriesType: string,
    // 系列在传入的 option.series 中的索引
    seriesIndex: number,
    // 系列名称
    seriesName: string,
    // 数据名，类目名
    name: string,
    // 数据在传入的数组中的索引
    dataIndex: number,
    // 传入的原始数据项
    data: Object,
    // 传入的数据值
    value: number|Array,
    // 数据图形的颜色
    color: string,
}
```

标签配置项的设置方法：首先通过 from pyecharts import options as opts 导入 options 模块，然后通过 set_series_opts()方法或者在 add_yaxis()中设置 opts.LabelOpts()中的参数。

任务实施

（1）打开 Visualization 项目，新建 Python 文件，输入 Python 文件名为 task6-13.py。

（2）在 PyCharm 的代码编辑区输入 task6-13.py 程序代码，如下。

```
from pyecharts import options as opts
from pyecharts.charts import Bar
#设置 x 轴数据
x_data = ["[90~100]", "[80~90)", "[70~80)", "[60~70)", "[0~60)"]
#设置 y 轴数据
y_data = [1, 14, 14, 5, 8]

#绘制柱形图
bar = (
    Bar()
    .add_xaxis(x_data)
    .add_yaxis("成绩-人数", y_data)
    .set_global_opts(
        #提示框配置项
        #显示提示框组件
        tooltip_opts=opts.TooltipOpts(),
        )
    #系列配置项
    .set_series_opts(
```

```
        # 标签配置项
        label_opts=opts.LabelOpts(is_show=True,
                                  font_size=20,
                                  font_weight='bold',
                                  font_style='italic')
    )
)
bar.render("d:/html/task6-13.html")
```

（3）运行 task6-13.py 程序，在 d 盘的 html 目录下生成 task6-13.html 文件。打开该 HTML 文件，可观察到标签的字体大小为 20，风格是倾斜和加粗，效果如图 6-12 所示。

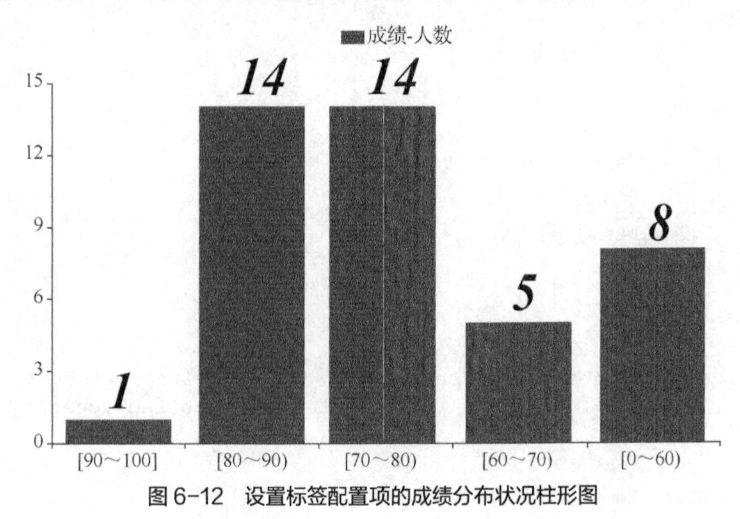

图 6-12　设置标签配置项的成绩分布状况柱形图

【任务 6-14】 线样式配置项

任务描述

了解线样式配置项（LineStyleOpts）的参数和设置方法。绘制成绩分布状况的折线图，并设置折线的线宽为 4，线的类型为虚线，透明度为 0.5。

知识储备

pyecharts 的线样式配置项的参数如表 6-14 所示。

表 6-14　线样式配置项的参数

参数名	说明
is_show	是否显示，布尔类型，默认值为 True
width	线宽，数类型，默认值为 1
opacity	图形透明度，支持从 0 到 1 的数字，为 0 时不绘制图形，默认值为 1
curve	线的弯曲度，0 表示完全不弯曲，默认值为 0
type_	线的类型，可选值为'solid'、'dashed'、'dotted'，默认值为'solid'
color	线的颜色，颜色可以用 RGB 表示，例如'rgb(128, 128, 128)'；如果想要加上 alpha 通道表示不透明度，可以使用 RGBA，例如'rgba(128, 128, 128, 0.5)'；也可以使用十六进制格式，例如'#ccc'。除了纯色之外，也支持渐变色和纹理填充

线样式配置项的设置方法：首先通过 from pyecharts import options as opts 导入 options 模

块，然后通过 set_series_opts()方法或者在 add_yaxis()中设置 opts.LineStyleOpts()中的参数。

任务实施

（1）打开 Visualization 项目，新建 Python 文件，输入 Python 文件名为 task6-14.py。

（2）在 PyCharm 的代码编辑区输入 task6-14.py 程序代码，如下。

```
from pyecharts import options as opts
from pyecharts.charts import Line
#设置x轴数据
x_data = ["[90～100]", "[80～90)", "[70～80)", "[60～70)", "[0～60)"]
#设置y轴数据
y_data = [1, 14, 14, 5, 8]

#绘制折线图
line = (
    Line()
    .add_xaxis(x_data)
    .add_yaxis("成绩-人数", y_data)
    #系列配置项
    .set_series_opts(
        #线样式配置项
        linestyle_opts=opts.LineStyleOpts(is_show=True, width=4,
                                          type_='dotted',opacity=0.5)
    )
)
line.render("d:/html/task6-14.html")
```

（3）运行 task6-14.py 程序，在 d 盘的 html 目录下生成 task6-14.html 文件。打开该 HTML 文件，可观察到线样式，效果如图 6-13 所示。

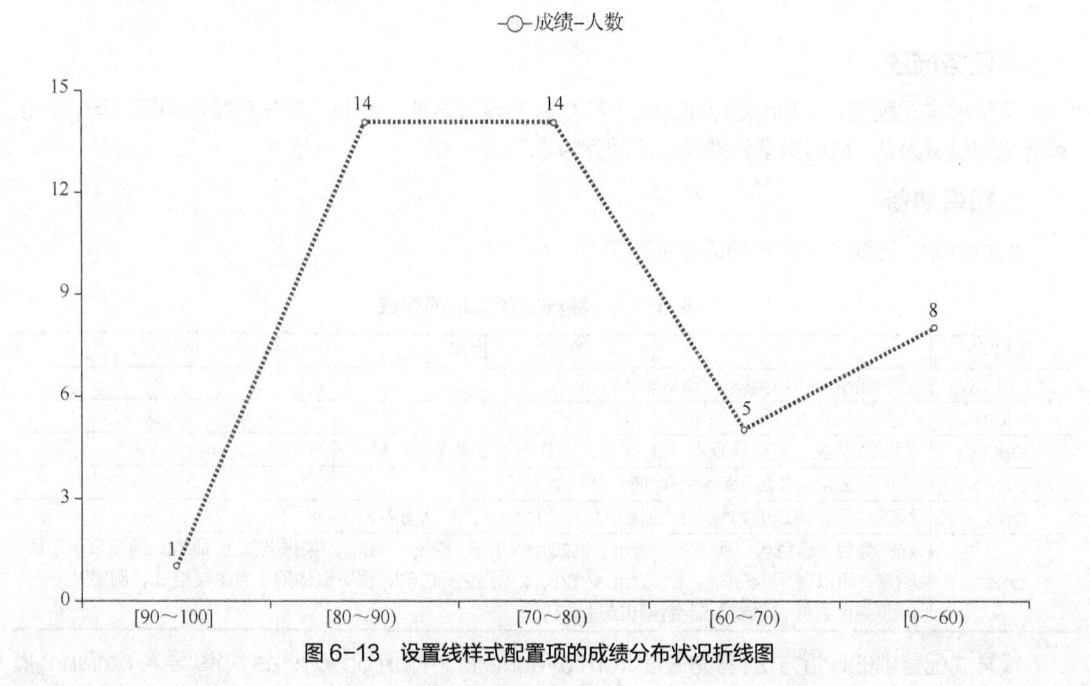

图 6-13　设置线样式配置项的成绩分布状况折线图

【任务 6-15】 分割线配置项

任务描述

了解分割线配置项（SplitLineOpts）的参数和设置方法。在【任务 6-10】的基础上在 *x* 轴对应代码中增加分割线配置项，设置显示 *x* 轴上的分割线。

知识储备

pyecharts 的分割线配置项的参数如表 6-15 所示。

表 6-15 分割线配置项的参数

参数名	说明
is_show	是否显示分割线，布尔类型，默认值为 False
linestyle_opts	线样式配置项

分割线配置项的设置方法：首先通过 from pyecharts import options as opts 导入 options 模块，然后通过坐标轴配置项中的 splitline_opts=opts.SplitLineOpts()设置分割线配置项中的参数。

任务实施

（1）打开 Visualization 项目，新建 Python 文件，输入 Python 文件名为 task6-15.py。

（2）在 PyCharm 的代码编辑区输入 task6-15.py 程序代码，如下。

```
from pyecharts import options as opts
from pyecharts.charts import Bar
#设置 x、y 轴数据
x_data = ["[90～100]", "[80～90)", "[70～80)", "[60～70)", "[0～60)"]
y_data = [1, 14, 14, 5, 8]
#绘制柱形图
bar = (
    Bar()
    .add_xaxis(x_data)
    .add_yaxis("成绩-人数", y_data)
    .set_global_opts(#提示框配置项
        tooltip_opts=opts.TooltipOpts(), # 显示提示框组件
        # x 轴配置项
        xaxis_opts=opts.AxisOpts(name='成绩',
                                 name_location='middle',
                                 name_gap=30,
                                 name_rotate=45,
                                 #分割线配置项
                                 splitline_opts=opts.SplitLineOpts(
                                     is_show=True,
                                     linestyle_opts=
                                     opts.LineStyleOpts(width=4))
                                 ),
        # y 轴配置项
        yaxis_opts=opts.AxisOpts(name='人数',name_gap=30,name_rotate=45)
    )
)
bar.render("d:/html/task6-15.html")
```

（3）运行 task6-15.py 程序，在 d 盘的 html 目录下生成 task6-15.html 文件。打开该 HTML 文件，可观察到 *x* 轴的分割线，效果如图 6-14 所示。

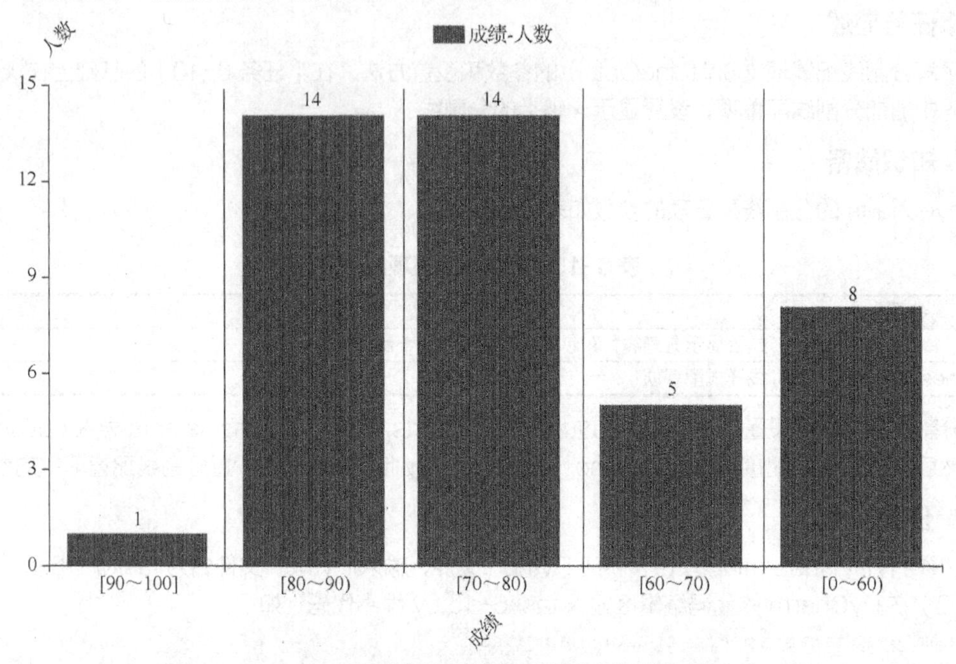

图 6-14　设置分割线配置项的成绩分布状况柱形图

6.5 pyecharts 常见图表

pyecharts 图表类型有基本图表、直角坐标系图表、树形图表、地理图表、3D 图表和组合图表等。其中，基本图表包括日历图、漏斗图、仪表盘、关系图、水球图、平行坐标系图、饼图、雷达图、桑基图、旭日图、主题河流图和词云图等；直角坐标系图表包括柱形图、条形图、箱形图、涟漪特效散点图、热力图、K 线图、折线图、面积图和散点图等；树形图表包括树图和矩形树图；地理图表包括地图和百度地图等；3D 图表包括 3D 柱形图、3D 折线图、3D 散点图、3D 曲面图、三维地图等；组合图表包括并行多图、顺序多图、选项卡多图和时间线轮播多图等。下面将介绍 pyecharts 的几种常用图表。

【任务 6-16】 柱形图和条形图——居民人均可支配收入和人均消费支出情况

任务描述

从 2013 年起，国家统计局开展了城乡一体化住户收支与生活状况调查，居民人均收支.xls 中的数据就来源于此项调查。现要求从居民人均收支.xls 中获取 2016—2020 年居民、城镇居民、农村居民人均可支配收入和居民人均消费支出的数据，绘制柱形图和条形图。

1. 绘制 2016—2020 年居民人均可支配收入的单数据系列柱形图

设置全局配置项和系列配置项，具体如下。

（1）图表主标题为“2016—2020 年居民人均可支配收入”，副标题为“单位：元”。

（2）图表脚注为“数据来源：国家统计局”。

（3）图例列表项为“人均可支配收入”，居中显示。

（4）*x* 轴的名称为“年份”，*y* 轴的名称为“收入”，坐标轴名称与轴线之间的距离为 3px，并显示提示框和标签，标签位于顶部。

2．绘制 2016—2020 年居民、城镇居民和农村居民人均可支配收入的多数据系列柱形图

设置全局配置项和系列配置项，具体如下。

（1）图表主标题为“2016—2020 年居民人均可支配收入”，副标题为“单位：元”。

（2）图表脚注为“数据来源：国家统计局”。

（3）图例列表项为“居民收入”、“城镇居民收入”和“农村居民收入”，垂直布局，居中显示。

（4）*x* 轴的名称为“年份”，*y* 轴的名称为“收入”，坐标轴名称与轴线之间的距离为 3px，并显示提示框和标签，标签位于顶部。

3．绘制 2016—2020 年居民人均可支配收入和居民人均消费支出的多数据系列条形图

设置全局配置项和系列配置项，具体如下。

（1）图表主标题为“2016—2020 年居民人均收支情况”，副标题为“单位：元”。

（2）图表脚注为“数据来源：国家统计局”。

（3）图例列表项为“人均可支配收入”和“人均消费支出”，垂直布局，居中显示。

（4）*x* 轴的名称为“收入/支出”，*y* 轴的名称为“年份”，坐标轴名称与轴线之间的距离为 3px，并显示提示框和标签，标签位于右边。

知识储备

使用 pyecharts 绘制柱形图和条形图的说明如下。

（1）使用 from pyecharts.charts import Bar 语句导入柱形模块 Bar。

（2）使用 from pyecharts import options as opts 语句导入 options 模块。

（3）导入居民人均收支.xls，获取 2016—2020 年居民、城镇居民和农村居民人均可支配收入和居民人均消费支出的数据。

（4）绘制柱形图的基本程序代码如下。

```
c = (
    Bar()                                  #或者用 Bar(opts.InitOpts() #初始化配置项)
    .add_xaxis(x_data)                     #添加 x 轴数据
    .add_yaxis("名称",y_data)               #添加 y 轴系列名称、坐标数据和其他参数
    .set_global_opts()                     #设置全局配置项
    .set_series_opts()                     #设置系列配置项
    .render()                              #生成 render.html 文件
)
```

说明 **上面的程序代码是绘制单数据系列柱形图的程序代码，如果要绘制多数据系列柱形图，则需在上述程序代码的基础上，利用 add_yaxis()函数添加多个 *y* 轴数据。其中，add_yaxis()函数的主要参数如表 6-16 所示。**

表 6-16　add_yaxis()函数的主要参数

参数名	说明
series_name	系列名称，用于提示框的显示和图例的筛选
y_axis	系列数据
is_selected	是否选中图例，布尔类型，默认值为 True

续表

参数名	说明
xaxis_index	x轴的索引，在单个图表实例中存在多个 x轴的时候有用
yaxis_index	y轴的索引，在单个图表实例中存在多个 y轴的时候有用
color	系列标签颜色
stack	数据堆叠，同一类目轴上系列配置相同的 stack 值可以堆叠放置
bar_width	柱条的宽度，为绝对值或者百分数，不设置时为自适应。此参数只有设置于坐标系中最后一个'bar'系列上才会生效，并且是对坐标系中所有'bar'系列生效
bar_max_width	柱条的最大宽度，比 bar_width 参数的优先级高
bar_min_width	柱条的最小宽度。在直角坐标系中，默认值是 1，否则默认值是 null。比 bar_width 参数的优先级高
bar_min_height	柱条最小高度，默认值为 0
category_gap	同一系列的柱间距离，默认值为类目间距的 20%，可设固定值
gap	不同系列的柱间距离，默认值为'30%'。如果想要两个系列的柱条重叠，可以设置 gap 为'-100%'。把柱条用作背景的时候有用
label_opts	标签配置项
markpoint_opts	标记点配置项
markline_opts	标记线配置项
tooltip_opts	提示框组件配置项
itemstyle_opts	图元样式配置项

（5）绘制条形图是在绘制柱形图的基础上，利用 reversal_axis()函数实现将 x轴、y轴翻转，并可通过设置标签配置项调整标签位置。

任务实施

1．准备工作和编程思路

首先将数据文件居民人均收支.xls 复制到 d 盘下 dataset 目录下，该文件列出了 2013—2020 年居民人均收支情况，其中，2016—2020 年居民人均收支情况如表 6-17 所示。

表 6-17　2016—2020 年居民人均收支情况

指标	2020 年	2019 年	2018 年	2017 年	2016 年
居民人均可支配收入（元）	32189	30733	28228	25974	23821
居民人均可支配收入同比增长（%）	4.7	8.9	8.7	9	8.4
城镇居民人均可支配收入（元）	43834	42359	39251	36396	33616
城镇居民人均可支配收入同比增长（%）	3.5	7.9	7.8	8.3	7.8
农村居民人均可支配收入（元）	17131	16021	14617	13432	12363
农村居民人均可支配收入同比增长（%）	6.9	9.6	8.8	8.6	8.2
居民人均消费支出（元）	21210	21559	19853	18322	17111

导入数据后，可获取 2016—2020 年居民人均可支配收入和居民人均消费支出的数据，并将该数据作为柱形图 y轴的数据列表，柱形图 x轴的数据列表为['2016 年','2017 年','2018 年','2019 年',

'2020 年']，然后分别绘制单数据系列柱形图、多数据系列柱形图和条形图，并设置全局配置项和系列配置项。

2. 程序设计

（1）打开 Visualization 项目，新建 Python 文件，输入 Python 文件名为 task6-16.py。

（2）在 PyCharm 的代码编辑区输入 task6-16.py 程序代码，如下。

```
from pyecharts import options as opts
from pyecharts.charts import Bar
import pandas as pd
import xlrd

#导入数据
df = pd.read_excel('d:/dataset/居民人均收支.xls',header=0)
#获取居民人均可支配收入数据
lable = ['2016年','2017年','2018年','2019年','2020年']
df1 = df.iloc[0]
income_data = list(df1.iloc[5:0:-1])
print(income_data)

#获取居民、城镇居民和农村居民人均可支配收入数据
df2 = df.iloc[0:5:2]
income_data1 = list(df2.iloc[0,[5,4,3,2,1]])
income_data2 = list(df2.iloc[1,[5,4,3,2,1]])
income_data3 = list(df2.iloc[2,[5,4,3,2,1]])

#获取居民人均消费支出数据
df3 = df.iloc[6]
outlay_data = list(df3.iloc[5:0:-1])
print(outlay_data)

#绘制单数据系列柱形图
c = (
    Bar()
    .add_xaxis(lable)
    .add_yaxis("人均可支配收入", income_data,bar_width=70)
    .set_global_opts(
        title_opts=opts.TitleOpts(
            title="2016—2020年居民人均可支配收入",
            subtitle="单位：元"),
        #添加脚注
        graphic_opts=opts.GraphicGroup(
            graphic_item=opts.GraphicItem(left='12%',bottom='0%'),
            children=[
                opts.GraphicText(graphic_textstyle_opts=
                opts.GraphicTextStyleOpts(text='数据来源：国家统计局',
                                          font="14px Microsoft YaHei")
            )]
        ),
        # x 轴配置项
```

```
        xaxis_opts=opts.AxisOpts(name='年份'),
        # y轴配置项
        yaxis_opts=opts.AxisOpts(name='收入',
                                 name_gap=3)
    )
    .render("d:/html/task6-16-1.html")
)
#绘制多数据系列柱形图
c = (
    Bar()
    .add_xaxis(lable)
    .add_yaxis("居民收入", income_data1)
    .add_yaxis("城镇居民收入", income_data2)
    .add_yaxis("农村居民收入", income_data3)
    .set_global_opts(#标题配置项
        title_opts=opts.TitleOpts(
            title="2016—2020年居民人均可支配收入",
            subtitle="单位：元"),
        #添加脚注
        graphic_opts=opts.GraphicGroup(
            graphic_item=opts.GraphicItem(left='12%',bottom='0%'),
            children=[
                opts.GraphicText(graphic_textstyle_opts=
                opts.GraphicTextStyleOpts(text='数据来源：国家统计局',
                                          font="14px Microsoft YaHei")
             )]
        ),
        #图例配置项
        legend_opts=opts.LegendOpts(orient='vertical'),
        # x轴配置项
        xaxis_opts=opts.AxisOpts(name='年份'),
        # y轴配置项
        yaxis_opts=opts.AxisOpts(name='收入',
                                 name_gap=3)
    )
    .render("d:/html/task6-16-2.html")
)

#绘制多数据系列条形图
c = (
    Bar()
    .add_xaxis(lable)
    .add_yaxis("人均可支配收入", income_data)
    .add_yaxis("人均消费支出", outlay_data)
    #翻转x、y轴
    .reversal_axis()
    .set_global_opts(
        #标题配置项
```

```
            title_opts=opts.TitleOpts(
                title="2016—2020 年居民人均收支情况",
                subtitle="单位: 元"),
            #添加脚注
            graphic_opts=opts.GraphicGroup(
                graphic_item=opts.GraphicItem(left='12%',bottom='0%'),
                children=[
                    opts.GraphicText(graphic_textstyle_opts=
                    opts.GraphicTextStyleOpts(text='数据来源: 国家统计局',
                                              font="14px Microsoft YaHei")
                )]
            ),
            #图例配置项
            legend_opts=opts.LegendOpts(orient='vertical'),
            # x 轴配置项
            xaxis_opts=opts.AxisOpts(name='收入/支出'),
            # y 轴配置项
            yaxis_opts=opts.AxisOpts(name='年份',
                                     name_gap=3)
        )
        #标签配置项
        .set_series_opts(label_opts=opts.LabelOpts(position="right"))
        .render("d:/html/task6-16-3.html")
)
```

（3）运行 task6-16.py 程序，在 d 盘的 html 目录下生成 task6-16-1.html、task6-16-2.html、task6-16-3.html 文件，其效果分别如图 6-15～图 6-17 所示，从中可观察到 5 年期间居民人均可支配收入和居民人均收支情况。

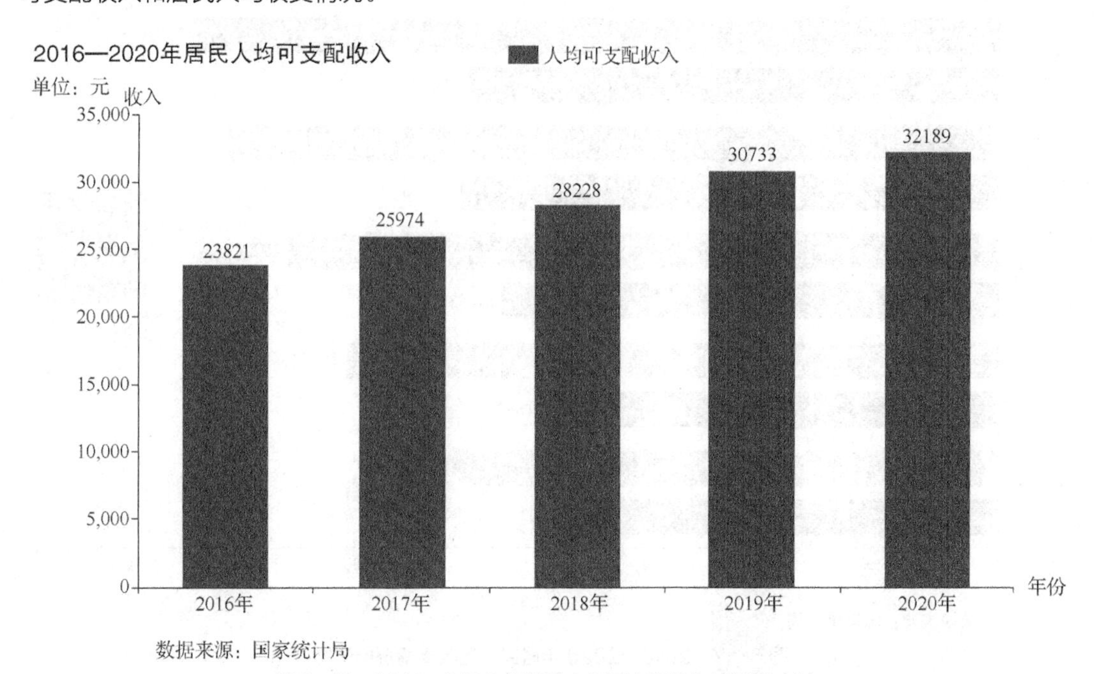

图 6-15　2016—2020 年居民人均可支配收入柱形图（1）

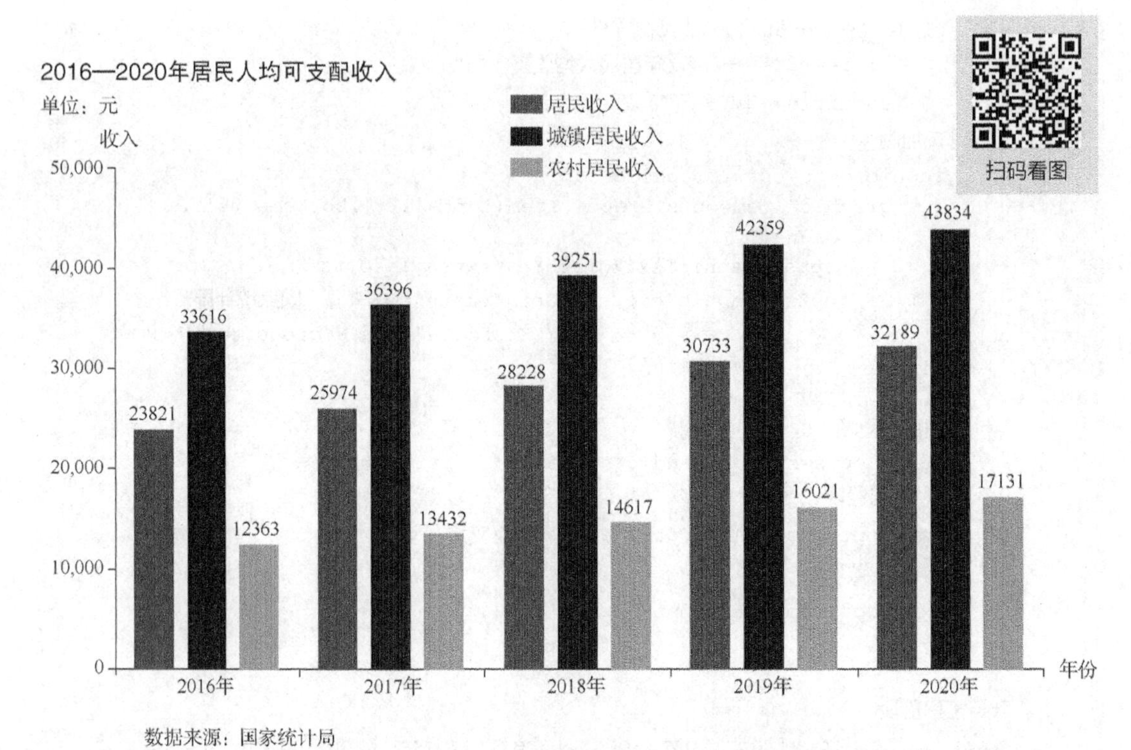

图 6-16　2016—2020 年居民人均可支配收入柱形图（2）

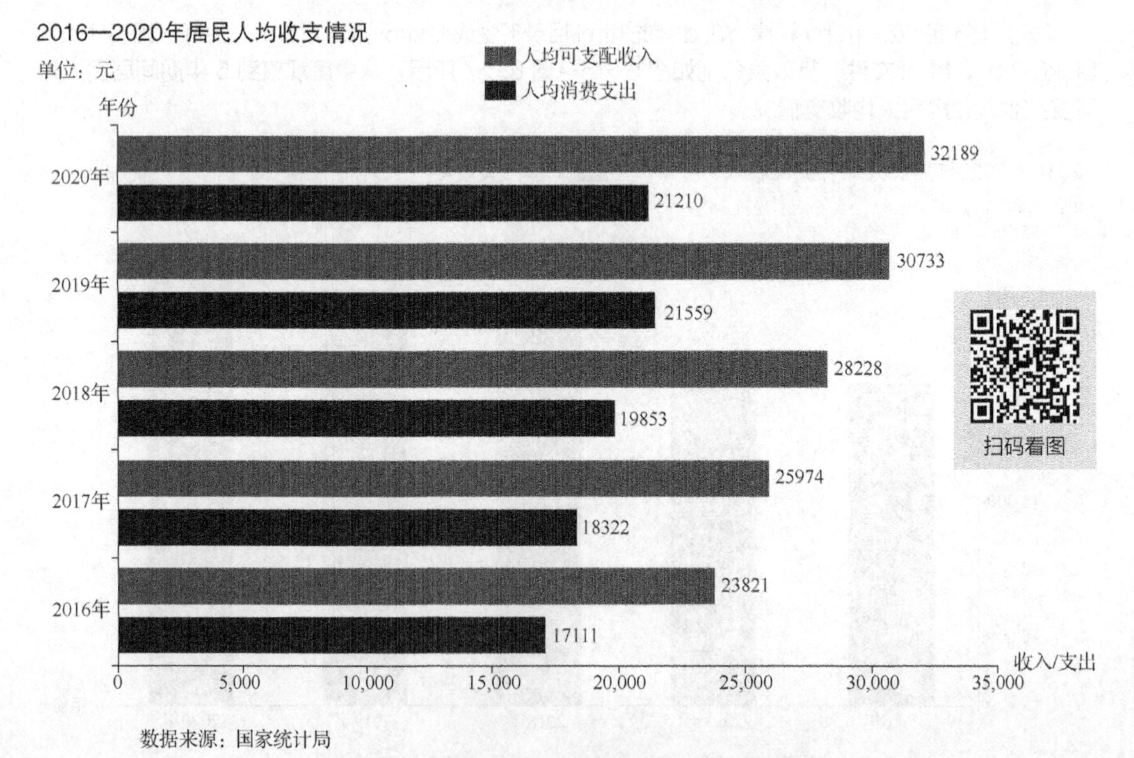

图 6-17　2016—2020 年居民人均收支情况条形图

【任务 6-17】 雷达图——居民人均消费支出情况

任务描述

微课视频

根据国家统计局发布的自 2013 年以来城乡一体化住户收支与生活状况调查的居民人均收支.xls，通过数据处理，获取 2016—2020 年居民人均消费支出、城镇居民人均消费支出和农村居民人均消费支出的数据，绘制雷达图，并设置全局配置项，具体如下。

（1）图表的主标题为“2016—2020 年居民人均消费支出情况”，副标题为“单位：元”，位于左边。

（2）图表脚注为“数据来源：国家统计局”。

（3）图例列表项为“居民人均消费支出”、“城镇居民人均消费支出”和“农村居民人均消费支出”，垂直布局，距离右边 120px。

知识储备

使用 pyecharts 绘制雷达图的说明如下。

（1）使用 from pyecharts.charts import Radar 语句导入雷达图模块 Radar。

（2）使用 from pyecharts import options as opts 语句导入 options 模块。

（3）导入居民人均收支.xls，获取 2016—2020 年居民人均消费支出的数据。

（4）绘制雷达图的基本程序代码如下。

```
c = (
    Radar()                        #或者用 Radar(opts.InitOpts() #初始化配置项)
    .add_schema()                  #设置雷达图参数
    .add()                         #添加系列名称、系列数据项及相关参数等
    .set_global_opts()             #设置全局配置项
    .set_series_opts()             #设置系列配置项
    .render()                      #生成 render.html 文件
)
```

其中，add_schema()函数的参数如表 6-18 所示，add()函数的参数如表 6-19 所示。

表 6-18 add_schema()函数的参数

参数名	说明
schema	雷达指示器配置项列表
shape	雷达图类型，可选值为'polygon'和'circle'
center	雷达图的中心坐标，数组的第 1 项是横坐标，第 2 项是纵坐标。支持设置成百分比，设置成百分比时，第 1 项是相对于容器宽度的百分比，第 2 项是相对于容器高度的百分比
textstyle_opts	文字样式配置项
splitline_opt	分割线配置项
splitarea_opt	分隔区域配置项
axisline_opt	坐标轴轴线配置项
radiusaxis_opts	极坐标系的径向轴
angleaxis_opts	极坐标系的角度轴
polar_opts	极坐标系配置

表 6-19 add()函数的参数

参数名	说明
series_name	系列名称，用于提示框的显示和图例的筛选
data	系列数据项
is_selected	是否选中图例
symbol	ECharts 提供的标记类型可选值包括'circle'、'rect'、'roundRect'、'triangle'、'diamond'、'pin'、'arrow'、'none'，可以通过'image://url'设置为图片，其中 url 为图片的链接，或者 dataURI
color	系列标签颜色
label_opts	标签配置项
linestyle_opts	线样式配置项
areastyle_opts	区域填充样式配置项
tooltip_opts	提示框组件配置项

任务实施

1. 准备工作和编程思路

首先将数据文件居民人均收支.xls 复制到 d 盘下 dataset 目录下，该文件包含 2013—2020 年居民人均消费支出的数据。导入数据后，可获取 2016—2020 年居民、城镇居民和农村居民人均消费支出的数据，用作雷达图的系列数据项。设置雷达指示器配置项列表，绘制雷达图，并设置图表标题、脚注和图例。

2. 程序设计

（1）打开 Visualization 项目，新建 Python 文件，输入 Python 文件名为 task6-17.py。

（2）在 PyCharm 的代码编辑区输入 task6-17.py 程序代码，如下。

```
from pyecharts import options as opts
from pyecharts.charts import Radar
import pandas as pd
import xlrd
#导入数据
df = pd.read_excel('d:/dataset/居民人均收支.xls',header=0)

#获取居民、城镇居民和农村居民人均消费支出的数据
df1 = df.iloc[6:11:2]
dim1 = max(df1['2020年'])+10000
dim2 = max(df1['2019年'])+10000
dim3 = max(df1['2018年'])+10000
dim4 = max(df1['2017年'])+10000
dim5 = max(df1['2016年'])+10000
#获取2016—2020年居民人均消费支出的数据
data1 = [list(df1.iloc[0,[5,4,3,2,1]])]
```

```
#获取 2016—2020 年城镇居民人均消费支出的数据
data2 = [list(df1.iloc[1,[5,4,3,2,1]])]
#获取 2016—2020 年农村居民人均消费支出的数据
data3 = [list(df1.iloc[2,[5,4,3,2,1]])]

#绘制雷达图
c = (
    Radar()
    .add_schema(
        schema=[#调整雷达图各维度的范围大小
            opts.RadarIndicatorItem(name="2016", max_=dim5),
            opts.RadarIndicatorItem(name="2017", max_=dim4),
            opts.RadarIndicatorItem(name="2018", max_=dim3),
            opts.RadarIndicatorItem(name="2019", max_=dim2),
            opts.RadarIndicatorItem(name="2020", max_=dim1)
        ]
    )
    .add("居民人均消费支出", data1, linestyle_opts=
    opts.LineStyleOpts(color="#FF0000"),)

    .add("城镇居民人均消费支出", data2,linestyle_opts=
    opts.LineStyleOpts(color="#0033FF"),)

    .add("农村居民人均消费支出", data3,linestyle_opts=
    opts.LineStyleOpts(color="#00FF00"),)
    #全局配置项
    .set_global_opts(
        legend_opts=opts.LegendOpts(orient='vertical',
                                    pos_right=120),
        title_opts=opts.TitleOpts(
            title="2016—2020 年居民人均消费支出情况",
            subtitle="单位：元"),

        #添加脚注
        graphic_opts=opts.GraphicGroup(
            graphic_item=opts.GraphicItem(left='12%',bottom='0%'),
            children=[
                opts.GraphicText(graphic_textstyle_opts=
                opts.GraphicTextStyleOpts(text='数据来源：国家统计局',
                                          font="14px Microsoft YaHei")
            )
            ]
        ),
    )
    .render("d:/html/task6-17.html")
)
```

（3）运行 task6-17.py 程序，在 d 盘的 html 目录下生成 task6-17.html 文件。打开该 HTML 文件，雷达图的效果如图 6-18 所示，从中可观察到 5 年期间居民人均消费支出情况。

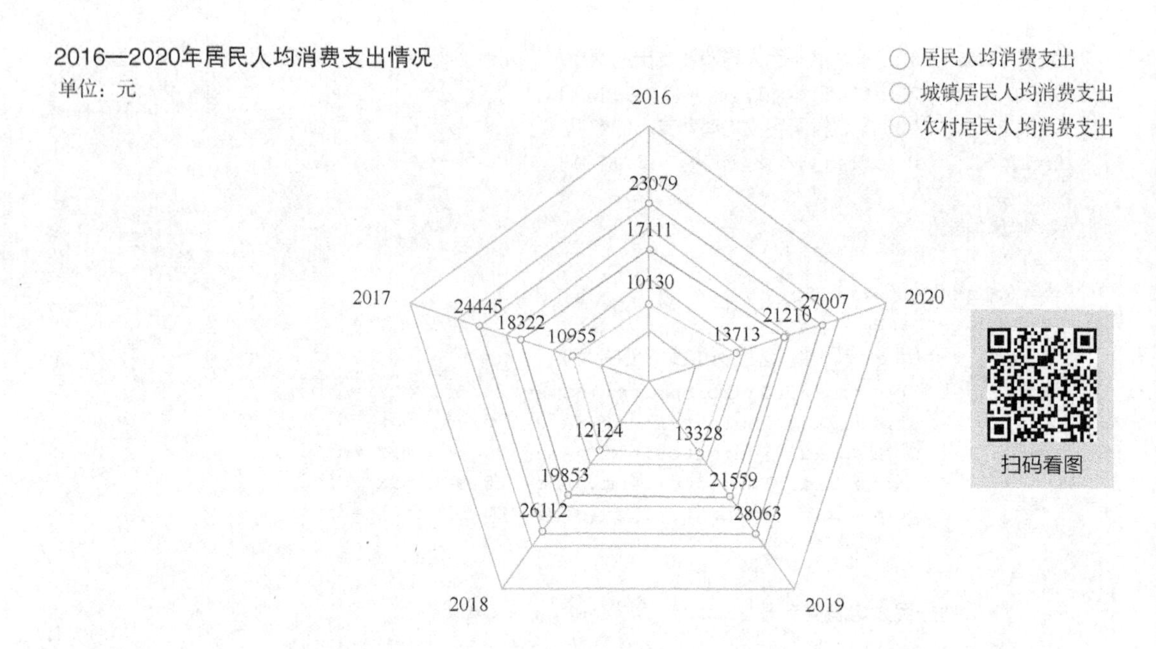

数据来源：国家统计局

图 6-18　2016—2020 年居民人均消费支出情况雷达图

【任务 6-18】 散点图——TV 广告投入与销售额之间的关系

任务描述

现有 Ad_sales.csv 数据集，该数据集包括电视、广播和报纸 3 种媒体上广告投入与销售额之间的数据，现要求从该数据集中获取 TV 广告投入与销售额这两列数据，绘制 TV 广告投入与销售额之间的关系的散点图，并设置全局配置项和系列配置项，具体如下。

（1）图表宽为 900px，高为 600px。

（2）图表标题为"TV 广告投入与销售额的关系"。

（3）图例列表项为"销售额"，居中显示。

（4）不显示标签，系列标签颜色为"#00CCFF"，标记的大小为 20，不显示提示框组件。

（5）*x* 轴的名称为"TV 广告投入"，位置为居中，坐标轴名称与轴线之间的距离为 35px，*x* 轴类型是数值型；*y* 轴的名称为"销售额"，*y* 轴类型是数值型；显示坐标轴的刻度，显示分割线等。

知识储备

使用 pyecharts 绘制散点图的说明如下。

（1）使用 from pyecharts.charts import Scatter 语句导入散点图模块 Scatter。

（2）使用 from pyecharts import options as opts 语句导入 options 模块。

（3）导入 Ad_sales.csv 数据集，获取 TV 广告投入与销售额这两列数据。

（4）绘制散点图的基本程序代码如下。

```
c = (
    Scatter()                      #或者用 Scatter(opts.InitOpts()#初始化配置项)
    .add_xaxis(x_data)             #添加 x 轴数据
```

```
    .add_yaxis("名称",y_data) #添加 y 轴系列名称、坐标数据和其他参数
    .set_global_opts()        #设置全局配置项
    .set_series_opts()        #设置系列配置项
    .render()                 #生成 render.html 文件
)
```

其中，add_yaxis()函数的主要参数如表 6-20 所示。

表 6-20　add_yaxis()函数的主要参数

参数名	说明
series_name	系列名称，用于提示框的显示和图例的筛选
y_axis	系列数据
is_selected	是否选中图例，布尔类型，默认值为 True
xaxis_index	x轴的索引，在单个图表实例中存在多个 x轴的时候有用
yaxis_index	y轴的索引，在单个图表实例中存在多个 y轴的时候有用
color	系列标签颜色
symbol	标记的图形。ECharts 提供的标记类型可选值包括'circle'、'rect '、'roundRect'、'triangle'、'diamond'、'pin'、'arrow'、'none'，可以通过'image://url'设置为图片，其中 url 为图片的链接，或者 dataURI
symbol_size	标记的大小，可以设置成单一的数字（如 10），也可以用数组表示宽度和高度，例如[20,10]表示标记宽度为 20、高度为 10
symbol_rotate	标记的旋转角度，需要注意的是，在标记线中，当 symbol 为'arrow' 时会忽略该参数，标记线会强制设置为切线的角度
label_opts	标签配置项
markpoint_opts	标记点配置项
markline_opts	标记线配置项
markarea_opts	图表标域，常用于标记图表中某个范围的数据
tooltip_opts	提示框组件配置项
itemstyle_opts	图元样式配置项
encode	可以定义数据的哪个维度被编码成什么

任务实施

1. 准备工作和编程思路

首先将数据文件 Ad_sales.csv 复制到 d 盘下 dataset 目录下，导入数据后，获取 TV 广告投入与销售额这两列数据，绘制 TV 广告投入与销售额之间的关系的散点图，并设置全局配置项和系列配置项。

2. 程序设计

（1）打开 Visualization 项目，新建 Python 文件，输入 Python 文件名为 task6-18.py。

（2）在 PyCharm 的代码编辑区输入 task6-18.py 程序代码，如下。

```
from pyecharts import options as opts
from pyecharts.charts import Scatter
import numpy as np
#导入数据
data = np.loadtxt('d:/dataset/Ad_sales.csv',
```

```
                            skiprows=1,usecols=[1,4],delimiter=',')

    # 获取x、y数据
    x_data = [d[0] for d in data]     # x数据
    y_data = [d[1] for d in data]     # y数据
    #绘制散点图
    c = (
        #初始化
        Scatter(init_opts=opts.InitOpts(width="900px", height="600px"))
        .add_xaxis(xaxis_data=x_data)
        .add_yaxis(
            series_name="销售额",
            y_axis=y_data,               # 系列数据
            symbol_size=20,              # 标记的大小
            symbol=None,                 # 标记的图形
            color='#00CCFF',             # 系列标签颜色
            label_opts=opts.LabelOpts(is_show=False), #不显示标签
        )
        #全局配置项
        .set_global_opts(
            #x轴配置
            xaxis_opts=opts.AxisOpts(
                name='TV广告投入',
                name_location='center',
                name_gap=35,
                # 坐标轴类型 'value'表示为数值轴
                type_="value",
                # 分割线配置项，显示分割线
                splitline_opts=opts.SplitLineOpts(is_show=True)
            ),
            #y轴配置
            yaxis_opts=opts.AxisOpts(
                name='销售额',
                type_="value",
                # 坐标轴刻度配置项
                axistick_opts=opts.AxisTickOpts(is_show=True),#显示刻度
                #分割线配置项，显示分割线
               splitline_opts=opts.SplitLineOpts(is_show=True)
            ),
            # 提示框配置项，不显示提示框组件
            tooltip_opts=opts.TooltipOpts(is_show=False),
            title_opts=opts.TitleOpts(title="TV广告投入与销售额的关系")
        )
        .render("d:/html/task6-18.html")
    )
```

（3）运行 task6-18.py 程序，在 d 盘的 html 目录下生成 task6-18.html 文件。打开该 HTML 文件，可观察到 TV 广告投入与销售额之间的关系的散点图如图 6-19 所示。

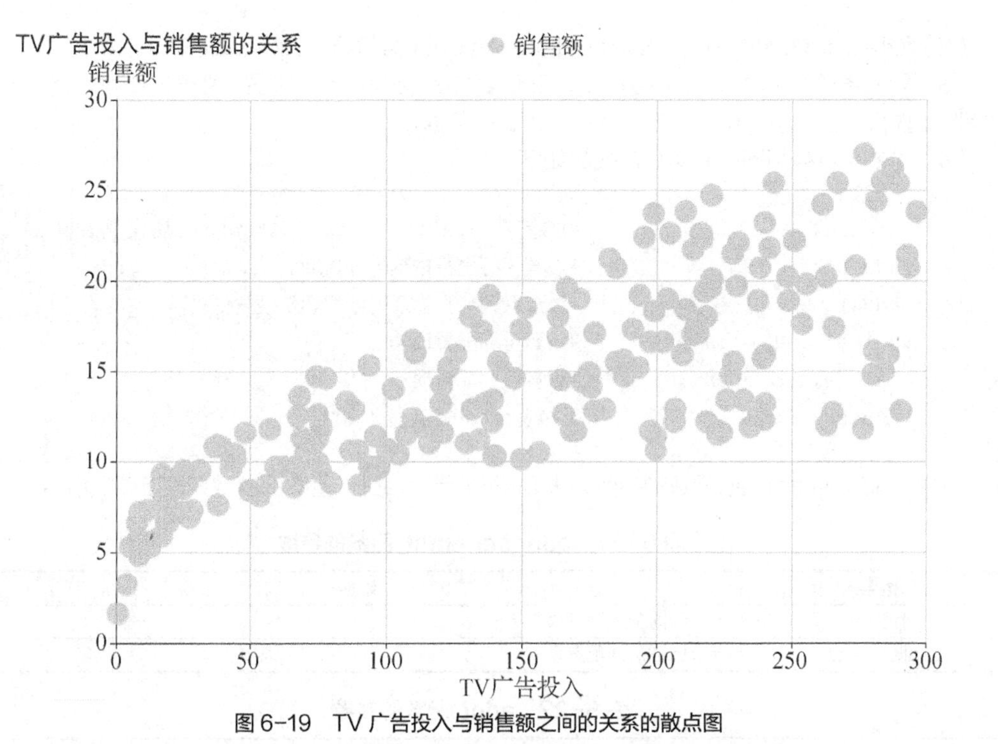

图 6-19　TV 广告投入与销售额之间的关系的散点图

【任务 6-19】 平行坐标图——各类学历教育招生人数情况

任务描述

根据国家统计局发布的 20 年期间各类学历教育招生人数统计数据，即各类学历教育招生人数.xls，通过数据处理，获取 2016—2020 年研究生、普通本专科、普通高中、中等职业教育、普通小学和特殊教育等招生人数的数据，绘制平行坐标图，并设置全局配置项和系列配置项，具体如下。

（1）图表宽为 700px，高为 500px。

（2）图表的主标题为“2016—2020 年各类学历教育招生人数情况”，副标题为“单位：万人”。

（3）图表脚注为“数据来源：国家统计局”。

（4）图例列表项为“招生人数”，图例距离右边 120px。

（5）不显示提示框组件，并设置线条宽为 4px，透明度为 0.5。

知识储备

平行坐标图（Parallel Coordinates Chart）是一种用来呈现多变量或者高维度数据的可视化技术，用它可以很好地表现多个变量之间的关系。为了克服传统的笛卡儿直角坐标系容易耗尽空间、难以表达三维以上数据的问题，平行坐标图通过等距离的平行轴将多维数据属性空间映射到二维平面上，每一个数据项都可以依据其属性取值用一条跨越平行轴的折线段表示，相似的对象就具有相似的折线走向趋势。平行坐标图的实质就是将 m 维欧氏空间的一个点 $X_i(x_{i1},x_{i2},\cdots,x_{im})$ 映射成二维平面上的一条曲线。平行坐标图的优点是表达数据关系非常直观，易于理解；缺点是它的表达维数取决于屏幕的水平宽度，当维数增加时，垂直轴间距小，辨认数据的结构和关系稍显困难。

使用 pyecharts 绘制平行坐标图的说明如下。

（1）使用 from pyecharts.charts import Parallel 语句导入平行坐标图模块 Parallel。

（2）使用 from pyecharts import options as opts 语句导入 options 模块。

（3）导入各类学历教育招生人数.xls，获取 2016—2020 年研究生、普通本专科、普通高中、中等职业教育、普通小学和特殊教育等招生人数的数据。

（4）绘制平行坐标图的基本程序代码如下。

```
c = (
    Parallel()                       #或者用 Parallel(opts.InitOpts()#初始化配置项)
    .add_schema()                    #设置平行坐标轴系列配置项
    .add()                           #添加系列名称、系列数据项及相关参数等
    .set_global_opts()               #设置全局配置项
    .set_series_opts()               #设置系列配置项
    .render()                        #生成 render.html 文件
)
```

其中，add_schema()函数的参数如表 6-21 所示，add()函数的参数如表 6-22 所示。

表 6-21　add_schema()函数的参数

参数名	说明
schema	平行指示器配置项列表
parallel_opts	平行坐标轴系列配置项

表 6-22　add()函数的参数

参数名	说明
series_name	系列名称，用于提示框的显示和图例的筛选
data	系列数据项
is_selected	是否选中图例
is_smooth	是否平滑曲线，布尔类型，默认值为 False
linestyle_opts	线条样式配置项
tooltip_opts	提示框组件配置项
itemstyle_opts	图元样式配置项

任务实施

1. 准备工作和编程思路

首先将数据文件各类学历教育招生人数.xls 复制到 d 盘下 dataset 目录下，导入数据后，获取 2016—2020 年各类学历教育招生人数的数据，绘制各类学历教育招生人数的平行坐标图，并设置全局配置项和系列配置项。

2. 程序设计

（1）打开 Visualization 项目，新建 Python 文件，输入 Python 文件名为 task6-19.py。

（2）在 PyCharm 的代码编辑区输入 task6-19.py 程序代码，如下。

```
from pyecharts import options as opts
from pyecharts.charts import Parallel
import pandas as pd
import xlrd
#导入数据
df = pd.read_excel('d:/dataset/各类学历教育招生人数.xls',header=0)
#获取招生人数的数据
df1 = df[df['2020 年']>0]
df1_T = df1.T
```

```
df2 = df1_T.iloc[5:0:-1]
df2['year'] = ['2016年','2017年','2018年','2019年','2020年']
da1 = list(df2.iloc[0])
da2 = list(df2.iloc[1])
da3 = list(df2.iloc[2])
da4 = list(df2.iloc[3])
da5 = list(df2.iloc[4])
data = [da1,da2,da3,da4,da5]
#绘制平行坐标图
parallel_axis = [
    {"dim": 0, "name": "研究生"},
     {"dim": 1, "name": "普通本专科"},
    {"dim": 2, "name": "普通高中"},
     {"dim": 3, "name": "中等职业教育"},
    {"dim": 4, "name": "普通小学"},
     {"dim": 5, "name": "特殊教育"},
    {"dim": 6, "name": "年份",
    "type": "category",
    "data": ["2016年", "2017年", "2018年", "2019年","2020年"]},
]
c = (
    Parallel(init_opts=opts.InitOpts(width="700px", height="500px"))
    .add_schema(schema=parallel_axis)
    .add(
        series_name="招生人数",
        data=data,
        #设置线条宽为4px，透明度为0.5
        linestyle_opts=opts.LineStyleOpts(width=4, opacity=0.5),
    )
    .set_global_opts(title_opts=opts.TitleOpts(
        title="2016—2020年各类学历教育招生人数情况",
        subtitle="单位：万人"),
        #添加脚注
        graphic_opts=opts.GraphicGroup(
          graphic_item=opts.GraphicItem(left='12%',bottom='0%'),
          children=[
              opts.GraphicText(graphic_textstyle_opts=
              opts.GraphicTextStyleOpts(text='数据来源：国家统计局',
                                                   font="14px Microsoft YaHei")
          )]
        ),
        legend_opts=opts.LegendOpts(pos_right=120)
    )
    .render("d:/html/task6-19.html")
)
```

（3）运行 task6-19.py 程序，在 d 盘的 html 目录下生成 task6-19.html 文件。打开该 HTML 文件，可观察到平行坐标图的效果如图 6-20 所示，从中可发现 5 年期间各类学历教育招生人数变化情况。

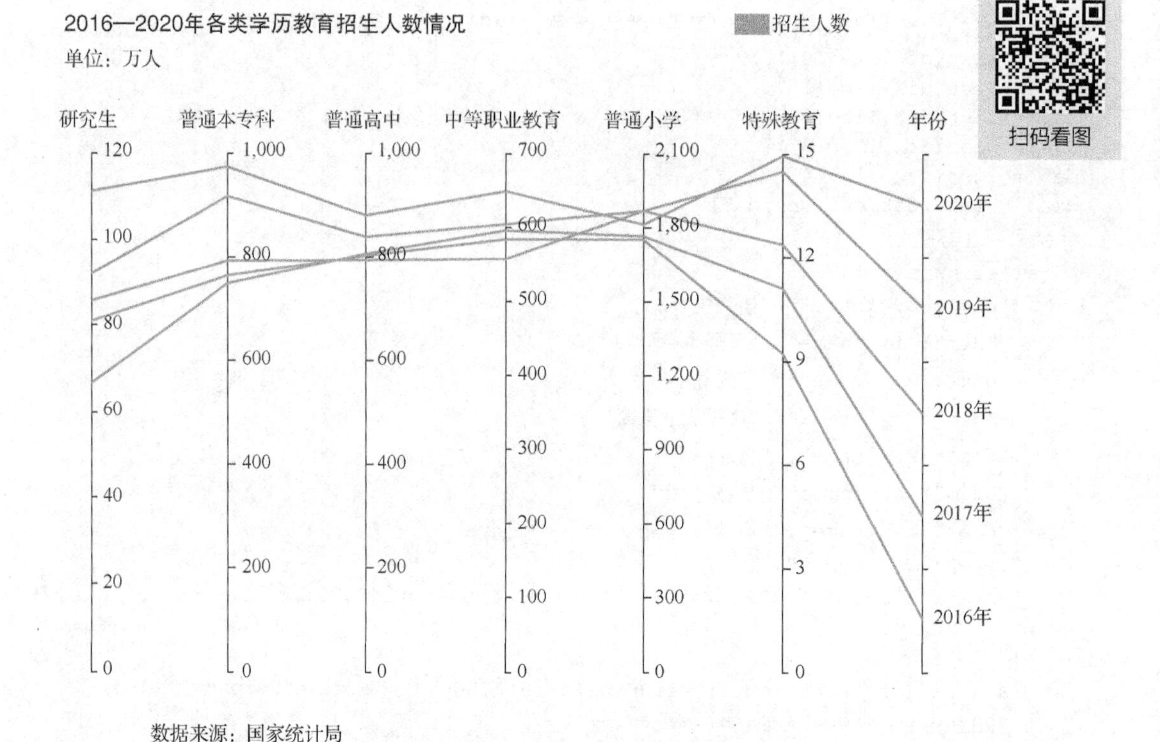

图 6-20　2016—2020 年各类学历教育招生人数情况平行坐标图

【任务 6-20】 箱形图——我国造林总面积情况

任务描述

根据国家统计局发布的我国 2004—2020 年造林面积（包括人工造林面积、飞播造林面积、新封山育林面积和退化林修复面积等）统计数据，即造林总面积.xls，通过数据处理，获取 2011—2020 年我国造林总面积和人工造林面积的数据，绘制箱形图，并设置全局配置项和系列配置项，具体如下。

（1）图表的主标题为“2011—2020 年造林面积”，副标题为“单位：千公顷”，标题居中。

（2）图表脚注为“数据来源：国家统计局”。

（3）图例列表项为“造林总面积”和“人工造林面积”，垂直布局，距离右边 120px。

（4）*x* 轴名称为“年份”，*y* 轴名称为“面积”，并显示提示框。

知识储备

使用 pyecharts 绘制箱形图的说明如下。

（1）使用 from pyecharts.charts import Boxplot 语句导入箱形图 Boxplot。

（2）使用 from pyecharts import options as opts 语句导入 options 模块。

（3）导入造林总面积.xls，获取 2011—2020 年我国造林总面积和人工造林面积的数据。

（4）绘制箱形图的基本程序代码如下。

```
c = (
    Boxplot()                          #或者用 Boxplot(opts.InitOpts()#初始化配置项)
```

```
    .add_xaxis(x_data)              #添加 x 轴数据
    .add_yaxis("名称",y_data)        #添加 y 轴系列名称、坐标数据和其他参数
    .set_global_opts()              #设置全局配置项
    .set_series_opts()              #设置系列配置项
    .render()                       #生成 render.html 文件
)
```

其中，add_yaxis()函数的主要参数如表 6-23 所示。

表 6-23　add_yaxis()函数的主要参数

参数名	说明
series_name	系列名称，用于提示框的显示和图例的筛选
y_axis	系列数据
is_selected	是否选中图例，布尔类型，默认值为 True
xaxis_index	*x* 轴的索引，在单个图表实例中存在多个 *x* 轴的时候有用
yaxis_index	*y* 轴的索引，在单个图表实例中存在多个 *y* 轴的时候有用
label_opts	标签配置项
markpoint_opts	标记点配置项
markline_opts	标记线配置项
tooltip_opts	提示框组件配置项
itemstyle_opts	图元样式配置项

任务实施

1. 准备工作和编程思路

首先将数据文件造林总面积.xls 复制到 d 盘下 dataset 目录下，导入数据后，获取 2011—2020 年我国造林总面积和人工造林面积的数据，绘制箱形图，设置全局配置项和系列配置项。

2. 程序设计

（1）打开 Visualization 项目，新建 Python 文件，输入 Python 文件名为 task6-20.py。

（2）在 PyCharm 的代码编辑区输入 task6-20.py 程序代码，如下。

```
from pyecharts import options as opts
from pyecharts.charts import Boxplot
import pandas as pd
import xlrd

#导入数据
df = pd.read_excel('d:/dataset/造林总面积.xls',header=0)
#获取造林面积数据
df1 = df.iloc[0:2,[5,4,3,2,1]]
df2 = df.iloc[0:2,[10,9,8,7,6]]
v1 = [list(df1.iloc[0]),list(df2.iloc[0])]
v2 = [list(df1.iloc[1]),list(df2.iloc[1])]

#绘制箱形图
c = Boxplot()
c.add_xaxis(["2016—2020 年", "2011—2015 年"])
c.add_yaxis("造林总面积", c.prepare_data(v1))
c.add_yaxis("人工造林面积", c.prepare_data(v2))
c.set_global_opts(title_opts=opts.TitleOpts(
```

```
        title="2011—2020 年造林面积",
        subtitle="单位：千公顷",
        pos_left='center'),

        #添加脚注
        graphic_opts=opts.GraphicGroup(
        graphic_item=opts.GraphicItem(left='12%',bottom='0%'),
            children=[
                opts.GraphicText(graphic_textstyle_opts=
                opts.GraphicTextStyleOpts(
                    text='数据来源：国家统计局',
                    font="14px Microsoft YaHei")
            )]
        ),

        # x 轴配置
        xaxis_opts=opts.AxisOpts(name='年份'),
        # y 轴配置
        yaxis_opts=opts.AxisOpts(name='面积'),
        #设置图例
        legend_opts=opts.LegendOpts(pos_right=120,orient='vertical')
)
#生成 HTML 文件
c.render("d:/html/task6-20.html")
```

（3）运行 task6-20.py 程序，在 d 盘的 html 目录下生成 task6-20.html 文件。打开该 HTML 文件，图表的效果如图 6-21 所示，从中可观察到 2016—2020 年和 2011—2015 年造林总面积和人工造林面积的 5 个统计量（最小值、下四分位数、中位数、上四分位数、最大值）的数据。

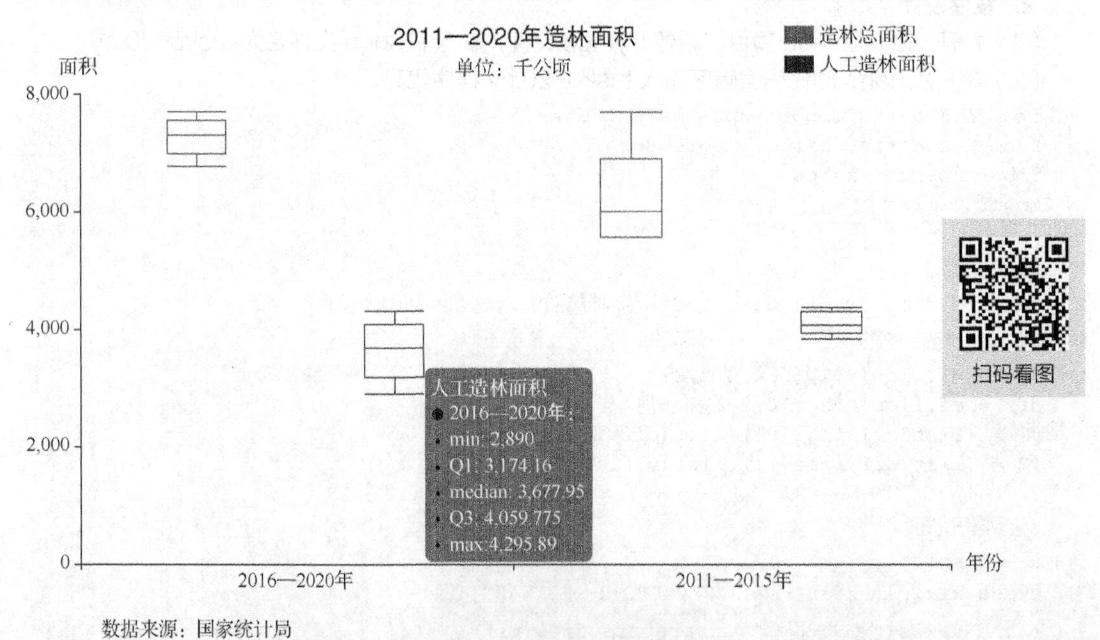

图 6-21　2011—2020 年造林面积箱形图

【任务 6-21】漏斗图——我国货运量情况

任务描述

根据国家统计局发布的 20 年期间我国货运量情况的统计数据，即货物运输量.xls，通过数据处理，获取 2019 年我国货运量情况的数据，绘制漏斗图，并设置全局配置项和系列配置项，具体如下。

（1）图表宽为 900px，高为 600px。

（2）图表的主标题为“2019 年货运量”，副标题为“单位：万吨”，标题居中。

（3）图表脚注为“数据来源：国家统计局”。

（4）图例列表项为 2019 年我国货物运输量的指标，垂直布局，图例距离左边 110px、距离顶部 130px。

（5）设置提示框的触发类型是数据项图形触发（item），提示框配置项中标签内容格式器为“{系列名称}
{数据名}:{数据值}”，无系列名称。显示标签，标签位置为“outside”。

（6）图元样式配置中边缘线宽度为 1px，图形的边缘线颜色为#fff。

知识储备

漏斗图（Funnel Chart）通过对业务的各个关键环节的描述，来衡量各个环节的业务表现。漏斗图中的每个环节通常用一个梯形来表示，梯形的上底宽度表示当前环节的输入情况，梯形的下底宽度表示当前环节的输出情况，上底宽度与下底宽度之间的差值形象地表现了当前环节业务量的减小量，从漏斗图中可以非常直观地看到各个业务的转化程度。

使用 pyecharts 绘制漏斗图的说明如下。

（1）使用 from pyecharts.charts import Funnel 语句导入漏斗图模块 Funnel。

（2）使用 from pyecharts import options as opts 语句导入 options 模块。

（3）导入货物运输量.xls，获取 2019 年我国货运量情况的数据。

（4）绘制漏斗图的基本程序代码如下。

```
c = (
    Funnel()                    #或者用 Funnel(opts.InitOpts()#初始化配置项)
    .add()                      #添加系列名称、系列数据项及相关参数等
    .set_global_opts()          #设置全局配置项
    .set_series_opts()          #设置系列配置项
    .render()                   #生成 render.html 文件
)
```

其中，add()函数的主要参数如表 6-24 所示。

表 6-24 add()函数的主要参数

参数名	说明
series_name	系列名称，用于提示框的显示和图例的筛选
data_pair	系列数据项，格式为 [(key1, value1), (key2, value2)]
is_selected	是否选中图例，布尔类型，默认值为 True
color	系列标签颜色，string 类型
sort_	数据排序，可以取'ascending'、'descending'、'none'（表示按数据顺序），默认值为'descending'
gap	数据图形间距，数值类型，默认值为 0

续表

参数名	说明
label_opts	标签配置项
tooltip_opts	提示框组件配置项
itemstyle_opts	图元样式配置项

任务实施

1. 准备工作和编程思路

首先将数据文件货物运输量.xls 复制到 d 盘下 dataset 目录下，导入数据后，获取 2019 年我国货运量情况的数据，绘制漏斗图，并设置全局配置项和系列配置项。

2. 程序设计

（1）打开 Visualization 项目，新建 Python 文件，输入 Python 文件名为 task6-21.py。

（2）在 PyCharm 的代码编辑区输入 task6-21.py 程序代码，如下。

```
from pyecharts import options as opts
from pyecharts.charts import Funnel
import pandas as pd
import xlrd

#导入数据
df = pd.read_excel('d:/dataset/货物运输量.xls',header=0)
#获取 2019 年货运量数据
df1 = df.iloc[1:,[0,2]]
df2 = df1[df1['2019 年']>0]
print(df2)
x_data  = list(df2['指标'])
y_data = list(df2['2019 年'])
#将指标和 2019 年货运量的数据转换成[key,value]形式
data = [[x_data[i], y_data[i]] for i in range(len(x_data))]
#绘制漏斗图
(
    Funnel(init_opts=opts.InitOpts(width="900px", height="600px"))
    .add(
        series_name="",
        data_pair=data,
        #提示框配置项
        tooltip_opts=opts.TooltipOpts(trigger="item",
                                      formatter="{a}<br/>{b}:{c}"),
        #标签配置项
        label_opts=opts.LabelOpts(is_show=True, position="outside"),
        #图元样式配置项
        itemstyle_opts=opts.ItemStyleOpts(border_color="#fff",
                                          border_width=1),
    )
    .set_global_opts(
        title_opts=opts.TitleOpts(
            title="2019 年货运量",
            subtitle="单位：万吨",
```

```
            pos_left='center'),

        #添加脚注
        graphic_opts=opts.GraphicGroup(
            graphic_item=opts.GraphicItem(left='12%',bottom='10%'),
            children=[
                opts.GraphicText(graphic_textstyle_opts=
                opts.GraphicTextStyleOpts(
                    text='数据来源：国家统计局',
                    font="14px Microsoft YaHei")
            )]
        ),
        legend_opts=opts.LegendOpts(
            pos_top=130,pos_left=110,
            orient='vertical')
    )
    .render("d:/html/task6-21.html")
)
```

（3）运行 task6-21.py 程序，在 d 盘的 html 目录下生成 task6-21.html 文件。打开该 HTML 文件，图表的效果如图 6-22 所示，从中可观察到货运方式与货运量之间的关系。

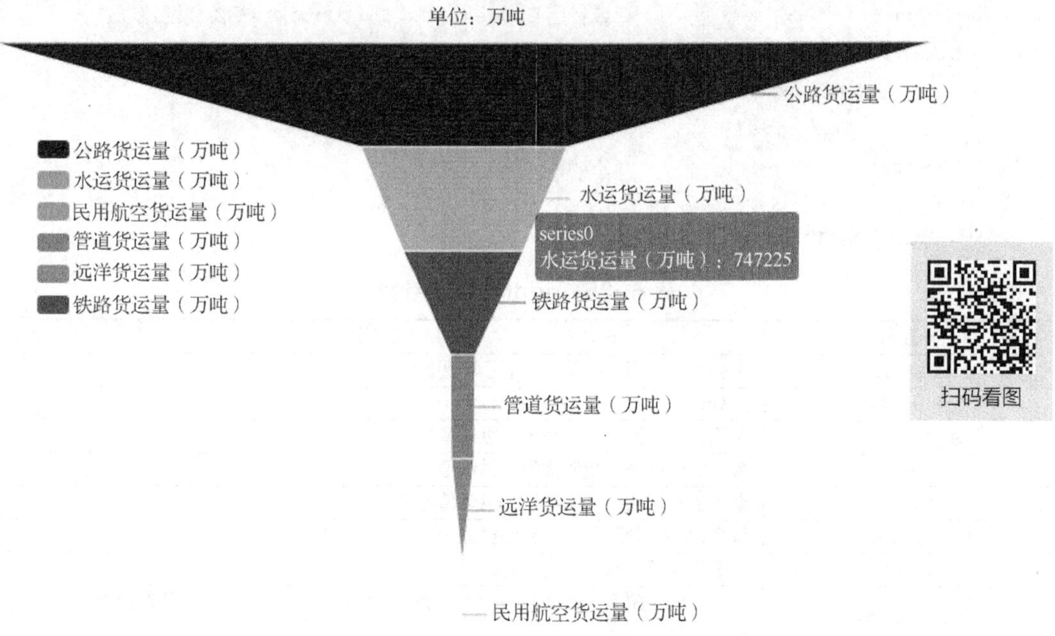

图 6-22　2019 年货运量漏斗图

【任务 6-22】 仪表盘——某门课程学员学习进度合格率

任务描述

现有某门课程学员学习情况的数据文件，即学员学习情况列表.xls，通过数据处理，获取学员学习进度的数据，并计算学习进度合格的学员比例，绘制仪表盘，设置全局配置项和系列配置项，具体如下。

（1）图表宽为 800px，高为 600px。

（2）图表的主标题为“学习进度仪表盘”，标题居中，不显示图例。

（3）仪表盘轮盘内标题文本的字体颜色为蓝色，字号为 20，字体加粗，仪表盘中心水平方向的偏移为 0、垂直方向的偏移为 50，仪表盘中提示框配置项的标签内容格式为“{系列名称}
{数据名}:{数据值%}”，系列名为“学习进度”。

知识储备

仪表盘（Gauge Chart）可展示某个指标值所在的范围，它可以直观地体现当前任务的完成程度或某个数据是否超出预期。仪表盘是由指针角度和度量组成的，指针角度只能选择 1 个度量。仪表盘中的刻度表示度量，指针表示维度，指针角度表示数值。

使用 pyecharts 绘制仪表盘的说明如下。

（1）使用 from pyecharts.charts import Gauge 语句导入仪表盘 Gauge。

（2）使用 from pyecharts import options as opts 语句导入 options 模块。

（3）导入学员学习情况列表.xls，获取学员学习进度的数据。

（4）绘制仪表盘的基本程序代码如下。

```
c = (
    Gauge()                     #或者用 Gauge(opts.InitOpts()#初始化配置项)
    .add()                      #添加系列名称、系列数据项及相关参数等
    .set_global_opts()          #设置全局配置项
    .set_series_opts()          #设置系列配置项
    .render()                   #生成 render.html 文件
)
```

其中，add()函数的参数如表 6-25 所示。

表 6-25　add()函数的参数

参数名	说明
series_name	系列名称，用于提示框的显示和图例的筛选
data_pair	系列数据项，格式为 [(key1, value1), (key2, value2)]
is_selected	是否选中图例，布尔类型，默认值为 True
min_	最小的数据值，数值类型，默认值为 0
max_	最大的数据值，数值类型，默认值为 0
split_number	仪表盘平均分割段数，数值类型，默认值为 10
radius	仪表盘半径，默认值为'75%'
start_angle	仪表盘起始角度，仪表盘中心正右侧为 0°，正上方为 90°，正左侧为 180°，默认值为 225
end_angle	仪表盘结束角度，数值类型，默认值为-45
is_clock_wise	仪表盘刻度值是否按顺时针方向增长，布尔类型，默认值为 True
title_label_opts	仪表盘数据标题配置项
detail_label_opts	仪表盘数据项内容配置项
pointer	仪表盘指针配置项
tooltip_opts	提示框组件配置项
itemstyle_opts	图元样式配置项

add()函数中的仪表盘数据内容配置项（GaugeDetailOpts）中的参数如表 6-26 所示。仪表

盘指针配置项（GaugePointerOpts）中的参数如表 6-27 所示。

表 6-26　仪表盘数据内容配置项中的参数

参数名	说明
is_show	是否显示详情，布尔类型，默认值为 True
background_color	文字块背景色，可以是颜色值，例如'#123234'、'red'、'rgba(0,23,11,0.3)'
border_width	文字块边框宽度，数值类型，默认值为 0
border_color	文字块边框颜色
offset_center	相对于仪表盘中心的偏移位置，数组第一项表示水平方向的偏移，第二项表示垂直方向的偏移。可以是绝对数值，也可以是相对于仪表盘半径的百分比。默认值为[0, '-40%']
formatter	格式化函数或者字符串
color	文字的颜色，string 类型，默认值为'auto'
font_style	文字字体的风格，可选值为'normal'、'italic'、'oblique'，默认值为'normal'
font_weight	文字字体的粗细，可选值为'normal'、'bold'、'bolder'、'lighter'，默认值为'normal'
font_family	文字的字体系列，值可以是'serif'、'monospace'、'Arial'、'Courier New'、'Microsoft YaHei'等，默认值为'sans-serif'
font_size	文字的字体大小，数值类型，默认值为 15
border_radius	文字块的圆角，数值类型，默认值为 0
padding	文字块的内边距，示例如下。 • padding=[3, 4, 5, 6]：表示 [上, 右, 下, 左] 的边距。 • padding=4：表示[4, 4, 4, 4]。 • padding=[3, 4]：表示[3, 4, 3, 4]。 需要注意的是，文字块的 width 和 height 指定的是内容高度和宽度，不包含内边距，默认值为 0
shadow_color	文字块的背景阴影颜色，string 类型，默认值为'transparent'
shadow_blur	文字块的背景阴影长度，数值类型，默认值为 0
shadow_offset_x	文字块的背景阴影 *x* 方向偏移，数值类型，默认值为 0
shadow_offset_y	文字块的背景阴影 *y* 方向偏移，数值类型，默认值为 0

表 6-27　仪表盘指针配置项中的参数

参数名	说明
is_show	是否显示指针，布尔类型，默认值为 True
length	指针长度，可以是绝对数值（数值），也可以是相对于半径的百分比（字符串），默认值为'80%'
width	指针宽度，数值类型，默认值为 8

任务实施

1. 准备工作和编程思路

首先将数据文件学员学习情况列表.xls 复制到 d 盘下 dataset 目录下，导入数据后，获取学员学习进度的数据，绘制仪表盘，并设置全局配置项和系列配置项。

2. 程序设计

（1）打开 Visualization 项目，新建 Python 文件，输入 Python 文件名为 task6-22.py。

（2）在 PyCharm 的代码编辑区输入 task6-22.py 程序代码，具体代码如下。

```
from pyecharts import options as opts
from pyecharts.charts import Gauge
import pandas as pd
import xlrd
#导入数据
```

```
    df = pd.read_excel('d:\dataset\学员学习情况列表.xls',header=1)

    #获取数据
    df1 = df['学习进度']
    df2 = df[df['学习进度']>=60]

    #计算学习进度合格的学员比例
    ratio1 = round(len(df2)/len(df1),4)*100
    print(ratio1)

    #绘制仪表盘
    (
        Gauge(init_opts=opts.InitOpts(width="800px", height="600px"))
        .add(series_name="学习进度",
             data_pair=[["合格率", ratio1]],
             #仪表盘数据标签配置项
             title_label_opts= opts.GaugeTitleOpts(offset_center=[0,50],
                                                   color='blue',
                                                   font_size=20,
                                                   font_weight='bold')
        )
        .set_global_opts(
            legend_opts=opts.LegendOpts(is_show=False),
            title_opts=opts.TitleOpts(title="学习进度合格率仪表盘",
                                      pos_left='center'),
            tooltip_opts=opts.TooltipOpts(formatter="{a}<br/>{b}:{c}%")
        )
        .render("d:/html/task6-22.html")
    )
```

（3）运行 task6-22.py 程序，在 d 盘的 html 目录下生成 task6-22.html 文件。打开该 HTML 文件，图表的效果如图 6-23 所示，从中可观察到学习进度合格率是 81.61%。

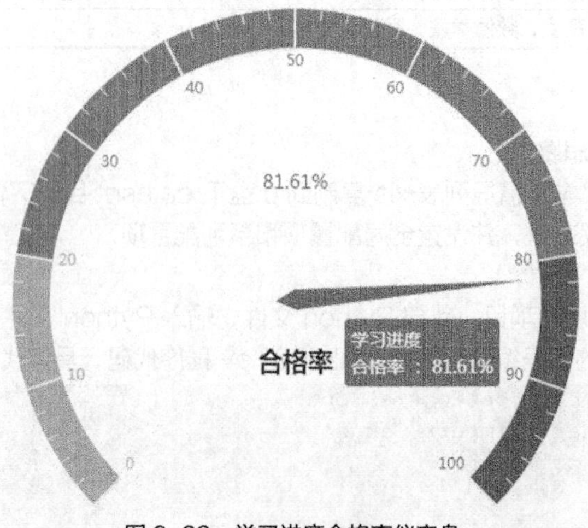

图 6-23 学习进度合格率仪表盘

【任务 6-23】 折线图——我国居民人均收支情况

任务描述

微课视频

根据国家统计局发布的我国居民人均收支的统计数据，即居民人均收支.xls，通过数据处理，获取 2016—2020 年我国居民人均可支配收入和居民人均消费支出的数据，绘制折线图，并设置全局配置项和系列配置项，具体如下。

（1）图表的主标题为“2016—2020 年我国居民人均收支”，副标题为“单位：元”，标题居中。

（2）图表脚注为“数据来源：国家统计局”。

（3）显示居民人均可支配收入和居民人均消费支出的折线图的标记图形对应值分别为'circle'和'emptyCircle'，显示标签。

（4）图例列表项为“居民人均可支配收入”和“居民人均消费支出”，垂直布局，靠右边，不显示提示框。

（5）*x* 轴名称为“年份”，类型为'category'；*y* 轴名称为“金额”，类型为'value'。

知识储备

使用 pyecharts 绘制折线图的说明如下。

（1）使用 from pyecharts.charts import Line 语句导入折线图模块 Line。

（2）使用 from pyecharts import options as opts 语句导入 options 模块。

（3）导入居民人均收支.xls，获取居民人均收支的数据。

（4）绘制折线图的基本程序代码如下。

```
c = (
    Line()                          #或者用 Line(opts.InitOpts()#初始化配置项)
    .add_xaxis(x_data)              #添加 x 轴数据
    .add_yaxis("名称",y_data)       #添加 y 轴系列名称、坐标数据和其他参数
    .set_global_opts()              #设置全局配置项
    .set_series_opts()              #设置系列配置项
    .render()                       #生成 render.html 文件
)
```

其中，add_yaxis()函数的参数如表 6-28 所示。

表 6-28　add_yaxis()函数的参数

参数名	说明
series_name	系列名称，用于提示框的显示和图例的筛选
y_axis	系列数据
is_selected	是否选中图例。布尔类型，默认值为 True
is_connect_nones	是否连接空数据，空数据使用 None 填充。布尔类型，默认值为 False
xaxis_index	使用的 *x* 轴的索引，在单个图表实例中存在多个 *x* 轴的时候有用。数值类型，默认值为 None
yaxis_index	使用的 *y* 轴的索引，在单个图表实例中存在多个 *y* 轴的时候有用。数值类型，默认值为 None
color	系列标签颜色。string 类型，默认值为 None

续表

参数名	说明
is_symbol_show	是否显示标记的图形，如果为 False，则只在提示框悬停的时候显示。布尔类型，默认值为 True
symbol	标记的图形。ECharts 提供的标记类型可选值包括'circle'、'rect'、'roundRect'、'triangle'、'diamond'、'pin'、'arrow'、'emptyCircle'、'none'。 可以通过'image://url'设置为图片，其中 url 为图片的链接，或者 dataURI。string 类型，默认值为 None
symbol_size	标记的大小，可以设置成数字（如 10），也可以用数组表示宽和高，例如[20, 10]表示标记宽为 20、高为 10。默认值为 4
stack	数据堆叠，同一类目轴上系列配置相同的 stack 值可以堆叠放置。string 类型，默认值为 None
is_smooth	是否为平滑曲线。布尔类型，默认值为 False
is_clip	是否裁剪图形超出坐标系的部分。对于折线图，裁掉所有超出坐标系的折线部分，拐点图形的逻辑按照散点图处理。布尔类型，默认值为 True
is_step	是否显示成阶梯图。布尔类型，默认值为 False
is_hover_animation	是否开启鼠标悬浮在拐点标志上的提示动画效果。布尔类型，默认值为 True
z_level	折线图所有图形的 zlevel 值。zlevel 用于 Canvas 分层，不同 zlevel 值的图形会被放置在不同的 Canvas 中。Zlevel 值大的 Canvas 会放在 zlevel 值小的 Canvas 的上面。数值类型，默认值为 0
z	折线图所有图形的 z 值。控制图形的前后顺序。z 值小的图形会被 z 值大的图形覆盖。z 相比 zlevel 优先级更低，而且不会创建新的 Canvas。数值类型，默认值为 0
markpoint_opts	标记点配置项
markline_opts	标记线配置项
tooltip_opts	提示框组件配置项
label_opts	标签配置项
linestyle_opts	线样式配置项
areastyle_opts	填充区域配置项
itemstyle_opts	图元样式配置项

任务实施

1. 准备工作和编程思路

首先将数据文件居民人均收支.xls 复制到 d 盘下 dataset 目录下，导入数据后，获取 2016—2020 年居民人均可支配收入和居民人均消费支出的数据，绘制 2016—2020 年居民人均可支配收入和居民人均消费支出的折线图，并设置全局配置项和系列配置项。

2. 程序设计

（1）打开 Visualization 项目，新建 Python 文件，输入 Python 文件名为 task6-23.py。

（2）在 PyCharm 的代码编辑区输入 task6-23.py 程序代码，如下。

```
from pyecharts import options as opts
from pyecharts.charts import Line
import pandas as pd
import xlrd
#导入数据
df = pd.read_excel('d:/dataset/居民人均收支.xls',header=0)
#获取数据
```

```
x_data = ['2016年','2017年','2018年','2019年','2020年']
#获取居民人均可支配收入数据
data1 = list(df.iloc[0,[5,4,3,2,1]])
#获取居民人均消费支出数据
data2 = list(df.iloc[6,[5,4,3,2,1]])
y_data = data1
z_data = data2
#绘制折线图
(
    Line()
    .set_global_opts(
        tooltip_opts=opts.TooltipOpts(is_show=False),
        xaxis_opts=opts.AxisOpts(name='年份', type_="category"),
        yaxis_opts=opts.AxisOpts(
            name='金额', type_="value",
            axistick_opts=opts.AxisTickOpts(is_show=True)
        ),
        title_opts=opts.TitleOpts(
            title="2016—2020年我国居民人均收支",
                subtitle="单位：元",pos_left='center'),
        #添加脚注
        graphic_opts=opts.GraphicGroup(
            graphic_item=opts.GraphicItem(left='12%',bottom='0%'),
            children=[
                opts.GraphicText(graphic_textstyle_opts=
                opts.GraphicTextStyleOpts(text='数据来源：国家统计局',
                                          font="14px Microsoft YaHei")
            )]
        ),
        legend_opts=opts.LegendOpts(pos_right='right',orient='vertical')
    )
    .add_xaxis(xaxis_data=x_data)
    .add_yaxis(
         series_name="居民人均可支配收入",
         y_axis=y_data,
         symbol="circle",
         is_symbol_show=True,
         label_opts=opts.LabelOpts(is_show=True),)
    .add_yaxis(
         series_name="居民人均消费支出",
         y_axis=z_data,
         symbol="emptyCircle",
         is_symbol_show=True,
         label_opts=opts.LabelOpts(is_show=True)
    )
    .render("d:/html/task6-23.html")
)
```

（3）运行 task6-23.py 程序，在 d 盘的 html 目录下生成 task6-23.html 文件。打开该 HTML 文件，可观察图表的效果如图 6-24 所示。从图中可观察到 2016—2020 年居民人均可支配收入和居民人均消费支出的变化情况。

图 6-24　2016—2020 年我国居民人均收支情况折线图

【任务 6-24】 饼图——居民人均消费支出及其构成

任务描述

根据国家统计局发布的 2019 年居民人均消费支出的统计数据，即居民人均消费支出.xls，通过数据处理，获取 2019 年全国居民在食品烟酒、衣着、居住、生活用品及服务、交通通信、教育文化娱乐、医疗保健、其他用品及服务等方面的人均消费支出数据，绘制饼图，设置全局配置项和系列配置项，具体如下。

（1）图表的主标题为“2019 年居民人均消费支出”，副标题为“单位：元”，标题靠左。

（2）图表脚注为“数据来源：国家统计局”。

（3）图例列表项为“食品烟酒”、“衣着”、“居住”、“生活用品及服务”、“交通通信”、“教育文化娱乐”、“医疗保健”和“其他用品及服务”等，垂直布局，靠右。

（4）图表宽度为 800px，顺时针排布数据。

（5）显示标签，标签的格式为“{数据名}:{数据值}”，显示提示框。

知识储备

使用 pyecharts 绘制饼图的说明如下。

（1）使用 from pyecharts.charts import Pie 语句导入饼图模块 Pie。

（2）使用 from pyecharts import options as opts 语句导入 options 模块。

（3）导入居民人均消费支出.xls，获取全国居民在食品烟酒、衣着、居住、生活用品及服务、交通通信、教育文化娱乐、医疗保健、其他用品及服务等方面的人均消费支出数据。

（4）绘制饼图的基本程序代码如下。

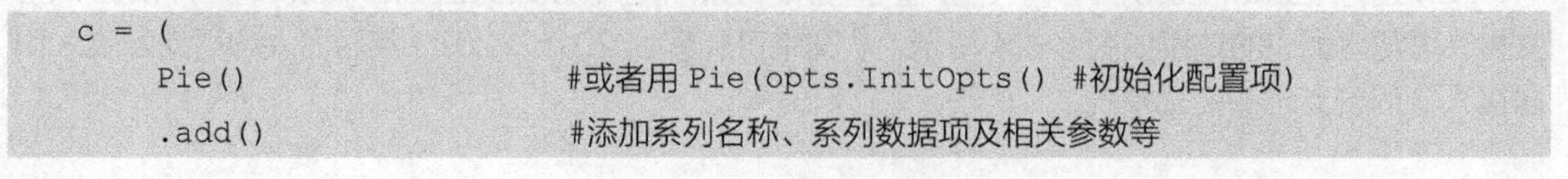

```
c = (
    Pie()                    #或者用 Pie(opts.InitOpts() #初始化配置项)
    .add()                   #添加系列名称、系列数据项及相关参数等
```

```
    .set_global_opts()            #设置全局配置项
    .set_series_opts()            #设置系列配置项
    .render()                     #生成 render.html 文件
)
```

其中，add()函数的参数如表 6-29 所示。

表 6-29　add()函数的参数

参数名	说明
series_name	系列名称，用于提示框的显示和图例的筛选
data_pair	系列数据项，格式为 [(key1, value1), (key2, value2)]
color	系列标签颜色，string 类型，默认值为 None
radius	饼图的半径，数组的第一项表示内半径，第二项表示外半径。默认设置成百分比形式，即相对于容器高度与宽度中较小的一项的一半数值的百分比数据
center	饼图的中心（圆心）坐标，数组的第一项表示横坐标，第二项表示纵坐标。默认设置成百分比形式，设置成百分比形式时第一项是相对于容器宽度的百分比，第二项是相对于容器高度的百分比
rosetype	是否展示成南丁格尔玫瑰图，通过半径区分数据大小，有 radius 和 area 两种模式。 • radius：扇区对应圆心角展现数据的百分比，半径展现数据的大小。 • area：所有扇区对应圆心角相同，仅通过半径展现数据的大小
is_clockwise	饼图的扇区是否是顺时针排布。布尔类型，默认值为 True
label_opts	标签配置项
tooltip_opts	提示框组件配置项
itemstyle_opts	图元样式配置项
encode	可以定义数据的哪个维度被编码成什么

任务实施

1. 准备工作和编程思路

首先将数据文件居民人均消费支出.xls 复制到 d 盘下 dataset 目录下，导入数据后，获取全国居民在食品烟酒、衣着、居住、生活用品及服务、交通通信、教育文化娱乐、医疗保健、其他用品及服务等方面的人均消费支出数据，绘制饼图，设置全局配置项和系列配置项。

2. 程序设计

（1）打开 Visualization 项目，新建 Python 文件，输入 Python 文件名为 task6-24.py。

（2）在 PyCharm 的代码编辑区输入 task6-24.py 程序代码，如下。

```
from pyecharts import options as opts
from pyecharts.charts import Pie
import pandas as pd
import xlrd
#导入数据
df = pd.read_excel('d:/dataset/居民人均消费支出.xls',header=1)
#获取 2019 年居民人均消费支出数据
df1 = df.T
df2 = df1.iloc[2:,[0]]
#将数据降序排列，便于数据按由大到小的顺序排列
df2 = df2.sort_values(by=0,ascending=False)
print(df2)
x_data = df2.index.values
y_data = list(df2[0])
print(x_data)
print(y_data)
```

```
#生成系列数据项
data = [[x_data[i], y_data[i]] for i in range(len(x_data))]

#绘制饼图
pie = (
        Pie(init_opts=opts.InitOpts(width="800px")) #设置图表大小
        .add("", data,is_clockwise=True) #设置饼图扇区顺时针排布
        .set_global_opts(title_opts=opts.TitleOpts(
            title="2019 年居民人均消费支出",
            subtitle="单位：元"),
            #添加脚注
            graphic_opts=opts.GraphicGroup(
                graphic_item=opts.GraphicItem(left='12%',bottom='0%'),
                children=[
                    opts.GraphicText(graphic_textstyle_opts=
                    opts.GraphicTextStyleOpts(
                        text='数据来源：国家统计局',
                        font="14px Microsoft YaHei")
                )]
            ),
            #设置图例
            legend_opts=opts.LegendOpts(
                                            pos_right="right",
                                            orient="vertical")
        )
        .set_series_opts(label_opts=opts.LabelOpts(
            formatter="{b}: {c}")
        )
    .render("d:/html/task6-24.html")
)
```

（3）运行 task6-24.py 程序，在 d 盘的 html 目录下生成 task6-24.html 文件。打开该 HTML 文件，图表的效果如图 6-25 所示，从中可发现居民人均消费支出的项目与消费金额之间的关系，其中食品烟酒消费金额最大，为 6084.2 元。

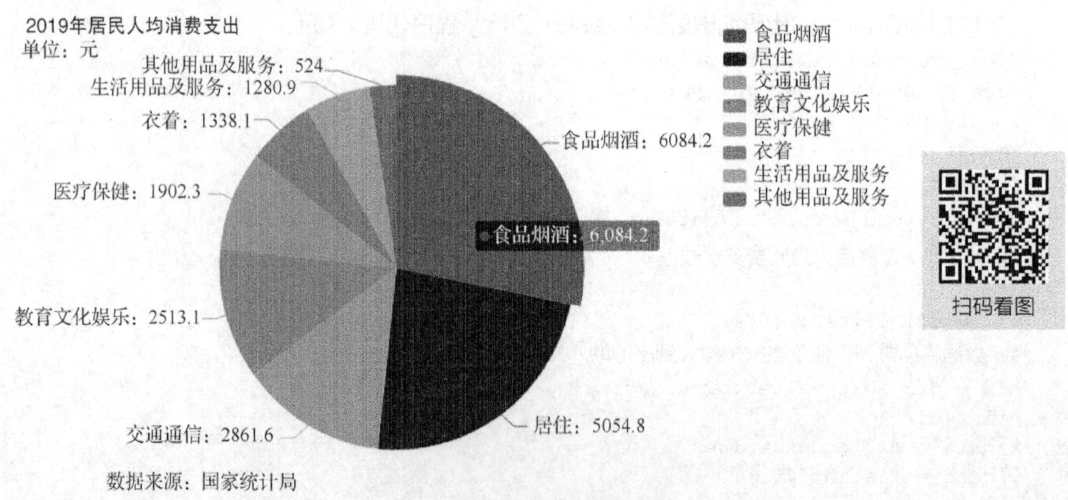

图 6-25　2019 年居民人均消费支出情况饼图

拓展训练

【拓展任务 6】 城市绿地建设情况

任务描述

微课视频

根据国家统计局发布的 2015—2019 年我国 5 年期间城市绿地建设统计数据情况表，分别绘制 2015—2019 年我国城市绿地面积的柱形图和建成区绿化覆盖率的折线图，并设置全局配置项和系列配置项，具体如下。

（1）设置图表的主标题为“2015—2019 年城市绿地面积”，副标题为“单位：万公顷”，标题位于左边。

（2）设置脚注为“数据来源：国家统计局”。

（3）设置图例列表项为“城市绿地面积”和“建成区绿化覆盖率”，水平布局，居中。

（4）显示标签。

知识储备

柱形图和折线图的绘制方法可分别参见【任务 6-16】和【任务 6-23】。本任务是实现在同一张图中绘制两种类型的图表，其方法是先绘制柱形图，并在柱形图的右边新增 *y* 轴，然后绘制折线图，最后将折线图叠加到柱形图上。

（1）使用 extend_axis()函数扩展 *x* 轴、*y* 轴，其参数如表 6-30 所示。

表 6-30　extend_axis()函数的参数

参数名	说明
xaxis_data	扩展 *x* 轴数据项，序列值，默认值为 None
xaxis	扩展 *x* 轴配置项，默认值为 None
yaxis	新增 *y* 轴配置项，默认值为 None

（2）使用 A.overlap(B)，可将图表 B 叠加进图表 A 中。

任务实施

1. 准备工作和编程思路

（1）首先将数据文件城市绿地面积.xls 复制到 d 盘下 dataset 目录下，导入数据后，获取 2015—2019 年的年份、城市绿地面积和建成区绿化覆盖率（%）3 个项目的数据。

（2）绘制城市绿地面积的单数据系列柱形图，设置标题、脚注和图例，显示标签，在柱形图的右边新增建成区绿化覆盖率（%）的 *y* 轴，并设置 *y* 轴线的颜色和 *x* 轴线上标签的格式为“{value}%”。

（3）绘制折线图，设置图例，显示标签，利用 bar.overlap(line)将折线图叠加到柱形图上。

2. 程序设计

（1）打开 Visualization 项目，新建 Python 文件，输入 Python 文件名为 task6-25.py。

（2）在 PyCharm 的代码编辑区输入 task6-25.py 程序代码，如下。

```
form pyecharts import options as opts
from pyecharts.charts import Bar
from pyecharts import Line
```

```
import pandas as pd
import xlrd

#导入数据
df= pd.read_excel('d:/dataset/城市绿地面积.xls',header=0)

#获取城市绿地面积和建成区绿化覆盖率(%)数据
df1 = df.iloc[0,[5,4,3,2,1]]
data1 = list(df1)
data2 = list(df.iloc[4,[5,4,3,2,1]])
lable = list(df1.index.values)

#绘制单数据系列柱形图
bar = (
     Bar()
     .add_xaxis(lable)
     .add_yaxis("城市绿地面积", data1,bar_width=70)
     .set_global_opts(title_opts=opts.TitleOpts(
         title="2015—2019 年城市绿地面积",
         subtitle="单位：万公顷"),
         #添加脚注
         graphic_opts=opts.GraphicGroup(
             graphic_item=opts.GraphicItem(left='12%',bottom='0%'),
             children=[
                 opts.GraphicText(graphic_textstyle_opts=
                 opts.GraphicTextStyleOpts(text='数据来源：国家统计局',
                                           font="14px Microsoft YaHei")
             )
             ]
         )
      )
      #在右边新增 y 轴
      .extend_axis(
          yaxis=opts.AxisOpts(
              name="建成区绿化覆盖率（%）",
              type_="value",
              min_=0,
              max_=45,
              position="right",
              #设置坐标轴刻度线配置项
              axisline_opts=opts.AxisLineOpts(
                  #设置坐标轴线为红色
                  linestyle_opts=opts.LineStyleOpts(color="red")
              ),
              #设置坐标轴线上标签内容格式器
              axislabel_opts=opts.LabelOpts(formatter="{value} %"),
          )
      )
)
```

```
#绘制折线图
line = (
    Line()
    .add_xaxis(xaxis_data=lable)
    .add_yaxis(
        series_name="建成区绿化覆盖率",
        y_axis=data2,
        yaxis_index=1,
        color="#675bba",
        label_opts=opts.LabelOpts(is_show=True),
    )
)
#折线图叠加到柱形图上
bar.overlap(line)
bar.render("d:/html/task6-25.html")
```

（3）运行 task6-25.py 程序，在 d 盘的 html 目录下生成 task6-25.html 文件。打开该 HTML 文件，图表的效果如图 6-26 所示，从中可发现 2015—2019 年城市绿地面积和建成区绿化覆盖率的变化情况。

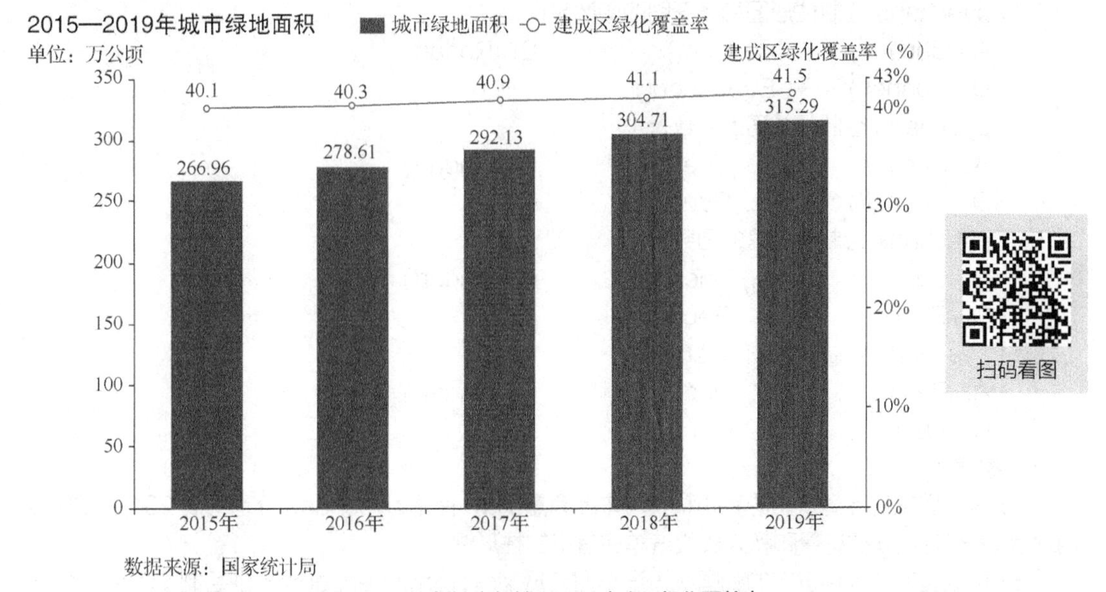

图 6-26　2015—2019 年城市绿地面积及建成区绿化覆盖率

单元小结

本单元介绍了 pyecharts 绘制图表的流程、图表的全局配置项和系列配置项等基础知识。本单元重点介绍了 pyecharts 常见图表的绘制方法，包括柱形图、条形图、雷达图、散点图、平行坐标图、箱形图、漏斗图、仪表盘、折线图和饼图的绘制方法，最后，通过绘制 2015—2019 年城市绿地建设情况的拓展训练案例介绍了两种图表叠加的绘图方法。

思考练习

1. 填空题

（1）pyecharts 的配置项分为__________和__________。

（2）pyecharts 全局配置项可通过____________________方法设置。

（3）pyecharts 设置配置项需要导入___________模块。

（4）pyecharts 可设置的全局配置项有__________、__________、__________、__________、__________、__________、__________。

（5）pyecharts 标题配置项是通过设置_______________函数的参数完成的。

（6）pyecharts 的文字样式配置项属于____________配置项。

（7）绘制柱形图时，通过设置 add_yaxis()函数中的___________参数可调整柱条的宽度。

2. 选择题

（1）pyecharts 绘制折线图的函数是（　　）。

A. Bar()　　B. Line()　　C. Radar()
D. Funnel()　　E. Gauge()

（2）pyecharts 绘制柱形图和条形图的函数是(　　)。

A. Bar()　　B. Line()　　C. Radar()
D. Funnel()　　E. Gauge()

（3）pyecharts 绘制漏斗图的函数是（　　）。

A. Bar()　　B. Line()　　C. Radar()
D. Funnel()　　E. Gauge()

（4）pyecharts 绘制仪表盘的函数是（　　）。

A. Bar()　　B. Line()　　C. Radar()
D. Funnel()　　E. Gauge()

（5）pyecharts 绘制雷达图的函数是（　　）。

A. Bar()　　B. Line()　　C. Radar()
D. Funnel()　　E. Gauge()

3. 编程题

（1）根据国家统计局发布的我国私人汽车拥有量.xls，使用 pyecharts 分别绘制 2015—2019 年我国私人载客汽车拥有量和私人载货汽车拥有量的柱形图。

（2）根据国家统计局发布的我国私人汽车拥有量.xls，使用 pyecharts 分别绘制 2019 年我国私人重型、中型、轻型和微型载货汽车拥有量在我国私人载货汽车拥有量中所占比例的饼图。

（3）根据国家统计局发布的我国私人汽车拥有量.xls，使用 pyecharts 分别绘制 2015—2019 年我国私人载客汽车拥有量、私人载货汽车拥有量和私人其他汽车拥有量的堆积柱形图。

单元7 国民经济和社会发展统计数据可视化

07

微课视频

学习目标

■ 掌握 pyecharts 实现多图叠加的方法。

■ 掌握 pyecharts 绘制时间线轮播多图的方法。

■ 掌握 pyecharts 绘制饼图与圆环图的组合图的方法。

■ 掌握 pyecharts 绘制有多条折线的折线图的方法。

■ 掌握pyecharts绘制堆积柱形图的方法。

本单元以国民经济和社会发展统计数据为例，详细介绍运用 pyecharts 绘制组合图表的方法。

7.1 国内生产总值及各级产业增加值情况

【任务 7-1】 国内生产总值及第一产业、第二产业、第三产业增加值情况

任务描述

微课视频

根据国家统计局发布的 2016—2020 年我国国内生产总值及第一产业、第二产业、第三产业增加值的数据，分别绘制 2016—2020 年我国国内生产总值及第一产业、第二产业、第三产业增加值的多数据系列柱形图和第一产业、第二产业、第三产业增加值分别在国内生产总值中所占比例的饼图，并设置全局配置项和系列配置项，具体如下。

（1）图表宽度为 900px，高度为 600px。

（2）图表的主标题为“5 年期间国内生产总值及第一产业、第二产业、第三产业增加值情况”，副标题为“单位：亿元”，标题居中。图表脚注为“数据来源：国家统计局”。

（3）图例列表项为“国内生产总值”“第一产业增加值”“第二产业增加值”“第三产业增加值”“第一产业增加值占比”“第二产业增加值占比”“第三产业增加值占比”，垂直布局，选择的模式为多选模式，图例距离右侧 5px、距离底部 55%，显示图例。

（4）设置饼图标签格式为“{数据名}:{数据值%}”，饼图中心为(38%,18%)，半径为 18%。

知识储备

柱形图和饼图的绘制方法可分别参见【任务 6-16】和【任务 6-24】。本任务要求在同一张图中绘制两种类型的图表，其方法是先绘制多数据系列柱形图，然后绘制第一产业、第二产业、第三产业增加值分别在国内生产总值中所占比例的饼图，并将饼图叠加到柱形图上。

一张饼图只能反映某一年份的数据，这就需要绘制 5 年期间的 5 张饼图，按照年份循环调用不同年份的饼图，并将其叠加到柱形图上，因此，采用了时间线轮播多图方法来实现图表的组合。

使用 pyecharts 绘制时间线轮播多图的说明如下。

（1）使用 from pyecharts.charts import Timeline 语句导入时间线轮播多图模块 Timeline。

（2）使用 from pyecharts import options as opts 语句导入模块 options。

（3）定义绘制时间线轮播多图要调用的函数 function_name(x)，该函数用于绘制图表。

（4）绘制时间线轮播多图的基本程序代码如下。

```
timeline = Timeline()          #或者用 Timeline(opts.InitOpts()#初始化配置项)
for x in range(n):
    timeline.add(function_name(x),time_point)   #添加图表实例和时间点
timeline.add_schema()          #设置坐标轴类型、时间轴类型及其他参数
timeline.render()              #生成 render.html 文件
```

其中，add()和 add_schema()函数的参数如表 7-1、表 7-2 所示。

表 7-1　add()函数的参数

参数名	说明
chart	图表实例
time_point	时间点，string 类型

表 7-2　add_schema()函数的参数

参数名	说明
axis_type	坐标轴类型，可选值如下。 • 'value'：数值轴，适用于连续数据。 • 'category'：类目轴，适用于离散的类目数据，为该类型时必须通过 data 设置类目数据。 • 'time'：时间轴，适用于连续的时序数据，与数值轴相比时间轴显示的是时间的格式化数据，在刻度计算上也有所不同，例如会根据跨度的范围来决定使用月、星期、日还是小时数据作为刻度。 • 'log'对数轴：适用于对数数据。 默认值为'category'
orient	时间轴的类型。可选值为'horizontal'（水平）、'vertical'（垂直），默认值为'horizontal'
symbol	Timeline 标记的图形。ECharts 提供的标记类型可选值包括'circle'、'rect'、'roundRect'、'triangle'、'diamond'、'pin'、'arrow'、'None'，可以通过'image://url'设置为图片，其中 url 为图片的链接，或者 dataURI。string 类型，默认值为 None
symbol_size	Timeline 标记的大小，可以设置成数字（如 10），也可以用数组表示宽和高，例如[20,10]表示标记宽为 20、高为 10。数值类型，默认值为 None
play_interval	表示播放的速度（跳动的间隔），单位为毫秒（ms）。数值类型，默认值为 None
control_position	表示播放按钮的位置。可选值为'left'、'right'，默认值为'left'
is_auto_play	是否自动播放。布尔类型，默认值为 False
is_loop_play	是否循环播放。布尔类型，默认值为 True
is_rewind_play	是否反向播放。布尔类型，默认值为 False
is_timeline_show	是否显示 Timeline 组件。如果设置为 False，不会显示，但是时间流动的功能还存在，默认值为 True
is_inverse	是否反向放置 Timeline，反向则表示时间自东位颠倒。布尔类型，默认值为 False
pos_left	Timeline 组件离容器左侧的距离。pos_left 的值可以是 20px，也可以是'20%'（相对于容器高度与宽度的百分比），或者是'left'、'center'、'right'。如果 pos_left 的值为'left'、'center'、'right'，组件会根据相应的位置自动对齐，默认值为 None

续表

参数名	说明
pos_right	Timeline 组件离容器右侧的距离。pos_right 的值可以是 20px，也可以是'20%'（相对于容器高度与宽度的百分比），默认值为 None
pos_top	Timeline 组件离容器上侧的距离。pos_top 的值可以是 20px，也可以是'20%'（相对于容器高度与宽度的百分比），或者是'top'、'middle'、'bottom'。如果 pos_top 的值为'top'、'middle'、'bottom'，组件会根据相应的位置自动对齐，默认值为 None
pos_bottom	Timeline 组件离容器下侧的距离。pos_bottom 的值可以是 20px，也可以是'20%'（相对于容器高度与宽度的百分比），默认值为'-5px'
width	时间轴区域的宽度，默认值为 None
height	时间轴区域的高度，默认值为 None
linestyle_opts	时间轴的坐标轴线配置，默认值为 None
label_opts	时间轴的轴标签配置，默认值为 None
itemstyle_opts	时间轴的图形样式，默认值为 None
graphic_opts	原生图形样式，默认值为 None
checkpointstyle_opts	当前项（checkpoint）的图形样式，默认值为 None
controlstyle_opts	控制按钮的样式。控制按钮包括播放按钮、前进按钮、后退按钮，默认值为 None

任务实施

1. 准备工作和编程思路

（1）首先将数据文件国内生产总值.csv 复制到 d 盘 dataset 目录下，导入数据后，获取 2016—2020 年的国内生产总值、第一产业增加值、第二产业增加值和第三产业增加值的数据，并计算第一产业、第二产业、第三产业增加值在国内生产总值中所占的比例。

（2）绘制国内生产总值、第一产业增加值、第二产业增加值和第三产业增加值的多数据系列柱形图，设置标题、脚注、图例和图表大小。

（3）分别绘制 2016—2020 年第一产业、第二产业、第三产业增加值在国内生产总值中所占比例的饼图，设置标签配置项，并将饼图叠加到柱形图上。定义 get_year_overlap_chart(year: int) 函数，函数体中实现了根据年份绘制的柱形图和饼图，并将这两个图表叠加。

（4）创建时间线轮播多图，在时间线轮播多图上循环调用 get_year_overlap_chart(year: int) 函数，生成柱形图和饼图的叠加图。

2. 程序设计

（1）打开 Visualization 项目，新建 Python 文件，输入 Python 文件名为 task7-1.py。

（2）在 PyCharm 的代码编辑区输入 task7-1.py 程序代码，如下。

```
from pyecharts import options as opts
from pyecharts.charts import Timeline, Bar, Pie
import pandas as pd
#导入数据
df = pd.read_csv('d:/dataset/国内生产总值.csv',encoding='gbk')
#获取数据
lable = [2016,2017,2018,2019,2020]
df1 = df.iloc[1:5,[5,4,3,2,1]]
print(df1)

data0 = list(df1.iloc[0].T)
data1 = list(df1.iloc[1].T)
data2 = list(df1.iloc[2].T)
data3 = list(df1.iloc[3].T)
```

```
print(data1)
rate1 = list(round(df1.iloc[1]/df1.iloc[0]*100,2))
rate2 = list(round(df1.iloc[2]/df1.iloc[0]*100,2))
rate3 = list(round(df1.iloc[3]/df1.iloc[0]*100,2))
print(rate3)
#定义函数
def get_year_overlap_chart(year: int) :
     #绘制多数据系列柱形图
     bar = (
            Bar(opts.InitOpts(width="1500px", height="580px"))
            .add_xaxis(lable)
            .add_yaxis("国内生产总值", data0)
            .add_yaxis("第一产业增加值", data1)
            .add_yaxis("第二产业增加值", data2)
            .add_yaxis("第三产业增加值", data3)
            .set_global_opts(
            title_opts=opts.TitleOpts(
                title="5 年期间国内生产总值及第一产业、第二产业、"
                      "第三产业增加值情况",
                subtitle="单位：亿元",
                pos_left='center'),
            graphic_opts=opts.GraphicGroup(
                graphic_item=opts.GraphicItem(left='4%', bottom='3%'),
                children=[
                    opts.GraphicText(graphic_textstyle_opts=
                    opts.GraphicTextStyleOpts(
                        text='数据来源：国家统计局',
                        font="14px Microsoft YaHei"))]
            ),
            legend_opts=opts.LegendOpts(selected_mode='multiple',
                                        orient='vertical',
                                        is_show=True,
                                        pos_right='5',
                                        pos_bottom='55%'))
      )
     #绘制饼图
     pie = (
         Pie()
         .add(
             series_name="占比",
             data_pair=[
                 ["第一产业增加值占比", rate1[year]],
                 ["第二产业增加值占比", rate2[year]],
                 ["第三产业增加值占比", rate3[year]],
             ],
             center=["38%", "18%"],
             radius="18%", )
             is_clockwise=False
         .set_series_opts(label_opts=
                               opts.LabelOpts(formatter="{b}:{c}%"))
     )   .set_global_opts(legend_opts=opts.LegendOpts(is_show=False))
```

```
    return bar.overlap(pie)
#创建时间线轮播多图
timeline = Timeline(init_opts=
                    opts.InitOpts(width="900px", height="600px"))
for y in range(5):
    print(y)
    timeline.add(get_year_overlap_chart(year=y), time_point=str(y))

timeline.add_schema(is_auto_play=True, play_interval=2000)
timeline.render("d:/html/task7-1.html")
```

（3）运行 task7-1.py 程序，在 d 盘的 html 目录下生成 task7-1.html 文件。打开该 HTML 文件，图表的效果如图 7-1 所示、从中可观察到 5 年期间国内生产总值与第一产业、第二产业、第三产业增加值的变化情况，还可以随时间线的变化观察第一产业、第二产业、第三产业增加值占比的变化情况。

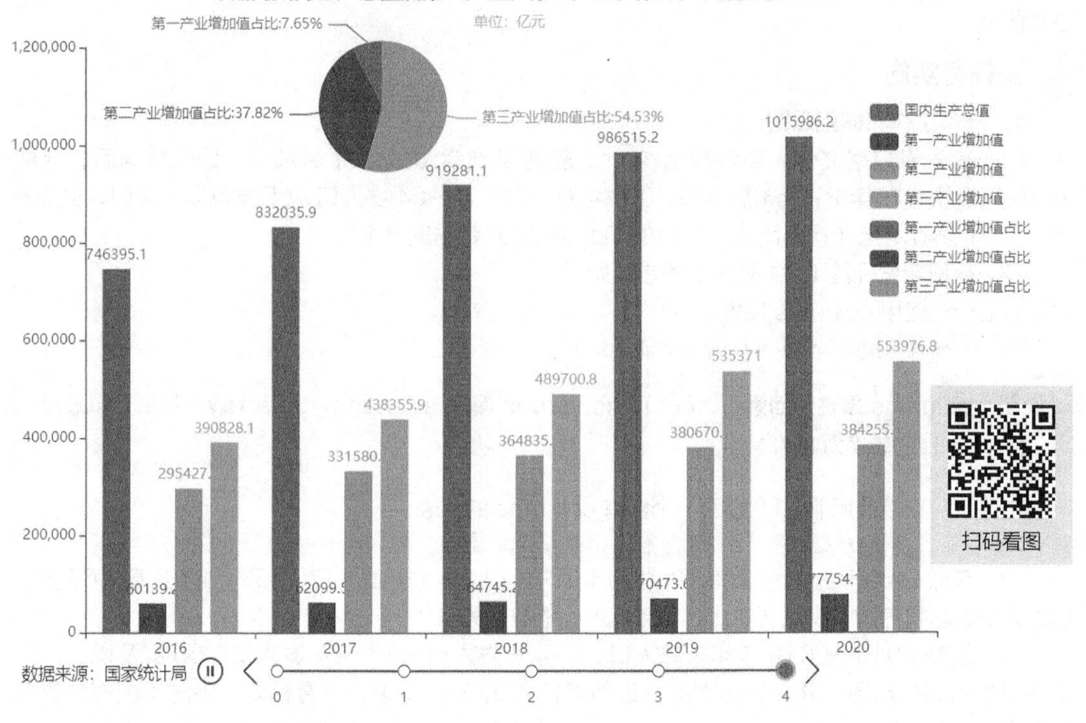

图 7-1　5 年期间国内生产总值及第一产业、第二产业、第三产业增加值情况

7.2 人口数据情况

【任务 7-2】 人口数构成及抚养比情况

任务描述

根据国家统计局发布的 2015—2019 年我国人口数及构成情况表，分别绘制

2015—2019 年我国年末总人口、0～14 岁人口、15～64 岁人口、65 岁及以上人口的多数据系列柱形图和总抚养比、少儿抚养比、老年抚养比的折线图，并设置全局配置项和系列配置项，具体如下。

（1）图表的主标题为“5 年期间年末人口数构成及抚养比情况”，副标题为“单位：万人”，标题居中，脚注为“数据来源：国家统计局”。

（2）图例列表项为“年末总人口”“0～14 岁人口”“15～64 岁人口”“65 岁及以上人口”“总抚养比”“少儿抚养比”“老年抚养比”，图例选择的模式为多选模式，图例居中，距离底部 -6px。

（3）折线图标签内容格式为“数值%”，并在左边显示标签。

知识储备

柱形图和折线图的绘制方法可分别参见【任务 6-16】和【任务 6-23】。本任务要求在同一张图中绘制两种类型的图表，其方法是先绘制多数据系列柱形图，并在柱形图的右边新增 *y* 轴，设置标题、脚注和图例，然后绘制总抚养比、少儿抚养比、老年抚养比的折线图，最后将折线图叠加到柱形图上。

任务实施

1. 准备工作和编程思路

（1）首先将数据文件人口年龄结构.csv 复制到 d 盘 dataset 目录下，导入数据后，获取 2015—2019 年的年份、年末总人口、0～14 岁人口、15～64 岁人口、65 岁及以上人口、总抚养比、少儿抚养比、老年抚养比 8 个项目的 DataFrame 数据集 df1。

（2）获取年份标签（df1 列名）的方法如下。

方法一：使用 columns 属性。

```
lable = df1.columns.values.tolist()
```

说明　columns 属性返回索引，columns.values 属性返回 numpy.ndarray，然后可以通过 tolist()转换为 list。

方法二：直接使用 list()，返回一个含有 columns 的列表。

```
lable = list(df1)
```

（3）获取 DataFrame 数据集 df1 中的年末总人口、0～14 岁人口、15～64 岁人口、65 岁及以上人口、总抚养比、少儿抚养比、老年抚养比的数据列表。

（4）绘制 2015—2019 年年末总人口、0～14 岁人口、15～64 岁人口、65 岁及以上人口的多数据系列柱形图，并在柱形图的右边新增抚养比/%的 *y* 轴，设置标题、脚注、图例和标签配置项。

（5）绘制折线图，利用 bar.overlap(line)将折线图叠加到柱形图上。

2. 程序设计

（1）打开 Visualization 项目，新建 Python 文件，输入 Python 文件名为 task7-2.py。

（2）在 PyCharm 的代码编辑区输入 task7-2.py 程序代码，如下。

```
from pyecharts import options as opts
from pyecharts.charts import Bar, Line
import pandas as pd
#导入数据
df = pd.read_csv('d:/dataset/人口年龄结构.csv',encoding='gbk')
#获取数据
```

```
df1 = df.iloc[0:7,[5,4,3,2,1]]
lable = list(df1)
print(lable)
data0 = list(df1.iloc[0].T)
data1 = list(df1.iloc[1].T)
data2 = list(df1.iloc[2].T)
data3 = list(df1.iloc[3].T)
print(data0)
rate1 = list(df1.iloc[4].T)
rate2 = list(df1.iloc[5].T)
rate3 = list(df1.iloc[6].T)
print(rate3)
#绘制多数据系列柱形图
bar=Bar()
bar.add_xaxis(lable)
bar.add_yaxis("年末总人口", data0,bar_width=26)
bar.add_yaxis("0～14 岁人口", data1,bar_width=26)
bar.add_yaxis("15～64 岁人口", data2,bar_width=26)
bar.add_yaxis("65 岁及以上人口", data3,bar_width=26)
bar.set_global_opts(
    title_opts=opts.TitleOpts(
        title="5 年期间年末人口数构成及抚养比情况",
        subtitle="单位：万人",
        pos_left='center'),
    #添加脚注
    graphic_opts=opts.GraphicGroup(
        graphic_item=opts.GraphicItem(left='4%',bottom='0%'),
        children=[
            opts.GraphicText(graphic_textstyle_opts=
            opts.GraphicTextStyleOpts(text='数据来源：国家统计局',
                                      font="14px Microsoft YaHei") )]),
     legend_opts=opts.LegendOpts(selected_mode='multiple',is_show=True,
                                      pos_right='center',pos_bottom='-6'))
#在右边新增 y 轴
bar.extend_axis(
    yaxis=opts.AxisOpts(
        name="抚养比/%",
        type_="value",
        min_=0,
        max_=50,
        position="right",
        axisline_opts=opts.AxisLineOpts(
        linestyle_opts=opts.LineStyleOpts(color="#d14a61")),
        axislabel_opts=opts.LabelOpts(formatter="{value} %"),))
#绘制折线图
line=Line()
#添加 x 轴数据
line.add_xaxis(xaxis_data=lable)
#添加 y 轴数据
line.add_yaxis('总抚养比',rate1,yaxis_index=1,
                label_opts=opts.LabelOpts(is_show=True,
```

```
                                     position='left'),)
    line.add_yaxis('少儿抚养比',rate2,yaxis_index=1,
                   label_opts=opts.LabelOpts(is_show=True,
                                     position='left'),)
    line.add_yaxis('老年抚养比',rate3,yaxis_index=1,
                   label_opts=opts.LabelOpts(is_show=True,
                                     position='left'),)
    # 将折线图叠加到柱形图中
    bar.overlap(line).render("d:/html/task7-2.html")
```

（3）运行 task7-2.py 程序，在 d 盘的 html 目录下生成 task7-2.html 文件。打开该 HTML 文件，图表的效果如图 7-2 所示，从中可观察到 5 年期间年末人口数构成及抚养比的变化情况。

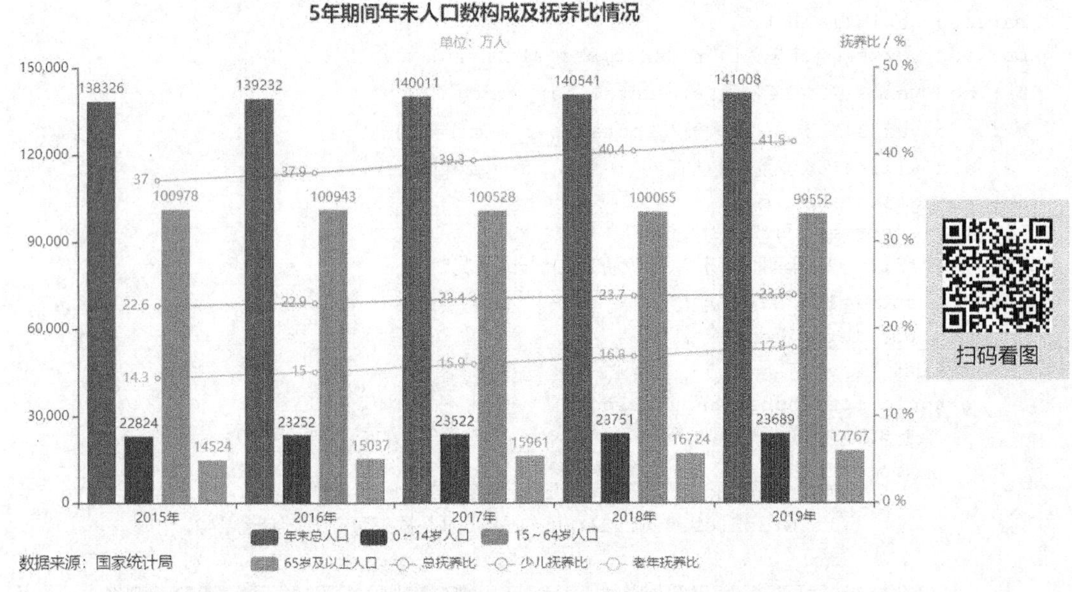

注：本图数据来源于国家统计局，部分年份的少儿抚养比与老年抚养化之和不等于总抚养比。

图 7-2　5 年期间年末人口数构成及抚养比情况

【任务 7-3】 人口年龄结构与抚养比情况

任务描述

根据国家统计局发布的 2019 年我国人口年龄结构情况表，分别绘制 2019 年我国人口年龄结构饼图和总抚养比、少儿抚养比、老年抚养比的圆环图，并设置全局配置项和系列配置项，具体如下。

（1）图表的主标题为“2019 年人口年龄结构与抚养比情况”，副标题为“人口单位：万人　抚养比单位：%”，标题居中。脚注为“数据来源：国家统计局”。

（2）图例列表项为“0～14 岁人口”“15～64 岁人口”“65 岁及以上人口”“总抚养比”“少儿抚养比”“老年抚养比”，水平布局，图例距离底部 20%。

（3）图表宽度为 860px，标签内容格式为“{数据名}:{数据值}”。

知识储备

饼图的绘制方法可参见【任务 6-24】。本任务要求在同一张图中绘制两种类型的图表，其方法是先绘制人口年龄结构饼图，然后绘制抚养比的圆环图。

圆环图与饼图相比，其实质就是将饼图的中间区域挖空，其绘制方法与饼图的相似，区别是对于圆环图，在设置 add()函数的 radius 参数时需要设置内半径和外半径两项数值，而对于饼图只需要设置外半径一项数值。

任务实施

1. 准备工作和编程思路

（1）首先将数据文件人口年龄结构.csv 复制到 d 盘 dataset 目录下，导入数据后，获取 2019 年 0～14 岁人口、15～64 岁人口、65 岁及以上人口、总抚养比、少儿抚养比、老年抚养比 6 个项目的数据。

（2）绘制 2019 年 0～14 岁人口、15～64 岁人口、65 岁及以上人口数据的饼图和总抚养比、少儿抚养比、老年抚养比的圆环图，并设置标题、脚注、图例和标签配置项。

2. 程序设计

（1）打开 Visualization 项目，新建 Python 文件，输入 Python 文件名为 task7-3.py。

（2）在 PyCharm 的代码编辑区输入 task7-3.py 程序代码，如下。

```
from pyecharts import options as opts
from pyecharts.charts import Pie
import pandas as pd
#导入数据
df = pd.read_csv('d:/dataset/人口年龄结构.csv',encoding='gbk')
#获取数据
df1 = df.iloc[1:7,[1]]
print(df1)
data1 = list(df1.iloc[0])
data2 = list(df1.iloc[1])
data3 = list(df1.iloc[2])
print(data1)
rate1 = list(df1.iloc[3])
rate2 = list(df1.iloc[4])
rate3 = list(df1.iloc[5])
print(rate3)
#绘制饼图
pie = (
        Pie(init_opts=opts.InitOpts(width="860px"))
        .add(
            series_name="人口",
            data_pair=[
                ["0～14 岁人口", data1],
                ["15～64 岁人口", data2],
                ["65 岁及以上人口", data3], ],
            center=["25%", "40%"],
            radius="33%",
        )
        .add(
            series_name="抚养比",
            data_pair=[
```

```
                ["总抚养比", rate1],
                ["少儿抚养比", rate2],
                ["老年抚养比", rate3],
            ],
            #设置圆环
            center=["72%", "40%"],
            radius=["16%", "33%"],
        )
        .set_global_opts(title_opts=opts.TitleOpts(
            title="2019 年人口年龄结构与抚养比情况",
            subtitle="人口单位：万人   抚养比单位：% ",
            pos_left='center'),
            graphic_opts=opts.GraphicGroup(
                graphic_item=opts.GraphicItem(left='4%',bottom='12%'),
                children=[
                    opts.GraphicText(graphic_textstyle_opts=
                    opts.GraphicTextStyleOpts(
                        text='数据来源：国家统计局',
                        font="14px Microsoft YaHei"))]),
                legend_opts=opts.LegendOpts(pos_bottom='20%') #设置图例
            )
            .set_series_opts(
                #标签配置项
                label_opts=opts.LabelOpts(formatter="{b}: {c}"),
            )
            .render("d:/html/task7-3.html")
    )
```

（3）运行 task7-3.py 程序，在 d 盘的 html 目录下生成 task7-3.html 文件。打开该 HTML 文件，图表的效果如图 7-3 所示，从中可观察到 2019 年人口年龄结构与抚养比情况。

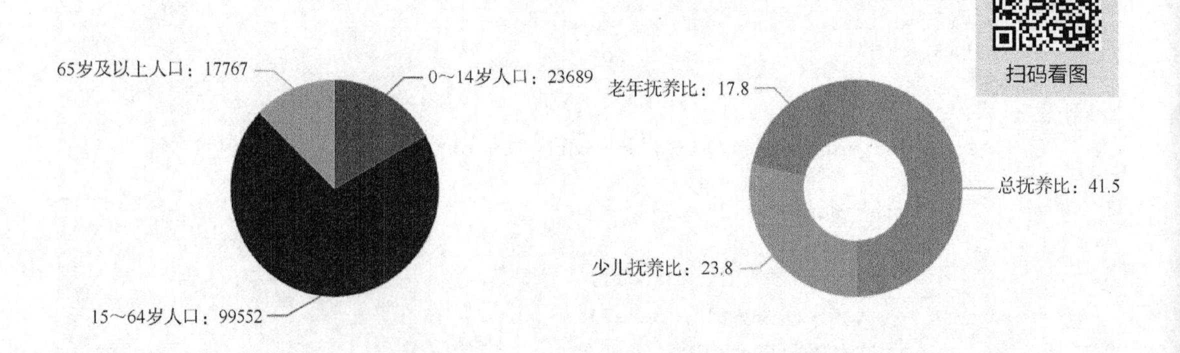

图 7-3　2019 年人口年龄结构与抚养比情况

7.3 广播电视和电影发展情况

【任务 7-4】 有线广播电视用户数情况

任务描述

微课视频

根据国家统计局发布的 2015—2019 年我国广播电视情况表，分别绘制 2015—2019 年全国有线广播电视用户数（万户）和农村有线广播电视用户数（万户）的折线图，并设置全局配置项和系列配置项，具体如下。

（1）图表的主标题为“5 年期间有线广播电视用户数情况”，副标题为“单位：万户”，标题居中。脚注为“数据来源：国家统计局”。

（2）图例列表项为“全国有线广播电视用户数”和“农村有线广播电视用户数”，水平布局，图例距离顶部 10%。

（3）图表宽度为 800px，在底部显示标签。

（4）x 轴名称为“年份”，y 轴名称为“用户数”。

知识储备

折线图的绘制方法可参见【任务 6-23】。本任务要求在同一张图中绘制 5 年期间全国有线广播电视用户数（万户）和农村有线广播电视用户数（万户）的折线图。

任务实施

1. 准备工作和编程思路

（1）首先将数据文件广播电视情况.csv 复制到 d 盘 dataset 目录下，导入数据后，获取 2015—2019 年全国有线广播电视用户数（万户）和农村有线广播电视用户数（万户）这 2 个项目的数据。

（2）绘制 2015—2019 年全国有线广播电视用户数（万户）和农村有线广播电视用户数（万户）的折线图，并设置标题、脚注、图例、底部显示标签、x 轴名称和 y 轴名称。

2. 程序设计

（1）打开 Visualization 项目，新建 Python 文件，输入 Python 文件名为 task7-4.py。

（2）在 PyCharm 的代码编辑区输入 task7-4.py 程序代码，如下。

```
from pyecharts import options as opts
from pyecharts.charts import Line
import pandas as pd
#导入数据
df = pd.read_csv('d:/dataset/广播电视情况.csv',encoding='gbk')
#获取数据
df1 = df.iloc[9:11,[6,5,4,3,2]]
data1 = list(df1.iloc[0])
data2 = list(df1.iloc[1])
print(data1)
lable = list(df1)
#绘制折线图
line=Line(init_opts=opts.InitOpts(width="800px"))
#添加 x 轴数据
line.add_xaxis(xaxis_data=lable)
```

```
    #添加 y 轴数据
    line.add_yaxis('全国有线广播电视用户数',data1,
                   #标签配置项：在底部显示标签
                   label_opts=opts.LabelOpts(is_show=True,position='bottom')
                   )

    line.add_yaxis('农村有线广播电视用户数',data2,
                   #标签配置项：在底部显示标签
                   label_opts=opts.LabelOpts(is_show=True,position='bottom')
                   )

    line.set_global_opts(title_opts=opts.TitleOpts(
        title="5 年期间有线广播电视用户数情况",
        subtitle="单位：万户",
        pos_left='center'),
        graphic_opts=opts.GraphicGroup(
            graphic_item=opts.GraphicItem(left='10%',bottom='0%'),
            children=[
                opts.GraphicText(graphic_textstyle_opts=
                opts.GraphicTextStyleOpts(text='数据来源：国家统计局',
                                          font="14px Microsoft YaHei"))]
        ),
        legend_opts=opts.LegendOpts(pos_top='10%'), #设置图例
        yaxis_opts=opts.AxisOpts(name='用户数'),
        xaxis_opts=opts.AxisOpts(name='年份')
    )
    line.render("d:/html/task7-4.html")
```

（3）运行 task7-4.py 程序，在 d 盘的 html 目录下生成 task7-4.html 文件。打开该 HTML 文件，图表的效果如图 7-4 所示，从中可观察到 5 年期间全国有线广播电视用户数与农村有线广播电视用户数的变化情况。

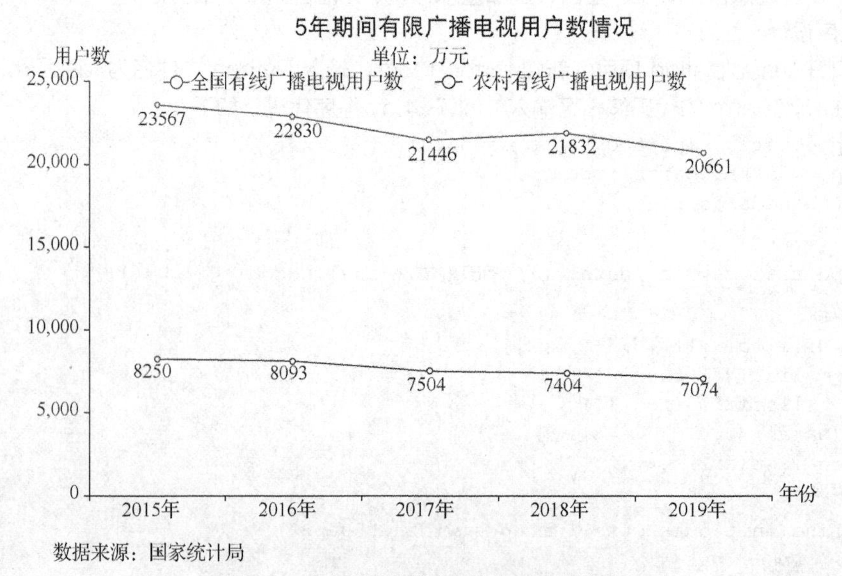

图 7-4　5 年期间有线广播电视用户数情况

【任务 7-5】 国产和进口电影票房收入情况

任务描述

微课视频

根据国家统计局发布的 2015—2019 年我国广播电视情况表，分别绘制 2015—2019 年我国国产电影票房收入和进口电影票房收入的堆积柱形图，并设置全局配置项和系列配置项，具体如下。

（1）图表的主标题为"5 年期间国产和进口电影票房收入"，副标题为"单位：亿元"，标题居中。脚注为"数据来源：国家统计局"。

（2）图例列表项为"国产电影票房收入"和"进口电影票房收入"，垂直布局，图例距离顶部 5%，距离右边 10%。

（3）在右边显示标签，x 轴名称为"年份"，y 轴名称为"收入"。

知识储备

使用 pyecharts 绘制堆积柱形图的方法可参见【任务 6-16】的柱形图绘制方法。堆积柱形图与柱形图绘制方法的区别是，绘制堆积柱形图时，使用 add_yaxis()函数添加 y 轴数据时要设置 stack 参数，表示同一个类目轴上系列配置相同的 stack 值可以堆叠放置。

本任务要求在同一张图中绘制 5 年期间我国国产电影票房收入和进口电影票房收入的堆积柱形图。

任务实施

1. 准备工作和编程思路

（1）首先将数据文件广播电视情况.csv 复制到 d 盘下 dataset 目录下，导入数据后，获取 2015—2019 年我国国产电影票房收入和进口电影票房收入这 2 个项目的数据。

（2）绘制 2015—2019 年我国国产电影票房收入和进口电影票房收入的堆积柱形图，并设置标题、脚注、图例、标签配置项、x 轴名称和 y 轴名称。

2. 程序设计

（1）打开 Visualization 项目，新建 Python 文件，输入 Python 文件名为 task7-5.py。

（2）在 PyCharm 的代码编辑区输入 task7-5.py 程序代码，如下。

```
from pyecharts import options as opts
from pyecharts.charts import Bar
import pandas as pd
#导入数据
df = pd.read_csv('d:/dataset/广播电视情况.csv',encoding='gbk')
#获取数据
df1 = df.iloc[29:32,[6,5,4,3,2]]
data1 = list(df1.iloc[0])
data2 = list(df1.iloc[1])
data3 = list(df1.iloc[2])
lable = list(df1)
print(data1)
print(data2)
print(data3)
print(lable)
#绘制堆积柱形图
bar = (
    Bar()
```

```
    .add_xaxis(lable)
    .add_yaxis("国产电影票房收入", data2, stack="stack1",bar_width=40)
    .add_yaxis("进口电影票房收入", data3, stack="stack1",bar_width=40)
    #标签配置项：在右边显示标签
    .set_series_opts(
        label_opts=opts.LabelOpts(is_show=True,position="right"))
    .set_global_opts(#设置标题
        title_opts=opts.TitleOpts(
            title="5 年期间国产和进口电影票房收入",
            subtitle="单位：亿元",
            pos_left='center'),
        graphic_opts=opts.GraphicGroup(
            graphic_item=opts.GraphicItem(left='10%',bottom='0%'),
            children=[
                opts.GraphicText(graphic_textstyle_opts=
                opts.GraphicTextStyleOpts(text='数据来源：国家统计局',
                                      font="14px Microsoft YaHei")
            )] ),
        #设置图例
        legend_opts=opts.LegendOpts(pos_right='10%',
                                    pos_top='5%',
                                    orient='vertical'),
        yaxis_opts=opts.AxisOpts(name='收入'),
        xaxis_opts=opts.AxisOpts(name='年份'))
    .render("d:/html/task7-5.html")
)
```

（3）运行 task7-5.py 程序，在 d 盘的 html 目录下生成 task7-5.html 文件。打开该 HTML 文件，图表的效果如图 7-5 所示，从中可观察到 5 年期间国产电影票房收入和进口电影票房收入的变化情况。

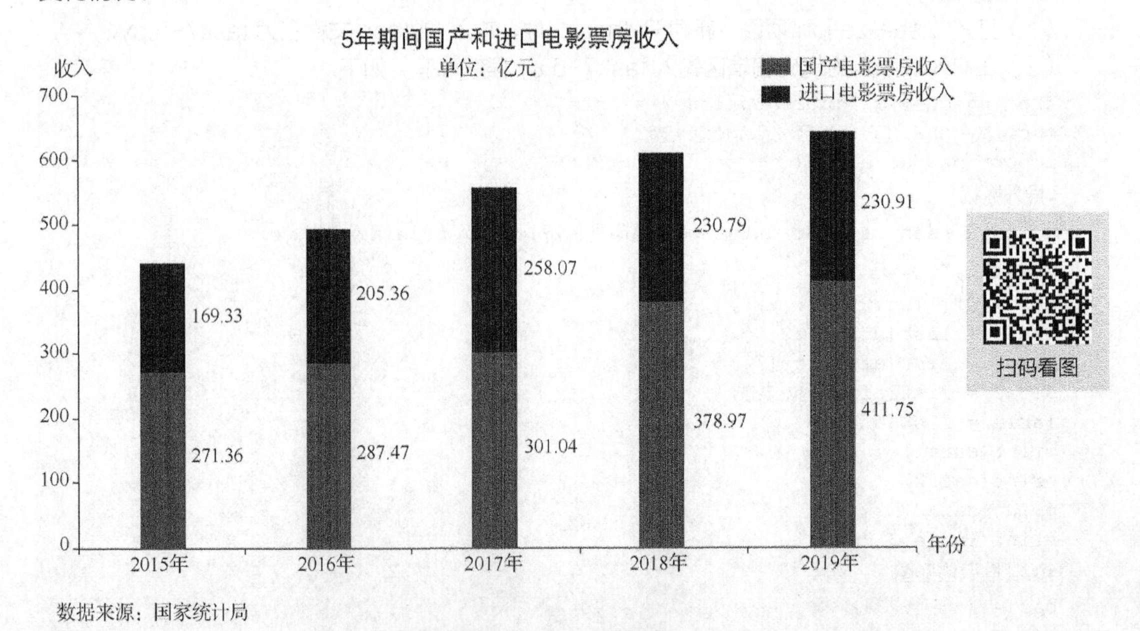

图7-5　5 年期间国产和进口电影票房收入

单元小结

本单元主要介绍用 pyecharts 绘制组合图的方法，包括绘制时间线轮播多图、饼图与圆环图的组合图的方法，以及绘制有多条折线的折线图和堆积柱形图的方法。

思考练习

1. 填空题

（1）pyecharts 将 A 图叠加到 B 图的方法是____________。

（2）用 pyecharts 绘制时间线轮播多图需要导入___________模块。

（3）用 pyecharts 绘制圆环图时，radius 参数要设置______________。

（4）用 pyecharts 绘制堆积柱形图时，add_yaxis()函数中要设置_______参数。

2. 编程题

（1）根据国家统计局发布的我国各类运输方式旅客周转量情况表，使用 pyecharts 分别绘制 2015—2019 年我国旅客周转量总计的柱形图和铁路、公路、水运、民航的旅客周转量分别在旅客周转量总计中所占比例的饼图。

（2）根据国家统计局发布的我国各类运输方式旅客周转量情况表，使用 pyecharts 分别绘制 2015—2019 年我国铁路、公路、水运、民航旅客周转量的堆积柱形图。

（3）根据国家统计局发布的 2015—2019 年我国广播电视情况表，使用 pyecharts 分别绘制 2015—2019 年我国电视剧播出部数和进口电视剧播出部数的折线图。

参考文献

[1] 张杰．Python 数据可视化之美：专业图表绘制指南[M]．北京：电子工业出版社，2020.
[2] 多布勒，高博曼．Python 数据可视化[M]．李瀛宇，译．北京：清华大学出版社，2020.